国家自然科学基金项目“基于专利计量的共性技术测度体系及其应用研究”
(项目编号:71073015)

大连理工大学科技伦理与科技管理研究中心

科技伦理与科技管理文库

共性技术测度体系及其应用

栾春娟／著

科学出版社
北京

图书在版编目(CIP)数据

共性技术测度体系及其应用/栾春娟著．—北京：科学出版社，2015.4
（科技伦理与科技管理文库）
ISBN 978-7-03-043562-0

Ⅰ.①共… Ⅱ.①栾… Ⅲ.①情报检索-方法研究 Ⅳ.①G252.7

中国版本图书馆 CIP 数据核字（2015）第 044986 号

丛书策划：侯俊琳　牛　玲
责任编辑：朱萍萍　纪四稳 / 责任校对：朱光兰
责任印制：赵　博 / 封面设计：黄华斌
编辑部电话：010-64035853
E-mail：houjunlin@mail. sciencep. com

科学出版社 出版
北京东黄城根北街 16 号
邮政编码：100717
http://www.sciencep.com
北京厚诚则铭印刷科技有限公司印刷
科学出版社发行　各地新华书店经销
*
2015 年 4 月第　一　版　开本：720×1000 1/16
2025 年 4 月第四次印刷　印张：14
字数：242 000

定价：98.00 元

（如有印装质量问题，我社负责调换）

总序

进入21世纪以来，伴随着经济全球化的加速和知识经济时代的到来，科学研究与社会经济的联系比其他任何时候都更加紧密，日益呈现出职业化、社会化的发展趋势，科学研究的意义已显得不再像以前那样纯粹。在市场经济环境下，不少科学技术专家受到各种各样的利益诱惑，科学研究追求创造的理念大打折扣。人们在思考当科学技术为人类创造巨大的物质财富和精神财富的同时，科学研究的新成果与新理念对人类社会长期形成的社会伦理与道德底线提出了严峻挑战。科学道德诚信问题成为科学家和社会越来越关注的问题。面对这样的形势，科学共同体应当清醒地认识和分析在经济社会发展对科学技术的依存度如此之大的背景下，科学技术何去，社会经济何从，以及经济社会对科学道德诸多方面的深刻影响①。其核心问题是，科学技术进步应服务于全人类，服务于世界和平、发展与进步的崇高事业，而不能危害人类自身。因此，应该加强科学道德建设，强化学术界学术伦理观念，重建学术规范，重申科学伦理底线；大力宣传古今中外科学家的高尚品德和为科学真理而不惜牺牲的精神；在高校开设科学伦理课，通过课程教学真正做到科学伦理从学生抓起，使他们明白遵守科学道德比掌握科学知识更重要。为此，开展科技伦理与科技管理的问题研究与案例分析，对于指导科学伦理道德建设、推动科学技术快速发展具有重要的学术价值和社会价值。

现代科技的发展对现有伦理的挑战，也就是所谓的科技伦理是现代科学技术所引发的伦理问题，它包括网络伦理、核伦理、医学伦理、生命伦理、环境伦理（生态伦理）。哲学是一种反思的活动，伦理同样也是一种反思的活动。它们是对已发生的事情进行反思，也是对未来进行前瞻性的探讨。从科技伦理产生的时代背景，我们清楚地意识到，在科技伦理中包含着人类对科技的反思、对自然的反思、对人类自身的反思等。一味地依赖于科学技术（甚至包括经济、法律或其他）而不考虑伦理和哲学层面的话，新问题仍会层出不穷。伦

① 韩启德．科学共同体的科学道德责任．科技日报，2009-09-08.

理不是阻碍科技的发展，而是越来越融入到科技发展中，成为其中的一个部分。在科技发展中我们要反思自己的生活，反省我们自己该做什么，怎么做，该成为什么样的人。苏格拉底说："未经反省的人生不值得活。"同样，未经反思的科技是不能用来推广、应用和普及的。那么，究竟科技伦理或者说科技伦理学是什么呢？总的来说，也就是围绕人在科学与技术活动过程中科学技术与人、人与人、人对社会、人对自然的行为过程和后果所产生的伦理和道德的学问。总体而言，"科技伦理学主要有四个维度：第一，科技工作者和科技团体内部的道德关系和伦理规范。第二，科技工作者与一般社会、公民、政府等之间的道德关系和伦理规范。第三，科技工作者与非人类的自然环境、生命物种之间的道德关系和伦理规范。第四，科技工作者与作为研究对象的人类个体或群体之间的道德关系和伦理规范"①。正如我国科学技术哲学家刘大椿教授对科技伦理定义所做的概括：科技——"在求真与向善之间"。

科技管理是指通过对管理科学的运用，科技管理主体对科技活动中人力、物力、财力等资源进行分配、决策、组织、控制以取得更大的经济效益的过程。

科技伦理与科技管理不仅相互区别而且相互依存、相互渗透、相互补充、相互制约，两者之间存在着双向互动、辩证统一的关系。科技伦理对科技管理有导向和内化作用，科技管理对科技伦理有强化作用②。基于此，我们从科技伦理与科技管理的内在统一上来开展研究。具体来说，科技伦理基础理论研究主要探求科学伦理、技术伦理、工程伦理、科技伦理教育领域的基本理论问题。科技伦理应用研究主要针对高科技的伦理问题、引发的环境问题和管理问题开展反思和论证，并致力于寻求切实可行的伦理框架，以促进和保障新兴科技的健康和可持续发展。科学技术前沿的伦理治理研究主要围绕辨识和发现的科学技术前沿的伦理问题，从政府、企业、大学、科研机构等组织，以及科学团体、科学家、科技伦理学家、公众等各相关利益主体的不同角度，探索前沿科学技术伦理治理的组织模式与机制、制度模式及实施路径等相关问题。

大连理工大学哲学社会科学创新基地"科技伦理与科技管理研究中心"（以下简称"中心"）自"985 工程"二期作为教育部人文社科研究基地建立伊始，尽管主攻方向和各研究方向依托科技哲学与伦理、科学学与科技管理两个学科博士点，探索科学技术前沿问题，带有学科导向的特点，但在申请、承担和完成国家级和省部级科研项目的过程中，逐渐朝适应国家和人民的重大战略

① 张国清．当代科技革命与马克思主义．杭州：浙江大学出版社，2006.129.

② 戴艳军．科技管理伦理导论．北京：人民出版社，2005.78-80.

需求调整转向。突出表现在以下几方面：一是基于技术科学的强国战略与政策研究，先后承担完成这方面直接相关的校级重大项目、中国科学院学部咨询项目和国家自然科学基金项目。二是关于高科技与工程领域的伦理与治理问题研究，先后在中德科学中心资助下举办了中德双边高科技伦理研讨会，获得国家社科基金面上项目“实践有效性视角下的工程伦理研究”、国家社科基金重大项目“高科技伦理问题研究”。三是基于知识图谱的科学发现-技术创新管理与政策研究，先后主持和承担有关这一领域的国家自然科学基金与国家社科基金项目多项课题。这就为本中心以国家重大需求的问题导向调整主攻方向、设计重建研究方向奠定了扎实的基础。

中心自成立以来，围绕“科技伦理与科技管理”相关领域，加强了学术队伍建设，组建了跨学科、高水平的科研团队；加强了人才培养，造就了我国第一批科学学与科技管理学科的硕士、博士人才，特别是培养出我国第一批科学计量学博士，并在哲学与伦理学形成本科生-硕士生-博士生人才培养系列；加强了学科建设，集成现有博士点和硕士点力量，成功申办了哲学一级学科博士点，科技哲学成为辽宁省重点学科；加强了哲学社会科学基础设施建设，建立了有助于原创性研究的相关数据库、案例库和科学计量实验室；借鉴国外先进学术成果与研究方法，加强了国际学术合作与交流；紧密结合我国科学技术与经济社会发展的需要和振兴东北老工业基地的实际，承担了国家及地区科技伦理与科技管理相关领域重大项目，产出了一批高水平的学术成果。举办了重要的国际学术研讨会。

本着沟通交流、成果共享、共同提高的原则，大连理工大学人文与社会科学学部、“985工程”教育部哲学社会科学创新基地、大连理工大学科技伦理与科技管理研究中心特推出“科技伦理与科技管理文库”。这套文库是一套跨越科学伦理与科技管理两个研究领域的综合性丛书，具有前沿性、交叉性、哲理性、现实性、综合性的特点，内容主要涵盖科技伦理及其治理问题的综合研究的诸多方面。这套文库是大连理工大学“建设世界一流大学”项目的重要组成部分。我们希望通过这套文库的持续不断的出版和若干年的努力，将中心（研究基地）建设成为在科技伦理和科技管理领域接近或达到国内一流学科水平和国际先进水平的国家级哲学社会科学重点研究基地，使之成为国内外科技伦理和科技管理研究领域的研究中心、信息资源中心和国际学术交流中心。

洪晓楠

2014年5月18日

前言

共性技术（generic technology）在很多领域可能得到普遍应用，因而引起了各国的普遍关注。共性技术测度是共性技术研究领域的一个重点课题。著者于 2010 年 8 月获得国家自然科学基金面上项目“基于专利计量的共性技术测度体系及其应用研究”的资助，该项目研究的起止时间为 2011 年 1 月～2013 年 12 月，本书是该项目的重要研究成果。

全书共九章。第一章论述了共性技术测度体系及其应用研究的研究意义，并评述了共性技术测度的国内外研究现状。本研究的理论意义主要包括以下三点：构建共性技术测度体系，丰富和发展共性技术理论；丰富和拓展科学计量学理论、方法和应用；独有的时间和应用范围维度将丰富现有的产业战略管理和决策理论。本研究的实践意义在于：为政府部门选择、发展共性技术提供决策参考；指导战略性新兴产业的发展与管理。国内外学术界关于共性技术的研究成果主要集中于政府在共性技术开发中的作用研究、共性技术与创新体系研究、共性技术平台建设研究、共性技术外部性研究、共性技术商业化研究等主要领域，但对共性技术测度的理论、方法和指标等的研究成果比较少。已有的关于共性技术测度的研究成果主要限于概念与理论的探讨。少量的关于共性技术筛选或识别方法与指标的研究成果主要基于德尔菲专家意见方法，受主观干扰比较大，缺乏一定的客观性和较强的可操作性。共性技术测度的理论、方法、指标体系及其应用有待进一步探索和研究。

第二章阐述了共性技术测度理论，并提出了一系列的研究假设，包括技术共类分析理论与研究假设、技术相关度理论与研究假设、社会网络分析理论与研究假设（度中心度）、社会网络分析理论与研究假设（中介度）。

第三章比较系统地分析和探索了新兴产业的共性技术测度方法与指标，对新兴产业发展过程中的共性技术选择和管理具有重要的理论意义与现实意义。政府部门可以根据共性技术的测度结果建立共性技术研发平台，使共性技术研发成果应用于相关的产业和企业，进而提高研发效率，避免重复的研发活动。国内外普遍认可的产业共性技术的定义为，共性技术是指在很多领域内可能得到普遍应用，其研发成果可共享并对整个产业或多个产业及企业产生深度影响的一类技术。新兴产业共性技术的测度是个亟待解决的现实问题，但目前国内外已有的相关研究成果相对较少。已有的少量研究成果主要依据定性方法识别某一特定领域的共性技术，或者依据德尔菲专家意见方法对共性技术进行识别等。本章尝试探索新兴产业共性技术的测度方法与指标，主要包括技术共类分析方法与共类率指标、基于SPSS的技术相关性分析与相关度指标、基于Jaccard系数的技术相关性分析方法与指标，以及基于技术网络分析方法的多重测量中心度、中介中心度、度中心度和特征向量中心度指标。

第四章实证研究了全球太阳能产业的共性技术测度。作为全球未来的重要能源，太阳能具有清洁、丰富、可再生的优势特点，既可免费使用，又无需运输，并且对环境没有直接污染。太阳能为人类创造了一种新的生活形态，将使社会及人类进入一个节约能源的时代。全球太阳能技术在近二三十年的迅速发展引起了许多国家政府的高度重视。尤其是在后危机时代，许多国家将太阳能技术列为其战略性新兴产业而予以优先发展和重点发展。中国政府在《“十二五”国家战略性新兴产业发展规划》中也明确强调要积极推进太阳能光伏和热利用等可再生能源技术的产业化发展。已有的关于太阳能技术的研究主要集中在太阳能能源供给的技术、地理与经济上的可行性分析，太阳能的开采与利用研究，太阳能产业发展政策分析，太阳能产业的培育探索等几个方面。本章采用技术领域网络绘制方法、基于Girvan-Newman算法的技术子网络分析方法、基于共词分析的技术主题词网络绘制方法和多重测量中心度在共性技术测度中的应用等方法，对全球太阳能产业共性技术领域测度、全球太阳能产业共性技术主题测度、全球太阳能产业技术相关度的测度与演进3个主题进行了测度和分析。

第五章对全球太阳能发电领域的共性核心/关键技术进行了测度分析。选取从世界专利数据库《德温特创新索引》下载的全球太阳能发电领域专利数据作为样本，利用技术网络度中心度和特征向量中心度指标，结合可视化技术网络图谱，进行全球太阳能发电共性核心技术和共性核心技术群的测度。分析结果揭示出主要的共性核心技术领域和共性核心技术群中的一些重要技术领域。两项指标测度的结果，对我国太阳能产业专利技术研发过程中共性核心技术与共性核心技术群的选择与管理具有重要的定量参考价值。同时，选择技术网络中介中心度指标，在得到太阳能共性技术基础上，进行全球太阳能产业共性关键技术网络绘制与共性关键技术领域识别。分析结果将对我国太阳能产业发展过程中共性关键技术选择与管理具有重要的借鉴意义。

第六章对全球燃料电池领域进行了共性技术的测度与分析。第七章对全球燃料电池领域的共性核心/关键技术进行了测度与分析。第八章对高被引专利的共性技术进行了测度与分析。第九章对其他产业领域的共性技术进行了测度与分析。

本书在写作过程中得到了大连理工大学人文社会科学学部洪晓楠部长、科学学与科学技术管理研究所刘则渊教授、侯海燕副教授和王贤文副教授等的大力支持，在此表示深深的谢意！

著者

2014年12月

目录

第一章　共性技术测度的国内外研究现状

第一节　共性技术测度的研究价值

一、共性技术与共性技术测度

1. 共性技术的界定

（1）基于技术研发阶段的共性技术界定。基于技术研发阶段提出的共性技术包括三种情况。第一种是美国1988年先进技术计划（advanced technology program，ATP）中首次明确的定义。ATP提出共性技术处于应用研究阶段，属于商业化竞争前的研究阶段。在研发（research and development，R&D）的三个阶段，即基础研究阶段、应用研究阶段和开发研究阶段中，第二个阶段“应用研究阶段”被认为是科技投资的薄弱环节——共性技术，并被命名为科技投入的“死亡谷”[1-3]。由于产业共性技术处于政府与非营利机构和以企业为代表的营利机构关注的中间地带，产业共性技术既不是经济学意义上的公共品，也不具备商业的独占性，所以很容易出现营利机构和非营利机构都不供给的局面，成为企业和政府投入的空白点，从而影响从科学研究到商业化转化的科技链条的有效运转。

应用研究阶段的研究属于前商业化研究，尽管具有产生更大经济利益的潜在能力，但由于高成本、高风险或回报过慢，企业的R&D投资和私人风险投资往往难以顾及，所以如果没有政府的支持可能就无法进行[3]。ATP的意图有效地填补了这个空缺，帮助产业界和企业界穿越科技投资链条上的“死亡谷”[2,3]。ATP计划通过费用分摊和竞标的方式，提供一些有限的资金帮助美国企业创造和应用共性技术及其研究成果，加速各种竞争前共性技术的开发，使重大、最新的科学发现和技术能够迅速实现商业化，进而提高美国企业的全球竞争地位，促进美国经济迅速增长和长足发展。

第二种是Tassey提出的共性技术定义。Tassey[4]认为，共性技术研究是技术研究开发的第一个阶段，该阶段的目标是证明有潜在市场应用价值的一种产品或过程的概念，从而能在进入后续的应用性更强的研发前最大限度地降低技术风险。共性技术研究阶段的任务是概念证明，该阶段起始于基础研究成果，终止于实验室原型。

第三种是美国国家标准与技术研究院（National Institute of Standards and Technology，NIST）提出的共性技术定义。NIST 提出[5,6]，共性技术是科学现象的一个概念、要素或进一步的观察，其具有广泛应用于产品和生产过程的潜力。一项共性技术一般需要后续的研究开发方能实现商业应用。

（2）基于技术影响范围的共性技术界定。潜在的、广泛的产业化前景与市场应用是共性技术肩负的重大使命。不同国家采用了不同的指标来明确共性技术的影响范围。例如，日本提出了这样一套指标来衡量处于研究开发阶段的一项技术是否是共性技术[7,8]：是否具有产业化前景，技术风险是否很高，是否具有广泛的、潜在的市场应用范围，是否具有较大的预期经济影响。如果以上四个条件都具备，就可以将其认定为一项共性技术。

国内现有的共性技术的定义也多是从影响范围出发的。例如，学术界一种比较普遍的观点认为[9,10]，共性技术是指在很多领域内已经或未来可能广泛应用，其研发成果可共享并对一个产业或多个产业及企业产生深刻影响的一类技术。还有一种观点在一定程度上代表了中国政府官方对共性技术的观点[11]，认为共性技术是对整个行业或产业技术水平、产业质量和生产效率都会发挥迅速的带动作用，具有巨大的经济和社会效益的一类技术。

（3）二者结合的共性技术界定。著者认为，对共性技术的界定应当将共性技术所处的技术研发阶段与共性技术的影响范围结合起来。并基于此提出：共性技术是指处于技术研发链条“基础研究阶段—应用研究阶段—开发研究阶段”的“应用研究阶段”，未来可能广泛应用，其研发成果可共享，并对一个产业或多个产业及企业产生深刻影响的一类技术。该阶段的共性技术具有广阔的产业化前景，具有广泛的、潜在的市场应用范围，具有较高的技术风险和较大的预期经济影响，将对一个产业或多个产业的技术水平和生产效率的迅速提升发挥带动和辐射作用。一般来说，在应用研究阶段，研究者往往会申请较多的专利以保护自己的技术成果和优势地位，因此而产生的大量专利文献可以用来测度共性技术。

2. 共性技术的特征

（1）共性技术的外部性特征。共性技术具有很强的外部性，容易导致较严重的市场失灵[4,12]。一方面，产业共性技术不是经济学意义上的公共产品，因此常常错失政府及其他非营利机构的关注；另一方面，产业共性技术具有相当广泛的用途，可以在一个甚至多个产业及企业得到普遍应用，因此其不具备商业上的独占性，单个公司不愿意或很少投资共性技术研究。基于以上两个方面，针对共性技术供给问题，就很容易出现营利机构和非营利机构都不供给的局面，成为政府和企业投入的空白点。如果完全依靠市场机制，就会导致共性技术研究投入的严重不足，从而影响从科学研究到商业化转化的科技链条的有效运转。

(2) 共性技术的竞争前阶段特征。共性技术研究处于竞争前（pre-competitive）的应用研究阶段。该阶段恰恰处于政府资助的长期性的基础性研究与产业界投资的短期性的产品开发之间，正是实验室成果能否实现商业化的关键一步[1,2]。应用研究阶段的研究属于前商业化研究，虽然具有产生更大经济利益的潜力，但由于成本和风险过高或者回报过慢，企业的R&D投资和私人风险投资往往难以顾及，所以没有政府的支持就可能无法进行下去。而有了政府的共性技术研发平台之后，企业都要在该平台上进行后续的商业开发，最终形成企业各自专有的产品和工艺。

3. 共性技术的分类

依据不同的标准，可以将产业共性技术分为不同的类型。当前，比较全面而权威的产业共性技术分类是由黄鲁成与宗喆提出来的。他们认为[13]，产业共性技术的主要分类依据为产业共性技术涉及的层次角度、技术重要性、公益性尺度、产业共性技术的创新以及共性技术确认的时间次序（表1-1）。

表1-1　产业共性技术分类[13]

分类依据	产业技术分类
涉及的层次角度	产业间产业共性技术；产业内产业共性技术；企业内产业共性技术
技术重要性	关键产业共性技术；基础性产业共性技术；一般产业共性技术
公益性尺度	建立在科学基础与基础技术平台之上的能够对国家技术进步产生深度影响的技术； 与其他技术组合可导致在诸多产业领域的广泛应用，是具有产业属性的一类技术； 技术产品商业化前的技术基础，是不同企业共同享有的技术平台
产业共性技术的创新	产品共性技术；工艺共性技术
共性技术确认的时间次序	事前共性技术；事后共性技术

其中，从产业共性技术涉及的层次角度分类进行的“产业间-产业内-企业内”共性技术的分类，主要是一种事后共性技术的分类，等同于共性技术确认时间次序分类中的事后共性技术。这是因为在共性技术研发阶段，一般并不能确定一项共性技术将来的应用范围和广度。

从技术重要性进行的分类，是由国务院发展研究中心技术经济研究部马名杰提出的。他认为[14]，关键共性技术是对整个国民经济有重大影响的共性技术，关键共性技术的突破能带动多个产业的技术升级，有助于国家在某些关键技术领域或产业形成优势，具有很强的经济和社会效益。对关键共性技术研究，政府通常通过设立专项计划或非政府的专门组织予以支持。基础性共性技术是指测试测量以及标准等技术，这类技术为产业技术进步提供了必需的基础性支撑。为弥补市场失灵导致的基础性共性技术供给不足的问题，政府主要通过设立专门的国家研究院所来解决，由政府承担大部分甚至全部经费。如美国的 NIST、加拿大的国家研究委员会（National Research Council，NRC）和日本的产业技术综合研究所（Advanced Industrial Science and Technology，AIST）等。一般共性技术的经济社会效益没有关键共性技术大，市场失灵程度也相应较低。政府往往通过颁布相关法律和政策或提供部分资助的方式，鼓励企业间、企业与国家研究机构和高校进行合作研究。如美国纺织业的 AMTEX 研究联合体和美国政府设立的工程研究中心。

4. 共性技术测度

共性技术测度是对共性技术进行的一种以定量分析为主的研究。是依据一定的理论和方法，采用特定定量分析技术手段和工具，选取适当的指标，借助已发表的专利文献载体，通过系列的定量分析，并结合专家访谈、咨询等定性手段，筛选出一些共性技术领域和共性技术主题。

本研究首先将从共性技术领域和共性技术主题两个层面，进行共性技术测度。然后在此基础之上进一步测度共性核心技术、共性核心技术群和共性关键技术。共性技术测度的具体理论和研究假设将在第二章中详细论述；共性技术测度的具体方法和指标将在第三章中具体阐述。

二、研究意义

1. 理论意义

（1）构建共性技术测度体系，丰富和发展共性技术理论。在共性技术研究领域，共性技术的测度是一个重要的、基础性问题。通过测度才能发现和得知哪些技术是共性技术；明确了共性技术，才能进一步进行共性技术研发和转让以及其他相关的管理工作。但目前国内外的研究成果还主要集中在共性技术供给体系、共性技术发展中的政府作用、共性技术创新体系建设等方面。虽然有少量的关于共性技术筛选、共性技术识别和共性技术选择等方法的定量研究成果，但尚缺乏深入的理论分析、客观高效的测度方法和行之有效的指标体系。本研究综合运用国际新兴的专利计量与信息可视化理论、方法和技术手段，探索共性技术测度理论、方法与指标，构建共性技术测度体系，对丰富和发展共性技术理论具有重要的理论意义。

（2）丰富和拓展科学计量学理论、方法和应用。目前的科学计量学研究仍然主要是针对科学论文（scientific paper）进行计量研究，专利计量研究的成果相对较少。将已经比较成熟的科学计量学的理论与方法和信息可视化技术，通过移植、改造和创新，用于专利计量研究，并基于此探索共性技术测度理论、方法，构建指标体系，是一个比较新的探索、尝试和创新。研究成果将丰富和拓展科学计量学的理论、方法和应用。

（3）独有的时间和应用范围维度将丰富现有的产业战略管理和决策理论。本研究将选择 1963～2012 年长达 50 年的、大型的、规范的、商业化专利数据库——世界收录最全的专利数据库《德温特创新索引》（*derwent innovation index*，DII）的专利数据，测度战略性新兴产业的共性技术及其演进。不仅能使人们了解共性技术随着时间变化而发展的趋势，而且可以预测未来的共性技术领域和主题，为战略性新兴产业发展的共性技术选择提供科学有效的方法。因此，本课题的研究成果对丰富现有的产业管理和产业战略决策理论具有深远的理论意义和学术价值。

2. 实践意义

（1）为政府部门选择、发展共性技术提供决策参考。测度和确认共性技术，是政府部门发展共性技术首先要解决的重点问题之一。由于共性技术的发展能够迅速推动众多相关技术的迅速提升，世界各国政府对共性技术都给予了很高的关注。中国政府在“十二五”规划和《国家中长期科学和技术发展规划纲要（2006—2020 年）》中也多次强调要着力发展共性技术。时任总理温家宝在 2010 年国家科学技术奖励大会上的讲话中再次强调要“推动共性关键技术攻关”。哪些技术是共性技术是政府选择和发展共性技术的一个前提问题，本研究将深入探索和构建用什么方法及指标体系测度共性技术，这将为政府部门选择、发展共性技术提供重要的决策参考。

（2）指导战略性新兴产业的发展与管理。面对当前国际金融危机，各国正在进行抢占科技制高点的竞赛，全球将进入空前的创新密集和产业振兴时代。时任总理温家宝在 2010 年的国家科学技术奖励大会上的讲话中强调：我们要紧密跟踪世界经济科技发展趋势，大力发展战略性新兴产业。……推动共性关键技术攻关，……逐步使战略性新兴产业成为可持续发展的主导力量。美国的混合贸易与竞争法案明确了 ATP 计划的共性技术支持计划的性质。该法案规定：ATP 计划的目标是帮助美国企业创造和应用共性技术及其研究成果，使重大的、新的科学发现和技术能迅速商业化，并提升制造技术。ATP 计划通过补贴和合作协议的方式，加速各种竞争前共性技术的开发，以帮助美国企业提高其竞争地位，促进美国经济增长。因此，本研究对新能源、新材料等战略性新兴产业的共性技术测度，将对中国战略性新兴产业的发展和管理起到重要的指导作用。

第二节 国内外研究现状及发展动态

一、共性技术研究现状及发展动态

著者用“共性技术”和“generic technolog * ”（共性技术）分别在中国期刊全文数据库（CNKI）和美国科学情报研究所（ISI）的 Web of Science 网络平台进行检索，得到图 1-1 和图 1-2 所示的“共性技术”中文、外文文献年度分布图。从图 1-1 和图 1-2 可以清楚地看到，国内、国际对共性技术的研究整体上呈现出明显上升的发展趋势，尤其是 2000 年以后。

图 1-1 共性技术研究的中文文献分布（CNKI 检索成果）

图 1-1 显示，关于共性技术研究的中文文献（CNKI 检索成果），在 2000 年之前尚不足 20 篇，2005 年时已经达到 80 篇，2012 年时达到 320 篇。说明国内学者对共性技术研究主题的关注不断提升。

图 1-2 显示，关于共性技术研究的外文文献（Web of Science 检索成果），在 1999 年只有 120 篇，2000 年时已经达到 242 篇，2005 年时达到 355 篇，

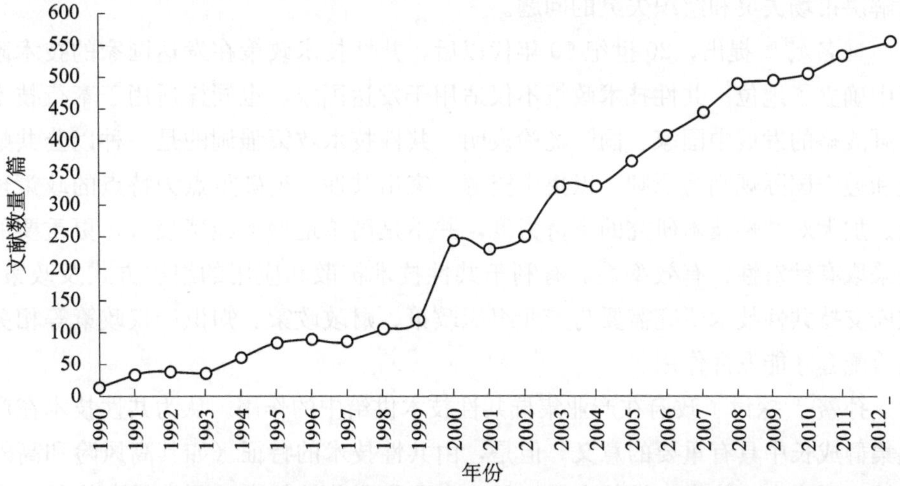

图 1-2 共性技术研究的外文文献分布（Web of Science 检索成果）

2012 年达到 558 篇。整体呈现不断上升的发展态势，说明国际学者对共性技术的研究主题也越来越重视。

共性技术理论的研究主要包括以下几个方面。

（1）政府在共性技术开发中的作用研究。Hemphill[15] 探讨了全球制药工业的共性技术实施战略，提出了发展中国家制药工业涉及的共性技术，可以由制药企业与政府协议价格和建立专利许可协议等。

Belanger 等[5] 认为，政府通过 ATP 的实施与产业合作，共同发展预竞争技术和共性技术，可以提高美国的竞争力。Belanger 等预测，美国联邦政府的 ATP 将会对美国技术的发展带来巨大的成功。

吴建南和李怀祖[16] 针对中国技术政策实施的现状，强调中国政府对技术发展方向的支持干预范围应逐渐缩小而集中在共性技术和基础技术方面。

胡小江[17] 针对在共性技术研发领域普遍存在的严重的市场失灵，导致企业对共性技术投资严重不足的现象，从共性技术的性质和特征、R&D 生命周期不同阶段的投资和风险、R&D 不同阶段与供给组织结构三个角度，对政府参与共性技术研发的必要性进行了理论分析。Li[18] 在研究中也提出共性技术的特殊属性决定了其组织失灵与市场失灵的不可避免性，并提出政府需大力解决该双重失灵状况。

李纪珍[19] 认为，共性技术为多项其他技术提供基础，具有宽广的应用范围和众多的技术使用者，由此决定了共性技术的供给存在双重失灵：市场失灵和组织失灵。在此基础上，李纪珍进一步探讨了政府在共性技术供给过程中要同时解决市场失灵和组织失灵的问题。

马名杰[14]提出，20世纪90年代以后，共性技术政策在发达国家的技术政策中确立了地位。共性技术政策不仅适用于发达国家，也同样适用于奉行技术追赶战略的发展中国家。国际经验表明，共性技术政策强调的是一种以公共财政和遵守国际规则为原则，以集中资源、突出共性、突破重点为特点的政策理念。加大对共性技术研究的支持力度，并不是简单地增加经费投入，更重要的是采取有针对性、有效率性、有利于共性技术扩散和应用的组织方式及政策。政府支持共性技术研究需要与产业组织政策、财政政策、知识产权政策等相关政策配套才能发挥作用。

孙鳌[20]探讨了政府在产业集群共性技术供给中的作用。认为共性技术在产业集群成长中具有重要的意义。但是，由共性技术的特征（如其高风险和高外溢性）所决定，依靠自发的市场力量，产业集群共性技术的研发投资将低于理论上的社会最优水平。因此，政府研发政策的主要目标是通过恰当组合税收、直接资助和政策性贷款等手段，消除在技术生命周期的各个阶段出现的市场失灵。政府目前的首要任务是尽快促进政府、大学、专业化研究机构和集群化企业多方参加的研发联盟的形成。

张振刚和景诗龙[21]在我国产业集群共性技术创新平台模式比较研究——基于政府作用的视角的研究中提出，政府是推动产业集群共性技术创新的重要主体，并基于政府作用视角，把当前中国产业集群共性技术创新平台分为政府主导型、政府合作型、政府鼓励型三种模式，同时对政府在平台建设和运行过程中的作用表现、主要优点和缺点进行了比较分析。

Chiang[22]基于任务导向型和扩散导向型的技术政策，提出了政府与产业结合，共同发展共性技术的建议。

（2）共性技术与创新体系研究。Andersen[23]提出，纳米技术的发展为研究新兴的共性技术及公司技术创新体系提供了一个难得的机会，认为在解释技术演进过程和规律时，应更多地关注市场的影响，而不是技术本身的更新换代。

陈玉瑞、鲍健强和项浙学[24]围绕浙江“块状经济”的特点，利用产业集聚和企业集群特征，分析了如何重新整合科技资源，构建基于共性技术的科技创新体系的发展思路。

鲍健强等[25]从技术学、经济学的角度剖析了共性技术的特点和规律，并提出了构建基于共性技术的科技创新体制的构想。

操龙灿和杨善林[26]围绕建立共性技术创新体系促进共性技术供给的思路，

分析了中国共性技术创新体系建设的现状，并指出中国共性技术创新体系的运作模式是建立政府主导的共性技术创新体系，同时还提出了政府主导的共性技术创新体系的组织形式和主要政策措施。

罗芳和王琦[27]认为，产业集群因其具有技术创新、开放、企业的相互竞争与合作等表现，逐渐被认为是一种复杂的适应系统。其自组织的本质特征，使产业集群具有了涌现性功能。并以产业集群的复杂性为前提，对建立产业集群共性技术创新体系存在问题的根源进行了分析，提出了产业集群共性技术创新体系的概念，以及基于涌现性的以企业为主体政府引导型产业集群共性技术创新体系的模式与组织形式。

(3) 共性技术平台建设研究。Li 等[28]提出了共性技术平台建设，对加快共性技术的转移和加强大学-产业的研发合作具有重要的现实意义。广东省生物功能纺织材料产业技术创新战略联盟和广东香港国际纺织生物工程联合研究中心两个共性技术平台的建设，对促进集群创新具有重要的现实意义。

薛捷和张振刚[29]分析了中国在科研院所转制后所出现的共性技术研发断层的实际情况，以及现阶段在共性技术开发上所面临的挑战，在此基础上提出基于“官产学研”合作来组织建设共性技术创新平台的思想，并对其组成主体的行为和基本功能进行了分析，同时对共性技术创新平台的组织运作特点进行了研究，提出了组建共同参与管理的组织机构、建立创新平台的中心实验室以及充分利用创新平台人力资源的思路。

薛捷和张振刚[30]通过对美国、日本、欧盟和韩国在共性技术开发方面的基本情况和发展经验的归纳总结，提出中国在共性技术开发中政府应该发挥主导作用，并指出在共性技术开发上应该采用“官产学研”合作组织的形式。

沈金虎[31]认为以共性技术服务平台为载体，帮助中小企业提高技术创新能力，是许多经济发达国家的通行做法和成功经验。并以浙江省推动中小企业技术支持服务平台的建设为应用实例进行了实证研究。

夏若江、吴宇茜和谢威炜[32]提出，对处于跟随地位的中小企业，产业集群是有利于提升其整体竞争力的一种有效的产业组织形式。但由于受到技术和市场生命周期更迭的影响，产业集群的发展容易陷入路径依赖状态。产业集群对共性技术的跟踪和创新能力决定了其对技术路径的控制能力，而共性技术的创新能力则取决于产业集群合作创新机制的形成和配套服务网络的完善，并以广东佛山市产业集群在合作创新平台方面的建设为应用实例进行了说明。

张振刚等[21]对政府在产业集群共性技术创新平台建设和运行过程中的作用表现、主要优点和缺点进行了比较分析。

（4）共性技术外部性的研究。Tann 等[33]提出，由于共性技术的外部性特征，独立的技术研发部门面对市场的激烈竞争与挑战，会在技术服务和转移等方面出现失败现象，对此市场之外的主体（如政府）应该给予大力支持。

Zhang 等[34]认为，由于共性技术的外部性和社会分工与专业化的发展，决定了企业之间合作共同研发共性技术的必要性。

Tassey[4]将技术分为基础共性技术、支持基础技术和专有市场应用技术（创新）三大类。前两者由于具有公共产品外部性的属性，其生产函数也应该不同于创新技术。

（5）共性技术商业化的研究。Maine 等[35]提出，共性技术在产业方面和应用方面具有重大的、潜在的商业价值，因此共性技术商业化是一个重要课题。Dayasindhu 等[36]认为，共性技术具有推动经济全面发展的潜力，因此共性技术的商业化对一个国家的经济发展就显得尤其重要。

二、共性技术测度的研究现状及发展动态

目前共性技术测度的研究成果不是很多，但是文献检索过程中发现，关注共性技术测度及相关研究问题的国内外学者越来越多。

1. 共性技术测度理论的研究

陈静等[37]提出，由于共性技术评价标准和筛选机制的缺失，导致了共性技术发展过程中的政府失灵。尽管国家有关部门充分认识了发展共性技术的重要性，但是在《国家科技支撑计划管理暂行办法》中并没有给出判别共性技术的评价标准与筛选机制。共性技术评价标准和筛选机制的缺失，使得政府在干预共性技术发展过程中出现了失灵。

任丽等[38]阐述了共性技术筛选标准遵循的基本原则和必要性，并结合中国的现实需要构建了共性技术筛选标准的基本流程。

郭晓琳[39]在其博士论文中介绍了共性技术的多角度识别问题，包括技术的供给源识别、技术的关联特性识别、技术的需求特性识别、技术的动态发展过程识别、共性技术的反向识别等。

2. 共性技术测度方法的研究

栾春娟探索了技术共类分析方法在共性技术测度中的应用[40]，并以全球太阳能产业专利数据为样本，选择德温特分类代码作为技术类型的划分标准，通过技术共类分析测度了太阳能产业的共性技术。

袁思达[41]提出，当前世界各国对于共性技术的识别尚缺乏有效方法。在各国技术预见实践中还没有人根据德尔菲调查结果对共性技术课题识别进行研

究。他以“中国未来20年技术预见研究”研究主题中能源技术领域为例，通过分析备选技术课题之间的相关度，得到若干项共性技术课题。袁思达基于德尔菲专家调查定量分析技术课题之间的相关度，并进而确认共性技术的研究方法，是共性技术测度方法研究中的一个很好的尝试，但也有不足之处[41]。

魏永莲等[42]针对共性技术研发中存在的市场失灵、组织失灵和政府干预失灵的“三重失灵”问题，按照科学性、系统性、可测性、定量分析与定性分析相结合、层次性、无相关性等原则，构造了共性技术筛选指标体系层次结构图，进而运用模糊综合评价方法构建了共性技术的筛选模型。

陈玲玲等[43]运用决策论的数学原理，针对共性技术立项决策的现实情况构建了决策模型，并对参与主体的损益矩阵进行了推理，以期为共性技术项目立项决策机制的确立提供新的视野。

邹樵[44]在其博士论文中探讨了识别共性技术的一些方法，包括从技术的基础性、技术的创新源、技术的准公共产品特性和属性、技术的关联性和外部性等几个方面进行识别。马亮[45]提出，可以从技术的供给源、技术的关联性、技术的需求特性、技术的动态发展过程等几个方面对共性技术进行识别。

虞锡君[46]提出了采用基于产业链、价值链和技术链的“三链分析法”、基于地方政府科技部门专家、集群经济内龙头骨干企业专家和特定学科领域专家三者相结合的“三结合选择法”、充分发挥竞争和市场机制的“市场化选择法”等，来确定共性技术。

Keenan[47]指出，英国技术预见中关于共性技术的识别，由于缺乏足够的对可能产生的后果的说明，而导致绝大多数共性技术主题在随后就被忽略了。Keenan解释了这种现象产生的原因，为随后的研究者提供了英国共性技术识别方法的经验教训。

3. 共性技术测度指标的研究

(1) 技术课题相关度指标。袁思达[41]通过分析备选技术课题之间的相关度识别共性技术课题。从共性技术概念来看，由于共性技术涉及很多技术领域，所以共性技术课题一定与若干其他领域的技术课题存在共生关系。用相关度来定量地测度技术课题之间的关系，相关度越高，说明技术课题之间的关系越密切。

(2) 共性技术筛选指标体系。魏永莲等[42]提出的共性技术筛选指标体系，包括技术的共性程度、技术水平与性能、经济效益与社会效益三个准则。

(3) 共性技术测度指标体系。栾春娟[48]提出，依据对产业共性技术的界定，可以初步确认技术共现率指标、技术相关度指标、多重测量中心度指标、度中心度和中介中心度指标等，作为战略性新兴产业共性技术的测度指标。

4. 共性关键技术测度的研究

除了相关专业技术人员对其所在技术领域进行了某些关键技术、共性关键技术的研究，科学技术管理学界对关键技术的研究成果比较多[49-54]，但是对共性关键技术的研究成果尚不多见。

钱纪明[55]定性分析了“官产学研”联盟对产业共性关键技术研发的作用，但并没有探讨共性关键技术的测度问题。

在图书情报文献计量研究领域，孙涛涛等[56]以 DVD 激光头技术为例，进行了关键技术挖掘与企业技术竞争情报的研究。但该研究中测度的关键技术并非共性关键技术。

5. 共性核心技术测度的研究

科学技术管理学界对核心技术进行了广泛的研究[57-61]，但共性核心技术的研究成果在科学技术管理学界尚未发现。吴巧君等[62]在天津日报进行过一篇报导，即“10 大平台投资 19 亿——加大科技投入增强自主创新能力”。

栾春娟等[63]曾基于世界权威专利数据库 DII 研究了核心技术的确认方法，提出专利引文分析方法、专利家族分析方法和专利指定有效国数量的分析方法，可以用来确认当前世界前沿技术领域的核心技术，并探讨了三种方法各自的优劣之处。但是该研究成果中还没有探讨共性核心技术的测度问题。

第二章　共性技术测度理论与研究假设

第一节　技术共类分析理论与研究假设

一、共现分析理论

共现分析最早由语言学家提出并应用于语义贴近度的分析研究中，是指如果两个术语在一个语境下以一定的顺序频繁地共同出现，则其语义贴近度较高[64－66]。此后，共现分析广泛应用于相似性的研究，包括合著分析、共引分析、共词分析和共类分析等。合著分析主要应用于科学合作[67－69]与技术合作[70－72]研究，共引分析主要应用于研究领域[73－77]与新兴技术领域探测[78－80]研究，共词分析则应用于研究前沿[81－84]和技术前沿探测[85－87]分析。

二、技术共类分析理论

共类分析的研究成果不是很多。已发现的存在于国际制药公司分布地图绘制[88]、科学技术交叉学科结构的定量评价[89]、科学技术之间的相互作用[90]和技术相关性的测度[91]等几个方面。

已有的研究中，多数运用专利文献的国际专利分类（international patent classification，IPC）代码进行共类分析[90,92]。但是，IPC 代码的共类分析至少存在两个方面的问题。一方面是分析过程中难以将太多的 IPC 代码全部考虑其中，如 2010 年的 IPC 代码有 138 751 个[92]；另一方面，IPC 执行的是分级系统专利分类，即不同等级的专利分类可能同时存在于同一个专利文献中。例如，G02F－00113、G02F－001136 和 G02F－0011368 这几个不同等级的代码同时存在于同一专利文献的 IPC 技术分类中，这种情况容易使读者产生困惑。更严格地说，这种专利技术等级分类系统不适宜用来进行相关的共类分析研究。

有关公司技术多样化与知识相关性研究中[93]，采用的是基于 IPC 的 30 个学科知识领域分类，这种研究由于采用有限的技术学科分类，所以更倾向于宏观层面的分析。

德温特分类代码（DC）将应用于本研究的共类分析中。DC 是经过德温特技术专家标引的、执行一个字母加两个数字这样统一标准的专利技术分类代码，共有281个。无论从DC代码执行的统一分类标准还是从总体数量方面，DC代码都非常适合应用于技术共类分析研究中。

三、技术共类分析研究假设

根据共性技术的概念界定，共性技术是指在很多领域内已经或未来可能普遍应用，其研发成果可共享并对整个产业或多个产业及其企业产生深度影响的一类技术。因此提出下列内容。

（1）研究假设1a。一个技术领域A与其他越多的技术领域共现的比例都很高，则可以认为A对多个产业或企业产生了深度影响，A可能是一个共性技术领域。

（2）研究假设1a′。一个技术主题A′与其他越多的技术主题共现的比例都很高，则可以认为A′已经对多个产业或企业产生了深度影响，A′可能是一个共性技术主题。

（3）研究假设1b。一个技术领域A与其他越来越多的技术领域出现共生现象，则可以认为A在未来可能普遍应用，将会对多个产业或企业产生影响，A将是不久未来的一个共性技术领域。

（4）研究假设1b′。一个技术主题A′与其他越来越多的技术主题出现共生现象，则可以认为A′在未来可能普遍应用，将会对多个产业或企业产生影响，A′将是不久未来的一个共性技术主题。

第二节　技术相关度的有关研究与研究假设

一、技术相关度的有关研究

基于SPSS技术相关性分析，技术相关度是指技术领域或技术主题之间的正相关关系及其相关程度、负相关关系及其相关程度、不相关关系和自相关关系四种情形。技术相关度以技术领域或技术主题之间的相关系数来测度。

基于Jaccard系数的技术相关度分析中，技术相关度是指在一个产业内，一个技术领域与其他多少个技术领域存在着关联。关联强度如何，研究中将具体运用平均技术共现伙伴（MTCP）和平均技术共类强度（MTCS）两项指标进行测度。

技术相关度的有关研究主要包括技术领域之间的相关度、公司技术的知识相关度、技术课题相关度、技术多样化、技术重叠和技术相似性等。

1. 技术领域之间的相关度

技术领域之间的相关度研究，是已发现的研究成果中与技术相关度最直接相关的成果。Joo 等[91]采用韩国专利数据，运用专利技术隶属的 30 个学科之间的共现关系，分析了技术领域之间的相关性。分析结果揭示了技术相关度随着时间推移的显著变化，著者认为这个结论有助于理解技术-经济发展范式的转换。该研究的技术学科分类划分较粗，尚是一个比较宏观的研究。

2. 公司技术的知识相关度

分析公司技术的知识相关度是另一种类型的技术相关度研究成果。最有影响的测度产业间技术流动的方法是由 Scherer[94]提出来的。该研究基于对产业初始 R&D 支出分类与研发结果应用产业的关联分析。提出如果一个产业 R&D 支出的相当比例的研发结果在另一个产业得到体现和应用，则这两个产业之间存在着密切的关联。该研究从 R&D 支出与研发结果应用的视角分析了产业技术相关度。

之后，Jaffe[95,96]提出了另外一种测度技术相关度的方法。Jaffe 运用余弦值指标测度各种技术领域之间的相关关系，并运用该方法分析了美国一些公司专利技术的 49 个专利国际分类代码（IPC）之间的关系。

Griliches[97]认为，企业间技术相似性程度越高，技术外溢效应就越明显；Jaffe[98]运用企业的专利数据测算了企业间的技术相似性；蔡虹等[99]采用美国国家经济研究局专利数据库的数据，计算了 1985～1999 年中国与 11 个创新型国家/地区的技术相似度，结果表明，中国与主要创新型国家/地区的技术相似度有逐渐增加的趋势；王贤文等基于专利计量和专利引文分析，探讨了公司技术相似性[100]，分析了不同行业之间技术发展的联系[101]；杨志萍等[102]从文献计量学聚类角度分析研究了中国科学院、法国科研中心、德国马普学会和美国麻省理工学院历年来发明专利技术累积优势展现的相互关联关系，从量化角度呈现了这四个机构的创新技术重点布局，对比分析了创新技术的交互相关性共性和个性特征，并对中国科学院今后技术创新上的发展进行了思考等。

Breschi 等[93]提出，知识相关性是影响公司技术多样化的一个重要因素。他们选用 1982～1993 年不同国家的公司向欧洲专利局（EPO）申请的专利文献，利用共类分析方法检验了技术多样化的发展模式。结论认为知识相关性对公司的创新活动有重要作用。该研究主要关注的是技术相关度与技术多样化和创新活动之间的关系。

3. 技术课题相关度

袁思达[41]曾提出技术课题相关度，并认为德尔菲调查中技术课题相关度反映了两项技术课题之间联系的密切程度，技术课题A与技术课题B的相关度是指既熟悉技术课题A又熟悉技术课题B的专家在熟悉技术课题B的专家中所占的比例，它反映了技术课题A与技术课题B的关联程度。袁思达定义的技术课题相关度表达的是熟悉技术课题B的专家中，有多少人同时熟悉技术课题A，以此来衡量技术课题A与技术课题B之间的相关程度。著者认为，熟悉技术课题B的专家在只具有一个专业背景情况下，该定义确定的指标具有一定的科学性；但该指标也存在一定的不准确性，如熟悉技术课题B的某位专家同时具有两个或多个彼此关系不大的专业背景，他熟悉技术课题B，同时也熟悉技术课题A，而实际上技术课题B与技术课题A之间可能不一定具有相关度。

4. 技术多样化

技术多样化的研究可以追溯到1970年。Lam等[103]运用多样化技术之间的相关度分析了学校结构与技术多样化之间的关系，认为学校的结构对技术多样化存在积极的影响。之后又出现了一些技术多样化的研究成果[104—106]。技术多样化常作为自己相关性的结果进行研究。

5. 技术重叠

Mowery等[107]分析了公司之间合作者的选择，他们运用专利引文分析方法测度了公司技术联盟形成之前的技术重叠。结论认为，可以通过测度公司之间的技术重叠来预测公司合作伙伴的选择。专利引文分析方法也可以用来分析技术相关度，但本研究主要是运用专利技术共类分析方法测度技术相关度。

6. 技术相似性

Griliches[108]证明了技术外溢效应与技术相似性有积极的关系。Jaffe等[109]将公司之间技术相似性的研究扩展到国家层面上，测度了美国、英国、法国、德国和日本这些国家的技术相似性。已有的技术相似性研究主要集中于公司之间和国家之间，尚未发现产业内技术相似性的研究成果。

技术多样化、技术重叠与技术相似性这三个术语中，技术多样化强调的是技术种类很多；技术重叠强调的是技术领域之间、公司或国家之间技术重叠部分的比率；技术相似性关注的是不同公司或国家之间的技术相似性程度。

国内外已有的少量探讨技术课题之间相关度的研究成果，主要依赖德尔菲专家意见方法，主观性比较强，客观性略显不足。正如袁思达所言[41]：技术课题相关度是一个量化指标，专家对技术课题的不同熟悉程度如何赋权是一个非常关键的问题，但多数评价问题都涉及主观判断或主观效用，人们始终难以对这些问题的权重赋值达成共识，就技术课题相关度，专家对技术课题的不同熟悉程度到底会对技术课题的相关度产生多大影响，仍然需要进行深入的探讨和研究；德尔菲调查需要众多的专家参与，但对于作答较少的技术课题，其结果的可信度值得担忧；德尔菲调查中，对于技术课题的描述包含了大量的信息，如一项技术课题包含了几项技术，某专家即使对绝大多数技术很熟悉，而只对其中一项不熟悉，他就不能回答“很熟悉”或“熟悉”，这样导致的结果就是各类信息混杂，难以判断信息之间的关联。

二、技术相关度分析研究假设

两个技术领域或技术主题的相关度越高，说明它们之间的关系越密切。

(1) 研究假设 2a。如果一个技术领域 A 与其他很多技术领域的相关度都很高，则可以认为 A 普遍应用到多个领域，会对多个产业或企业产生深度影响，A 是一个共性技术领域。

(2) 研究假设 2a′。如果一个技术领域 A 与其他很多技术领域的相关度越来越高，则可以认为 A 将普遍应用到多个领域，对多个产业或企业产生深度影响，A 将会是一个共性技术领域。

(3) 研究假设 2b。如果一个技术主题 A′与其他很多技术主题的相关度都很高，则可以认为 A′普遍应用到多个领域，会对多个产业或企业产生深度影响，A′是一个共性技术主题。

(4) 研究假设 2b′。如果一个技术主题 A′与其他很多技术主题的相关度越来越高，则可以认为 A′将普遍应用到多个领域，对多个产业或企业产生深度影响，A′将是一个共性技术主题。

第三节 社会网络分析理论与研究假设（度中心度）

自 20 世纪 70 年代以来，社会网络分析（social network analysis，SNA）方法逐渐成为科学计量学领域的一个有特色的研究方法[110]，并广泛应用于科学家合作网络分析[111−114]、科学文献共被引网络分析[78,115−120]、科学研究主题词共现分析[121−126]等领域。

SNA 应用于技术网络的研究成果并不多见。已有的相关研究成果主要集中于技术主体网络活动对商业战略的影响[127]、跨国公司对中国科学技术网络发展作用的探讨[128]和全球化时代的技术网络分析[129]等领域。其中涉及的技术网络概念多是指公司或科研主体之间的合作网络，而非本研究中的技术网络。

本研究中所称的技术网络是指不同技术分类因在专利文献中存在共类关系（即技术分类共现，简称共类）而形成的网络，即不同技术领域之间因具有较强的相似性而集聚形成的相对较为独立的技术聚类，类似于科学文献中的作者合作网络。

依据社会网络分析理论，一个人在社会网络中的度中心度（degree centrality），就是他在该网络中拥有的社会关系数量的总和[130]。一个网络中拥有高度中心度的人，往往是这个网络中的核心人物，在这个网络中拥有重要的社会地位或者是最有权力的人。

（1）研究假设 3a。一个共性技术领域 A 若在技术领域网络中拥有高度中心度，则 A 为共性核心技术领域。

（2）研究假设 3a′。一个共性技术主题 A′若在技术领域网络中拥有高度中心度，则 A′为共性核心技术主题。

（3）研究假设 3b。一个共性技术领域 A 若在技术领域网络中拥有的度中心度越来越高，则 A 将成为共性核心技术领域。

（4）研究假设 3b′。一个共性技术主题 A′若在技术主题网络中拥有的度中心度越来越高，则 A′将成为共性核心技术主题。

第四节　社会网络分析与研究假设（中介度）

中介度（betweenness centrality）是指网络中一个行动者作为居间中介者的能力，中介度测量的是行动者对资源控制的程度。如果一个行动者处于其他许多行动者交往的路径上，他就具有控制其他人交往的能力，我们就认为该人对他人之间的交往起着桥梁和纽带的作用，在网络分析指标中，他会具有较高的中介度。“处于这种位置的个人可以通过控制或者曲解信息的传递而影响群体”[131]。而 Burt[132]的结构洞理论则认为，当两个点 X 和 Z 以距离 2 相连而不是以距离 1 相连的时候，则 X 和 Z 之间存在一个结构洞。经过点 Y 并且连接 X 与 Z 的短程线占 X 与 Z 之间的短程线总数的比值，就是点 Y 的中介度。它测量的是点 Y 对点 X 和点 Z 的媒介作用有多大。如果没有点 Y，则网络可能全部或部分断开成为两部分，因此点 Y 在社会网络分析中称为“切开点”，或者称为“桥”。处于桥的位置的行动者最大的特点是与他联系的人之间不发生联系，因此他往往可以获得中介利益。处于桥的位置的技术领域或技术主题，是关键技术领域或技术主题，而且往往是一个新的技术领域或新兴产业形成的起点。

(1) 研究假设4a。一个共性技术领域A若在技术领域网络中拥有高中介度，则A为共性关键技术领域。

(2) 研究假设4a′。一个共性技术主题A′若在技术领域网络中拥有高中介度，则A′为共性关键技术主题。

(3) 研究假设4b。一个共性技术领域A若在技术领域网络中拥有的中介度越来越高，则A将成为共性关键技术领域。

(4) 研究假设4b′。一个共性技术主题A′若在技术主题网络中拥有的中介度越来越高，则A′将成为共性关键技术主题。

第五节　共性技术测度体系的应用

当今世界正遭受金融危机的冲击，也正处在新科技革命的前夜。历史经验表明，经济危机往往孕育着新的科技革命。面对当前这场国际金融危机，各国正在进行抢占科技制高点的竞赛，全球将进入空前的创新密集和产业振兴时代。科学选择战略性新兴产业非常关键[133]。我们要紧密跟踪世界经济科技发展趋势，大力发展战略性新兴产业——推动共性关键技术攻关，加快科研成果向现实生产力转化，逐步使战略性新兴产业成为可持续发展的主导力量[134]。

(1) 研究假设5a。战略性新兴产业之间存在共性技术领域，可以公共技术平台集中研发。

(2) 研究假设5a′。战略性新兴产业之间存在共性技术主题，可以公共技术平台集中研发。

(3) 研究假设5b。共性关键技术是战略性新兴产业形成必不可少的条件。

(4) 研究假设5b′。共性关键技术是否会以及在何种条件下会成为战略性新兴产业发展中的共性核心技术，本研究将对该项假设进行试验。

第三章 战略性新兴产业共性技术测度的方法与指标

探索战略性新兴产业共性技术测度的方法与指标，将对战略性新兴产业发展过程中的共性技术选择和管理具有重要的理论意义和现实意义。政府部门可以依据共性技术的测度结果建立共性技术研发平台，使共性技术研发成果应用于相关的产业和企业，进而提高研发效率，避免重复的研发活动。战略性新兴产业共性技术的测度是个亟待解决的现实问题，但目前国内外已有的相关研究成果却相对较少[135]。已有的少量研究成果主要依据定性方法识别某一特定领域共性技术[136,137]；或者依据德尔菲专家意见方法对共性技术进行识别等[41,47,138]。依据国内外普遍认可的产业共性技术的定义[5,9,10,14,16,139,140]，即共性技术是指在很多领域内已经或未来可能普遍应用，其研发成果可共享并对整个产业或多个产业及企业产生深度影响的一类技术。本部分将尝试探索战略性新兴产业共性技术的测度方法与指标，主要包括技术共类分析方法与共现率指标、基于SPSS技术的相关性分析方法与指标、基于Jaccard系数技术相关性分析方法与指标和基于技术网络分析方法的度中心度、中介中心度、特征向量中心度和多重测量中心度指标等。

第一节 技术共类分析方法与指标

一、技术共类分析方法

1. 共现分析

共现分析是基于共词理论和共引理论对彼此在内容上有直接关联的文献进行聚类、比较和分析，从中识别和抽取有价值的信息[141]。共现分析最早由语言学家提出并应用于语义贴近度的分析研究中，是指如果两个术语在一个语境下以一定的顺序频繁地共同出现，则其语义贴近度较高[64−66]。之后，共现分析广泛应用于相似性的研究，包括合著分析、共引分析、共词分析和共类分析等。合著分析主要应用于科学合作[67−69]与技术合作[70−72]研究；共引分析主要应用于研究领域[73−77]与新兴技术领域探测[78−80]研究；共词分析则应用于研究前沿[81−84]和技术前沿探测[85−87]分析。

虽然共现分析理论和方法已广泛应用于大型科学文献的诸多研究领域，但用于大型专利技术文献计量研究的成果很少[142-144]。著者尚未发现运用大型专利技术文献数据和共现分析的方法来进行共性技术测度研究的成果。栾春娟等已经进行的关于技术共生性的研究[145]，从理论和方法上看，对其进一步深化就可以用来测度战略性新兴产业的共性技术。

2. 技术共类分析与技术共类矩阵

本研究进行技术共类分析时，将选用德温特分类代码（即 DC 代码）作为专利技术领域的分类代码。需要说明的是，这样做与确定样本数据时采用 IPC 代码并不冲突：世界知识产权组织（World Intellectual Property Organization，WIPO）报告提供的全球太阳能技术领域的 IPC 代码是目前所能得到的最权威的检索策略；而依此 IPC 代码得到全球太阳能技术领域的专利数据后，经过比对分析发现 DC 代码更适合于用来进行技术共类分析。DC 代码是由德温特的专业技术人员为专利标引的代码，该代码可用于显示一个发明中的技术新颖特点及其应用领域。与其他分类代码相比，DC 代码更具准确性和合理性。Thomson Reuters 集团中国办公室科学解决方案顾问、专利信息用户组中国分会的发起者吴正认为，由 1000 多名德温特专业人员标注的 DC 代码具有比 IPC 分类更长久的发展历史，其准确性和合理性是值得信赖的。并且，与 IPC 和德温特手工代码（MC）相比，DC 代码级别层次统一，每个 DC 代码都是由一个大写字母和两个数字构成的，如 A81、U12、Q75 和 S03 等；而 IPC 和 MC 代码执行的是多层级专利分类系统，不同级别或辈分的代码可能同时存在于一条专利文献的技术分类中，如 S03 - E03、S03 - E03B2 和 S03 - E03B2C1 这样不同级别的 MC 代码可能同时存在于同一条专利文献的技术分类中，IPC 代码也存在类似情况；选择 DC 代码的另一个原因是，人们可以搜索到每一个 DC 代码所代表的技术领域信息的详细描述，但有的 IPC 代码查找不到对其技术领域信息的具体描述。

DII 数据库中的一条专利记录常常包括多个 DC 技术领域。例如，下面这条专利文献就包括了 5 个 DC 技术领域代码。

题目为 *New organic dye with excellent optical absorbtion rate and quantum efficiency is used for dye-sensitized solar cell*。中文名为《应用于染料敏化太阳能电池技术的、具有卓越光吸收率和光化学产额的新型有机染料》。

DC 技术领域如下。

（1）E22（anthracenes）代表蒽（一种碳氢化合物）。

（2）L03［electro -（in）organic - chemical features of electrical devices］代表电镀-电气设备的有机化学特征。

(3) U11 (semiconductor materials and processes) 代表半导体材料与成品。

(4) U12 (discrete devices, e. g. LEDs - photovoltaic cells) 代表分立器件(如太阳能光伏电池)。

(5) X15 (non - fossil fuel power generating) 代表非矿物染料发电,即太阳能发电。

这种情况的5个DC专利技术领域分类共同出现在同一条专利文献中,意味着该条专利文献代表的技术涉及多个技术分类领域,这5个DC技术分类之间存在着共现关系,简称共类关系。运用大型文献处理软件Bibexcel对样本数据进行处理即可得到DC的共类矩阵(表3-1)。对角线上的数字(表中斜体)代表特定技术领域在样本数据中出现的频次,如169代表A14的频次,依此类推。

表3-1 技术共类矩阵

	A14	A26	A85	A88	A89	…
A14	*169*	29	127	6	51	
A26	29	*158*	123	1	59	
A85	127	123	*2680*	11	72	
A88	6	1	11	*555*	4	
A89	51	59	72	4	*731*	
…						

二、技术共类分析指标——技术共类率

基于表3-1中的技术共类矩阵,运用Microsoft Excel软件程序中的countif (range, criteria)函数,对表3-1矩阵中存在共类关系的单元格计数,并按照降序排列得到每个DC技术领域的共类伙伴数量列表。这里的共类伙伴数量,是指一个DC技术领域与多少个其他的DC技术领域存在共类关系。通常情况下,两个技术领域之间共类次数为1次和10 000次,代表它们之间关系的密切程度不同,因此一般会在选取高频技术领域的基础之上再次设定一个较高的共类次数的阈值,这样计算出的共类伙伴数量更具有实质意义。运用计算出的共类伙伴数量,除以所选的高频技术领域数量(自身除外),就可以得到技术共类率指标。一个技术领域的技术共类率越高,说明该技术领域广泛应用于其他技术领域,该技术领域的共性技术特征越明显。

运用共类分析的理论和方法,借助瑞典科学家Persson开发的大型文献处理软件Bibexcel,结合世界权威专利数据库DII中对专利申请技术领域分类的特征,测度技术领域或技术主题的共生状况,得到共类矩阵,通过共类伙伴的计算(表3-2)可以得到技术共类率指标。

表 3-2 技术领域的共类伙伴数量

共类伙伴数量	技术领域	共类伙伴数量	技术领域
56	T01 - J07D1	28	X21 - C20
44	L03 - H05	28	X16 - K01
38	X16 - B01	27	X21 - A01D1
36	A12 - T04C	27	X21 - A02
36	X22 - F	27	X16 - C
34	U24 - H07	27	X21 - B04
33	X21 - B01B	27	X21 - B01A1C
32	X11 - U02	27	X21 - B01
32	X22 - F04	26	X21 - A02A
32	X22 - F01A	26	X21 - A05
31	X21 - C02	26	X21 - A06
30	X21 - A01D	26	X21 - B05
29	X21 - A01F	26	X16 - H03
29	X13 - U01	25	A12 - E06
29	X21 - B04A	24	X21 - A04
28	X16 - B01F1	24	X21 - A03C

第二节 基于 SPSS 的技术相关性分析方法与指标

一、基于 SPSS 的技术相关性分析方法

1. SPSS 软件

SPSS 软件的最初名称是社会科学统计软件包（statistical package for the social science，SPSS），后来随着 SPSS 产品服务领域的不断扩大和服务深度的持续增加，SPSS 公司已经于 2000 年正式将 SPSS 软件名称更改为统计产品与服务解决方案（statistical product and service solution，SPSS）。名称的更改意味着 SPSS 的战略方向正在进行重大调整。

SPSS 是世界上最早的著名统计分析软件之一，主要应用于数据管理、统计建模、文本挖掘等领域。SPSS 最初由美国斯坦福大学的三位研究生 Norman 等于 1968 年研究开发成功[146]，并同时成立了 SPSS 公司，1975 年在芝加哥组建了 SPSS 总部。1984 年 SPSS 总部首次推出世界上第一个统计分析软件微机版本，开创了 SPSS 微机系列产品的开发方向，极大地扩充了其应用范围，并使其能很快地应用于自然科学、技术科学、社会科学等诸多研究领域。世界上许多有影响的报纸杂志纷纷对 SPSS 的自动统计绘图、数据的深入分析、使用方便、功能齐全等方面给予了高度的评价。

虽然学者经常运用 SPSS 软件进行相关性分析[147,148]，但本课题组尚未发现运用 SPSS 软件进行技术相关性分析，进而进行共性技术测度的相关研究成果。

2. 技术相关性分析

科学技术管理学界对相关度有一些研究成果[149—154]，但是针对技术领域和技术主题相关度研究的成果并不多见。袁思达[41]提出的共性技术测度方法中的相关度，主要是基于技术预见中德尔菲专家意见的小样本的统计结果而计算出来的。本课题组认为，可以通过对大型专利技术文献涉及的技术领域之间和技术主题之间的相关度进行深入计量分析和研究，从而为产业共性技术的测度提供行之有效的科学方法。两个技术领域或技术主题的相关度越高，说明它们之间的关系越密切。

二、基于 SPSS 的技术相关性分析指标——技术相关度

战略性新兴产业的专利技术研发活动一般比较活跃，专利申请也相对较多。运用专利数据进行技术共现分析，可以得到技术领域或技术主题之间的技术共现矩阵，借助 SPSS 软件相关性分析的功能，就可以得到技术领域或技术主题之间的精确相关系数，即相关度（表 3-3），该指标可以为战略性新兴产业共性技术的准确测度提供精确数字。

表 3-3 技术领域之间的相关度

	D05 - H09	U12 - B03F2A	U12 - B03F2	L02 - H04B	U11 - C01J6	E05 - U02	…
D05 - H09	1.000 00	-0.096 78	-0.075 53	-0.084 96	-0.161 51	-0.133 99	
U12 - B03F2A	-0.096 78	1.000 00	0.982 171	0.312 117	0.051 351	-0.030 12	
U12 - B03F2	-0.075 53	0.982 171	1.000 00	0.363 239	0.041 513	-0.034 88	
L02 - H04B	-0.084 96	0.312 117	0.363 239	1.000 00	0.170 206	0.275 816	
U11 - C01J6	-0.161 51	0.051 351	0.041 513	0.170 206	1.000 00	0.339 425	
E05 - U02	-0.133 99	-0.030 12	-0.034 88	0.275 816	0.339 425	1.000 00	
U11 - C18B5	-0.136 12	0.287 934	0.194 322	0.041 785	0.302 344	-0.123 28	
B04 - E01	0.480 464	-0.177 98	-0.163 38	-0.275 9	-0.240 97	-0.266 49	
U12 - B03X	-0.097 24	0.122 178	0.110 112	-0.097 29	0.104 731	-0.136 55	
B04 - N04	0.435 293	-0.175 71	-0.161 3	-0.264 63	-0.227 18	-0.247 79	
D05 - H10	0.116 04	0.207 524	0.180 226	-0.164 14	0.018 224	-0.075 34	
U12 - B03D	-0.055 66	-0.114 39	-0.105	0.285 476	0.278 65	-0.218 4	
L04 - C06	-0.235 73	0.182 911	0.173 768	-0.059 71	-0.006 87	0.016 649	
L04 - C12	-0.178 4	0.010 26	-0.064 48	-0.095 23	0.028 561	-0.101 82	
B12 - K04	0.191 953	-0.141 57	-0.129 96	-0.186 93	-0.176 96	-0.140 52	
S03 - E14H	0.193 651	0.171 83	0.148 307	-0.195 97	-0.025 44	-0.139 98	
A12 - E01	-0.062 62	-0.144 84	-0.132 96	0.195 964	0.215 021	0.325 177	
A12 - E07C	-0.169 81	0.013 057	-0.089 13	-0.087 07	-0.113 8	-0.134 57	
…							

第三节 基于Jaccard系数的技术相关性分析方法与指标

一、基于Jaccard系数的技术相关性分析方法

借鉴Leydesdorff提出的Jaccard系数对表3-1的技术共类矩阵进行标准化处理，计算得出技术共类强度矩阵。Leydesdorff[155]认为，在共引或共现分析中，应用Jaccard系数进行数据标准化处理比另一种标准化方法——Salton余弦系数更适合计算共被引强度或共现强度矩阵。本研究中的共类是共现的一种。将Leydesdorff提出的共被引强度计算公式修正为共类强度的计算公式，具体如下：

$$S(i,j)=\frac{\mathrm{coo}(i,j)}{\mathrm{occ}(i)+\mathrm{occ}(j)-\mathrm{coo}(i,j)} \tag{3-1}$$

式中：$S(i,j)$ ——技术分类 i 和 j 的共类强度；

$\mathrm{coo}(i,j)$ ——i 和 j 共现频次；

$\mathrm{occ}(i)$——i 出现的频次；

$\mathrm{occ}(j)$——j 出现的频次。

可以用图3-1形象地表示Jaccard系数。

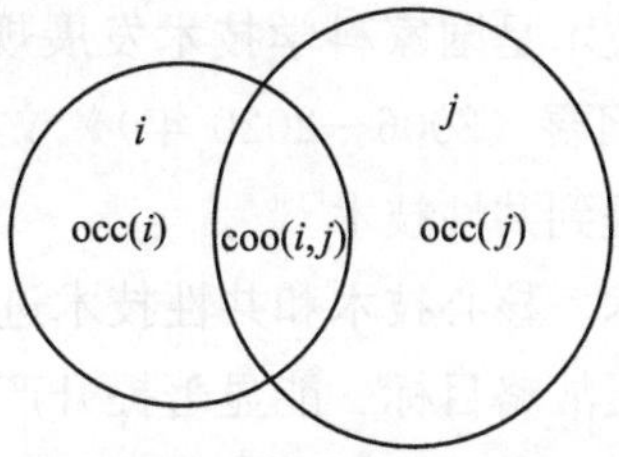

图3-1 共类强度Jaccard系数的图示

在式（3-1）和图3-1中，$\mathrm{coo}(i,j)=i\cap j$，$\mathrm{occ}(i)+\mathrm{occ}(j)-\mathrm{coo}(i,j)=i\cup j$，由此还可以将共类强度Jaccard系数（即共类强度公式）写为式(3-2)的形式，并阐释为共类强度等于两个技术分类的交集除以它们的并集。

$$S(i,\ j)=\frac{i\cap j}{i\cup j} \tag{3-2}$$

式中：$S(i,\ j)$ ——技术分类 i 和 j 的共类强度；

$i\cap j$——技术分类 i 和 j 的交集（共现频次）；

$i\cup j$——技术分类 i 和 j 的并集（i 和 j 分别共现频次之和减去它们共现的频次）。

二、基于 Jaccard 系数的技术相关性分析指标——技术相关度

Jaccard 系数的数值为 0～1，数值越大说明 i 与 j 之间的共性越多，相似性越强。将表 3-4 数据标准化之后得到表 3-4 所示的技术共类强度 Jaccard 系数矩阵。

表 3-4　技术共类强度 Jaccard 系数矩阵

	A14	A26	A85	A88	A89	…
A14	1	0.097 3	0.046 7	0.008 4	0.060 1	
A26	0.097 3	1	0.045 3	0.001 4	0.071 1	
A85	0.046 7	0.045 3	1	0.003 4	0.021 6	
A88	0.008 4	0.001 4	0.003 4	1	0.003 1	
A89	0.060 1	0.071 1	0.021 6	0.003 1	1	
…						

由表 3-4 的技术共类强度 Jaccard 系数矩阵，可以直接得到两个技术领域之间的技术相关度。

第四节　基于网络中心性的技术测度方法与指标

本节中的技术测度将主要探讨关键技术、核心技术和共性技术的测度。关键技术、核心技术与共性技术是国家科学技术发展规划的重点内容。《国家中长期科学和技术发展规划纲要（2006—2020 年）》文件中 42 次提到关键技术、12 次提到核心技术、8 次提到共性技术[156]。

国内外学者对关键技术、核心技术和共性技术进行了一些相关的研究。关键技术认为是符合国家发展战略目标、能显著提升产业竞争力、培育新的增长点、具有集成和带动作用特点的技术[153,157]。国内外学者对关键技术的基本理论[153,158]、发展状况[158]、关键技术路线图[151]、关键技术自主创新[159]、关键技术的计量和挖掘[160,161]、某些具体领域的关键技术[162—164]进行了一些相关的研究。

核心技术认为是一种能够带来竞争优势的技术资源和能力，具有不可替代的技术竞争力[165—167]。国内外学者对核心技术竞争力[166,167]、核心技术创新[168,169]、核心技术能力[170,171]、核心技术的获取战略[172—175]、核心技术的确认方法[170,176,177]等进行了一些研究。

共性技术又称产业共性技术[9]，是指在很多领域内已经或未来可能普遍应用，其研发成果可共享并对整个产业或多个产业及其企业产生深度影响的一类

技术[5,9,10,14,16,139,140]。国内外学术界关于共性技术的研究成果主要集中在政府在共性技术开发中的作用[5,16,19]、共性技术与创新体系[24]、共性技术平台建设[29]、共性技术外部性[4,34]、共性技术商业化、共性技术测度等主要领域[35]。

已有的关于关键技术、核心技术和共性技术的研究成果多采用定性研究方法，定量研究成果相对较少。关于关键技术的测度研究成果如下：黄鲁成和李剑虽已探讨过网络中心性指标在关键技术测度中的应用，但没有明确中心度和中介度两个指标的不同作用，并且选用的是 SCI 科学论文数据库，而非 DII 专利技术数据库[160]，著者认为，对技术的测度使用世界权威专利数据库 DII 更合适些；孙涛涛和金碧辉对关键技术的挖掘主要采用的是专利文献耦合和专利引证关系的文献计量学方法，没有涉及网络中心性指标在关键技术测度中的应用问题。关于核心技术的测度研究成果如下：栾春娟、王续琨和刘则渊主要利用专利引文分析方法、专利家族分析方法和专利指定有效国分析方法探讨了核心技术确认方法[178]；栾春娟和曾国屏提出的网络中心度指标可以作为测度单一核心技术领域的一项重要指标，但对核心技术群的测度未进行探讨[179]。少量的关于共性技术筛选或识别方法与指标的研究成果主要基于德尔菲专家意见方法[41,47,138]，受主观干扰比较大，缺乏一定的客观性和较强的可操作性。因此，著者将在梳理已有研究成果的基础上，主要探讨网络中心性指标在共性技术、共性关键技术和共性核心技术（群）测度中的应用。研究方法主要运用社会网络及其中心性分析方法。

一、共性技术测度——多重测量中心度

依据国内外关于共性技术的定义[5,9,10,14,16,139,140]，即共性技术是指在很多领域内已经或未来可能普遍应用。其研发成果可共享并对整个产业或多个产业及其企业产生深度影响的一类技术，可以得出，如果一个技术领域/主题 A 与其他很多的技术领域/主题存在共现关系，则认为 A 在多个产业技术领域已经得到广泛应用，则 A 是一个共性技术领域/主题。共性技术的测度主要经过三个步骤。第一步，进行技术领域/主题共现分析，得到技术领域/主题共现矩阵，并依此计算出每个技术领域与其他多少个技术领域存在共现关系，得到的共现伙伴数量结果进行降幂排序[177]。第二步，以共现矩阵为基础，形成技术共现网络，分析网络的中心性指标并进行降幂排序。第三步，对比前两步的降幂排序结果，找出第二步中与第一步中共现关系数值降幂排序的 ID 一致的网络中心性指标，将其确认为共性技术测度的指标。反复测试对比后，发现遵循该路径“centrality - multiple measures - degree”（在此将其命名为“多重测量

中心度”）测度的中心度结果降幂排序后的 ID 排序与第一步的 ID 排序完全一致，因此可以确认多重测量中心度指标为共性技术测度的网络中心性指标。多重测量中心度的数值以节点的度中心度数值为基础，同时考虑节点的中介中心度、特征向量中心度等数值。

二、共性关键技术测度——中介中心度

共性关键技术的测度是在得到共性技术领域/主题的情况下，进一步利用技术网络的中介中心性指标，测度出共性关键技术。

依据中介中心度的相关理论和计算方法，在技术网络中，“桥”往往是连接已有技术和新兴技术的关键节点。“桥”代表的技术领域或技术主题，往往具有集成、带动和辐射作用，能够培育新的增长点，可以视为关键技术领域或关键技术主题。在图 3-2 中介中心度的技术网络中，节点 A12－E06 代表的技术领域对技术聚类 C1 和技术聚类 C2 之间的技术网络形成起很关键的作用，可以说是 C1 和 C2 两个技术子网络互动发展的关键技术领域；节点 A12－T04C

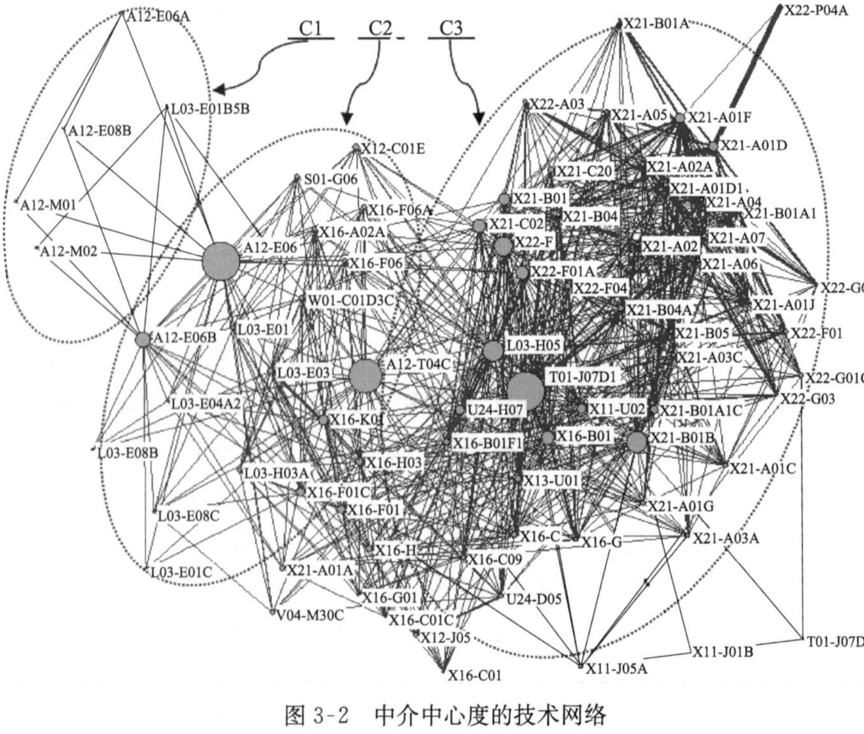

图 3-2　中介中心度的技术网络

代表的技术领域对技术聚类 C2 和技术聚类 C3 之间的技术网络形成起关键作用，可以认为是 C2 和 C3 两个技术子网络相互连接和互动发展的关键技术领

域；而另外一个中介中心度很高的技术领域 T01－J07D1，则是技术聚类 C3 中的一个关键技术领域。

三、共性核心技术（群）测度——度中心度、特征向量中心度

共性核心技术（群）的测度，是在得到共性技术领域/主题的情况下进一步利用技术网络的度中心度和特征向量中心度指标，测度出共性核心技术（群）。

度（degree）中心度指标可以用来测度单一的核心技术领域或核心技术主题[180]。著者之前对此曾进行过探讨，在此不再赘述，但想进一步探讨一下核心技术群的测度问题。一个复杂技术网络中的核心技术群的测度，则更宜选择特征向量中心度指标。特征向量中心度（eigenvector centrality）测度的是整体网络结构中最核心的成员[181]。Bonacich 认为网络中一个行动者的地位是与之相关的其他行动者的地位的一个线性函数[182]。特征向量中心度的数值由节点的中心度及与其连线的中心度共同决定。

第四章　全球太阳能产业共性技术测度

第一节　数据来源与研究方法

一、问题的提出

太阳能作为全球未来的重要能源，具有清洁、丰富、可再生的优势特点，既可免费使用，又无需运输，并且对环境没有直接污染。太阳能为人类创造了一种新的生活形态，将使社会及人类进入一个节约能源的时代。全球太阳能技术在最近20～30年的迅速发展，引起了许多国家政府的高度重视。尤其是在后危机时代，许多国家将太阳能技术列为其战略性新兴产业而予以优先发展和重点发展[183－190]。我国政府在《“十二五”国家战略性新兴产业发展规划》中[188]，也明确强调要积极推进太阳能光伏和热利用等可再生能源技术的产业化发展。

已有的关于太阳能技术的研究主要集中在太阳能能源供给的技术、地理与经济上的可行性分析[184,189]，太阳能的开采与利用的研究[187,190－195]，太阳能产业发展政策分析[183,196－198]，太阳能产业的培育探索[199]等几个方面。

二、数据来源

1. 数据检索

本章研究的专利数据来自DII。该专利数据库创建于1948年，目前是汤森路透（Thomson Reuters）集团的一项重要产品，是全球最大的专利文献数据库，每周以数万条的速度在不断更新，DII包括三个引文数据库，即化学（cderwent）、电气与电子（ederwent）和工程（mderwent），收录的数据年限自1963年至今。本研究中的专利数据是已经出版的专利申请，而非授权专利。

DII中的每一条专利文献都标引了三种不同的分类代码，即IPC代码、DC代码和MC代码。依据WIPO[200]对太阳能专利技术的IPC界定，确定了以下检索策略，即IPC＝（F24J－002/00 OR F24J－002/02 OR F24J－002/04 OR F24J－002/05 OR F24J－002/06 OR F24J－002/07 OR F24J－002/08 OR F24J－002/10 OR F24J－002/12 OR F24J－002/13 OR F24J－002/14 OR F24J－002/

15 OR F24J - 002/16 OR F24J - 002/18 OR F24J - 002/23 OR F24J - 002/24 OR F24J - 002/36 OR F24J - 002/38 OR F24J - 002/42 OR F24J - 002/46 OR F03G - 006/06 OR G02B - 005/10 OR H01L - 031/052 OR E04D - 013/18 OR H01L - 031/04 OR H01L - 031/042 OR H01L - 031/18 OR E04D - 001/30 OR G02F - 001/136 OR G05F - 001/67 OR H01L - 025/00 OR H01L - 031/00 OR H01L - 031/048 OR H01L - ＃033/00 OR H02J - 007/35 OR H02N - 006/00)，时间跨度＝1971—2010，数据库＝CDerwent，EDerwent，Mderwent。检索并下载全球1971～2010年153 878条专利数据文献，作为本研究的数据样本，数据下载日期为2011年9月9日，补充更新时间为2012年5月29日。如WIPO[200]报告所言，尽管IPC代码与技术领域之间并没有非常清晰的对应关系，要检索出某一特定技术领域的全部专利是件很困难的事情，但以此IPC代码检索的全球太阳能技术领域专利数据，最大限度地保证了查全。

2. 数据处理

运用CiteSpace软件的数据转换功能[201]，将DII专利数据转换为Web of Science的数据格式，因为很多数据处理的科研软件的初始设计都是针对Web of Science数据格式的。现在CiteSpace软件设置了数据转换功能，可以将PubMed、arXiv、ADS和NSF Award Abstracts等多种数据格式转换为Web of Science的数据格式[202]。Bibexcel[203]和Ucinet[204]软件用来处理转换后的太阳能专利数据。

三、主要研究方法

1. 技术领域网络绘制

本章所称的技术网络包括技术领域网络和技术主题词网络。其中，技术领域网络是指不同技术分类因在专利文献中存在共类关系而形成的网络。技术主题词网络是指专利文献中的主题词因存在共词关系而形成的网络。

技术领域网络的绘制，是在得到表3-4所示的技术领域Jaccard系数共类矩阵后，将其转换为（0，1）矩阵，而后不断调整阈值，运用Netdraw绘图工具得到清晰的技术领域网络。

2. 基于Girvan-Newman算法的技术子网络

得到技术共类强度Jaccard系数矩阵后，通过不断调整阈值并将该矩阵转换为（0，1）矩阵，进而得到可视化效果比较理想的、清晰的技术网络，避免了太多的重叠。而后保留最大连通组网络（个别有特殊说明的除外），采用Girvan - Newman [205]算法进一步探测太阳能技术子网络。Girvan和Newman[205]强调该算法能将具有紧密联系的节点集聚到一些群组（子网络）中，这些群组之间的联系却相对较松散。他们还运用该方法检测了计算机生成的网络和现实世界中的网络结构，得出该方法检测的结果具有高灵敏度和可靠性。

3. 基于共词分析的技术主题词网络绘制

经过德温特技术人员标引的专利文献题名字数虽然不多，但却是专利文献全部内容的高度概括和凝练，能准确地反映专利技术的本质与特征[206]。因此，这里选择专利文献题名中的主题词进行共词分析，首先运用 CiteSpace 软件绘制主题词图谱[144,201]，而后从其中提取主题词数据，并运用 SNA 分析中的绘图工具 Netdraw，绘制出更清晰一些的技术主题词网络。相对于技术领域网络，技术主题词网络更具微观性，因为一个技术领域包括数量较大的专利文献，这些专利文献涉及的专利技术主题词数量就是一个更大的量级，这种情况下绘制出清晰的主题词网络是比较困难的，因此本课题组选择每一阶段被引频次最高的 5000 项专利文献作为共词分析的数据样本。技术主题词网络与技术领域网络会反映出一些共性内容，同时也会存在着一些差异，这是比较正常的。

4. 多重测量中心度在共性技术识别中的应用

本课题组采用社会网络的多重测量中心度作为共性技术测度的指标。这在第三章第四节的第一点中已阐述过，在此不再赘述。

第二节　样本数据的概况分析

一、专利申请总量的增长趋势

1944 年，E・赖德发现美国主要大学图书馆的藏书量平均每 16 年翻一番。之后，D・普赖斯将这一发现推广到科学知识的全部领域，提出了一些科技指标每过若干年翻一番的发展规律，即科技指数增长规律。随着科技指数增长规律的提出，国内外学者对许多科学领域的发展进行了该规律的验证研究[207-210]。但这些相关的研究中，探讨科学指数增长规律的研究成果比较多，而探讨技术增长指数规律的相对较少。赵红洲与唐敬年按照《简明世界科学技术史年表》与《科学技术史年表》等文献资料中所列的技术成果数量，统计分析了高新技术发展的指数规律，以及古代与近代技术增长的指数规律[211]。图 4-1显示了 1971～2010 年全球太阳能专利申请数量的年度分布。

对全球太阳能专利申请数量的分布进行指数趋势回归分析结果显示，拟合优度为 0.847，比较接近指数增长的发展趋势。

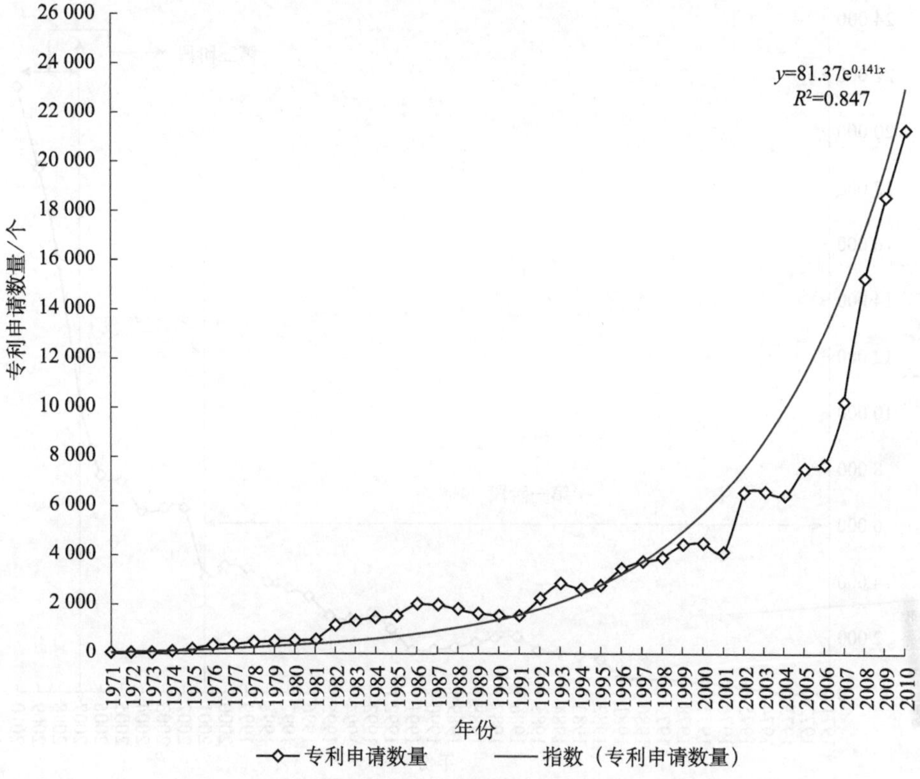

图 4-1　全球太阳能专利申请数量分布（1971～2010 年）

二、发展阶段分析

运用 SPSS 中的系统聚类分析方法，将 1971～2010 年这 40 年的专利数据通过系统聚类分析将其划分为三个发展阶段。运用专利技术领域的共类分析、主题词共现分析与社会网络分析方法，绘制全球太阳能专利技术领域网络与专利技术主题词网络。运用社会网络分析中的中介中心度指标识别太阳能专利技术网络中的关键技术领域和关键技术主题。

全球太阳能技术领域 1971～2010 年的 153 878 条专利数据文献阶段划分如图 4-2 所示。依据不同年度、不同年度专利申请量和不同年度的 DC 代码数量，运用 SPSS 软件进行系统聚类分析（hierachical cluster analysis）[212,213]，将 40 年的发展期间聚类后划分为三个阶段（图 4-2）。第一阶段为 1971～2001 年，该阶段发展速度比较平稳、缓慢；第二阶段为 2002～2007 年，该阶段的发展速度比较迅速；第三阶段为 2008～2010 年，该阶段的发展速度异常迅猛。

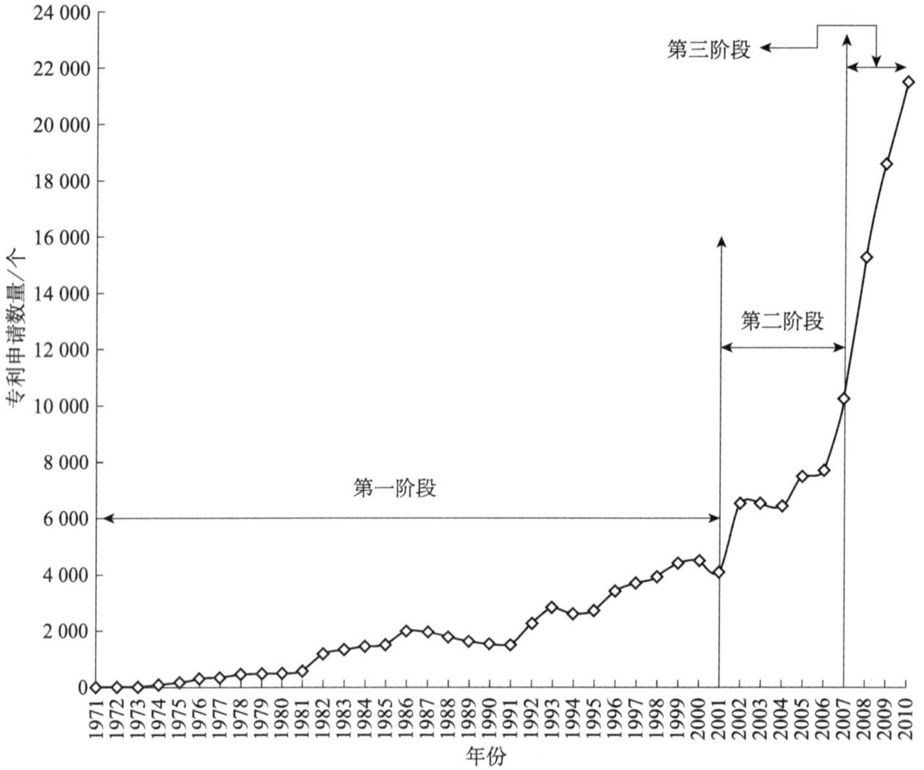

图 4-2　全球太阳能专利申请年度分布与发展阶段（1971～2010 年）

三、专利申请人总量的增长趋势

图 4-3 显示出 1971～2010 年间全球太阳能专利申请人数量的变化趋势。大致可以分为三个阶段。第一阶段为 1971～2001 年。该阶段专利申请人数量呈现持续稳步的较低速度增长的发展态势。2000 年与 2001 年时，已经超过了 2000 个专利申请人。第二阶段为 2002～2006 年。2002 年专利申请人数量突增至 5004 个，首次突破 5000 个，之后 4 年持续保持着较高数量的稳步发展。第三阶段为 2007～2010 年。2007 年专利申请人再一次突增至 6 673 个，而后几年持续高速增长，2009 年和 2010 年专利申请人已经突破了 10 000 个。

对全球太阳能专利申请人数量的分布进行指数趋势回归分析结果显示，拟合优度为 0.925，非常接近指数增长的发展趋势。

四、技术领域数量、学科领域数量的增长趋势

对 1971～2010 年全球太阳能专利的 DC 代码进行技术领域发展趋势分析，

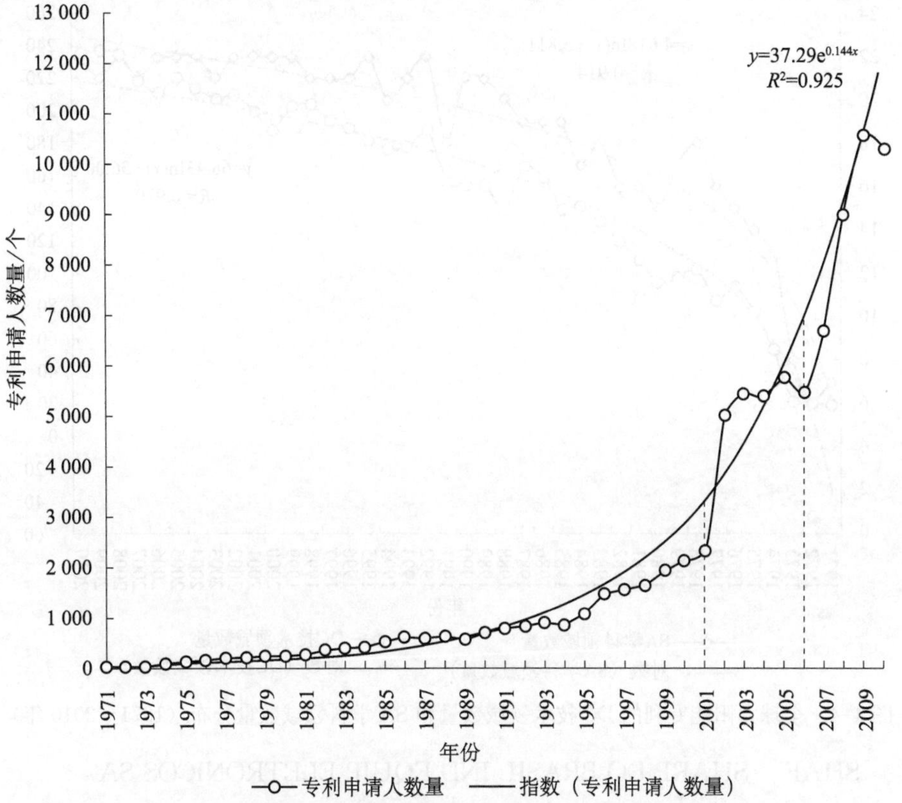

图 4-3　全球太阳能专利申请人数量分布（1971～2010 年）

以及学科领域 SA 的发展趋势进行分布与回归分析的结果显示如图 4-4 所示。从图中可以看出，DC 技术领域数量和 SA 学科领域数量都呈现出对数增长趋势。

在太阳能专利技术发展的起初阶段，DC 技术领域数量与 SA 学科领域数量增加速度都很快，但又迅速趋于平缓。说明进行太阳能专利技术研发的技术领域与相关学科逐渐趋于稳定。

五、全球太阳能专利申请人前 30 强分析

为了标准化公司名称，德温特为全球 2 万多个公司分派了一个唯一的 4 个字母的代码。例如，SHAF 包括夏普公司及其全球的分支研发机构，即包括以下专利申请人具体名称。

SHAF　SHARP CORP

SHAF　SHARP CORP KK

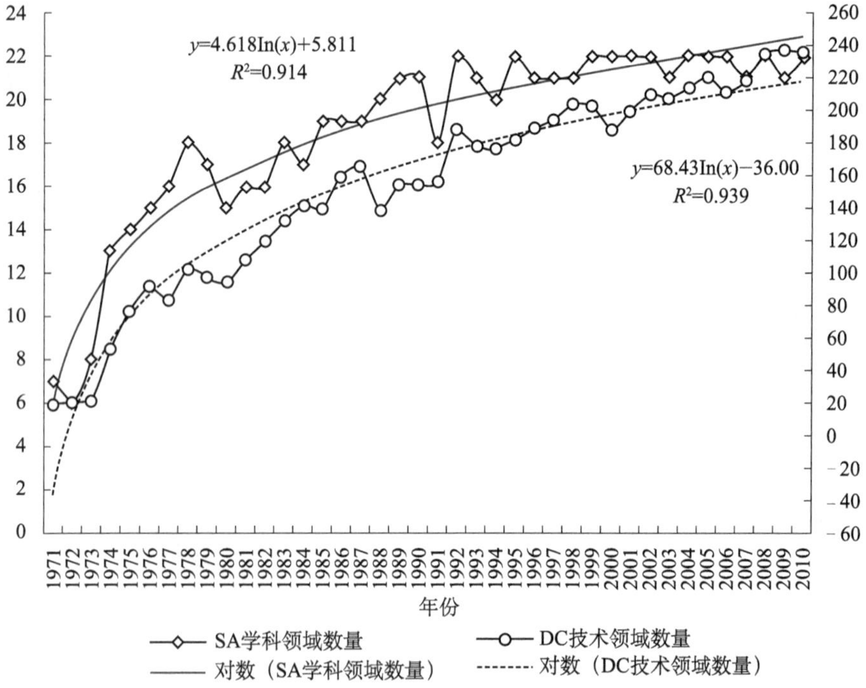

图 4-4　全球太阳能专利的 DC 技术领域数量和 SA 学科领域数量分布（1971～2010 年）

SHAF　SHARP DO BRASIL IND EQUIP ELETRONICOS SA
SHAF　SHARP ELECTRONICA ESPAN SA
SHAF　SHARP ELECTRONICS CO LTD
SHAF　SHARP ELECTRONICS CORP
SHAF　SHARP KK
SHAF　SHARP LAB AMERICA INC
SHAF　SHARP LAB EURO LTD
SHAF　SHARP MFG CO UK
SHAF　SHARP MFG SYSTEM KK
SHAF　SHARP MICROELECTRONICS TECHNOLOGY INC
SHAF　SHARP NIIGATA CORP
SHAF　SHARP NIIGATA DENSHI KOGYO KK
SHAF　SHARP NIIGATA ELECTRONICS CORP
SHAF　SHARP TAIWAN ELECTRIC CO
SHAF　SHARP TAKAYA DENSHI KOGYO KK
SHAF　SHARP TECHNO－SYSTEM KK

由于德温特专利数据库有限定每次最高检索 10 万条数据，超出部分则不再显示，而 1971～2010 年的全球太阳能专利数量已超 10 万条。因此以 2007～2010 年为检索时间跨度，选择标准化后的公司名称代码，确定了全球太阳能专利申请前 30 强。

2007～2010 年，全球太阳能专利产出高出 100 项的有 30 个专利申请人（表 4-1）。表 4-1 显示，前 30 强中有近 2/3 是日本专利申请公司。

表 4-1　全球太阳能专利申请人前 30 强（2007～2010 年）

序号	专利申请者	公司代码	数量
1	三星	SMSU - C	3 159
2	韩国高士达	GLDS - C	2 353
3	日本夏普	SHAF - C	1 197
4	日本松下电器产业株式会社	MATU - C	835
5	日本京瓷	KYOC - C	730
6	日本东芝	TOKE - C	708
7	日本索尼	SONY - C	594
8	日本松下电器	MATW - C	588
9	西门子	SIEI - C	583
10	日本三洋电子	SAOL - C	497
11	荷兰飞利浦	PHIG - C	441
12	日本三菱	MITQ - C	406
13	日本爱普生	SHIH - C	394
14	日本罗姆	ROHL - C	383
15	日本日亚化学	NCHA - C/NHIC - C	379
16	日本半导体能源研究所	SEME - C	375
17	斯坦利电器	SNLE - C	343
18	丰田	TOZA - C	341
19	日本住友	SUME - C	300
20	日本富士胶片	FUJF - C	198
21	日本电器 NEC	NIDE - C	189
22	日本佳能	CANO - C	162
23	日本西铁城电子	CITL - C	151
24	加利福尼亚大学	REGC - C	132
25	日本富士电机株式会社	FJIE - C	126
26	IBM	IBMC - C	120
27	美国通用电器	GENE - C	109
28	日本冲电气	OKID - C	109
29	日本钟化	KANF - C	109
30	3M	MINN - C	102

注　在 DII 数据库中，日本日亚化学公司有两个代码，即 NCHA - C 和 NHIC - C，在检索时运用了布尔运算符“逻辑或”，即 OR。特此说明，下同。

六、全球太阳能技术领域影响力最强的专利申请公司

采用引文分析方法认为专利被引次数高的公司的影响力更强。本课题组对专利产出高于 90 项的专利申请公司进行了被引频次检索，得到被引频次高于 1 000次的 33 个专利申请者（表 4-2）。从表 4-2 可以看出，影响力最强的专利申请人主要集中于一些日本公司，前 33 强中有 20 多家日本公司。

表 4-2　1971～2010 年全球影响力最强的专利申请公司

序号	专利申请者	公司代码	被引频次	专利数量
1	日本夏普	SHAF - C	10 185	1 197
2	日本东芝	TOKE - C	10 010	708
3	日本松下电器产业株式会社	MATU - C	8 290	835
4	日本电器 NEC	NIDE - C	7 453	189
5	日本日立	HITA - C	7 367	97
6	日本佳能	ANO - C	6 968	162
7	日本索尼	ONY - C	5 575	594
8	荷兰飞利浦	PHIG - C	5 394	441
9	三洋电子	SAOL - C	5 320	497
10	日本三菱	MITQ - C	5 147	406
11	西门子	SIEI - C	4 895	583
12	三星	SMSU - C	4 473	3 159
13	日本爱普生	SHIH - C	4 187	394
14	日本日亚化学	NCHA - C/NHIC - C	3 849	1 318
15	IBM	IBMC - C	3 735	120
16	日本半导体能源研究所	SEME - C	3 584	375
17	韩国高士达	GLDS - C	3 313	2 353
18	丰田	TOZA - C	2 581	341
19	美国通用电器	GENE - C	2 441	109
20	日本罗姆	ROHL - C	2 348	383
21	日本住友	SUME - C	2 313	300
22	日本电报电话公共公司	NITE - C	1 945	90
23	日本京瓷	KYOC - C	1 897	730
24	日本富士胶片	FUJF - C	1 891	198
25	日本松下电器	MATW - C	1 845	588
26	日本富士电机株式会社	FJIE - C	1 578	126
27	日本西铁城电子	CITL - C	1 415	151
28	斯坦利电器	SNLE - C	1 413	343
29	日本冲电气	OKID - C	1 333	109
30	3M	MINN - C	1 314	102
31	日本钟化	KANF - C	1 310	109
32	加利福尼亚大学	REGC - C	1 225	132
33	美国科锐公司	CCRE - C	1 049	230

七、结论与讨论

本研究运用回归分析、引文分析、共现分析等一些研究方法，对全球太阳能专利技术的发展趋势、高产专利申请人和高影响力的专利申请人和太阳能技术领域的共性技术等进行了一些定量分析。分析结果显示如下。

(1) 全球太阳能专利申请总量在1971～2010年呈现出比较接近指数增长的发展趋势。

(2) 全球太阳能专利申请人总量在1971～2010年呈现出指数增长的发展趋势。

(3) 全球太阳能专利技术的DC技术领域和SA学科领域呈现出对数发展趋势。

(4) 2007～2010年，全球太阳能专利申请前30强的公司中有2/3集中在日本；1971～2010年，全球太阳能专利技术领域中最有影响力的33个公司，也有2/3集聚在日本。

(5) 对2010年的21 339项专利技术进行共现分析结果显示，电镀专利技术和半导体材料与处理等10多项专利技术领域，与其他技术领域共现次数最多，可以视为全球太阳能专利技术领域的共性技术。

(6) 技术领域的相关系数分析，可以为相关的专利技术R&D研发以及科技人力资源配置等科技管理工作，提供重要的决策参考。

本初步研究主要是一些定量分析，著者将在今后结合定性分析和相关领域的专家意见进行更深入的有关太阳能专利技术领域的研究。

第三节 全球太阳能产业共性技术领域测度

随着太阳能专利技术的迅猛发展，太阳能专利技术网络呈现什么样的结构特征与演进趋势？太阳能技术网络中的关键技术领域与关键技术主题是如何演进的？本课题组尚未发现关于这些问题的相关研究成果。本研究将利用全球太阳能专利数据来绘制太阳能专利技术网络并分析其演进趋势；识别技术网络中的关键技术及其演进趋势。专利文献认为是含有丰富技术信息的科研成果产出形式[104,214—216]，是进行技术发展分析研究的比较合适的数据来源。

一、第一阶段技术领域网络绘制与共性技术领域识别

1. 技术领域网络

运用大型文献处理软件 Bibexcel[217]对 1971～2001 年 53 207 条太阳能专利数据的 DC 进行分析，得到这些专利数据共涉及 286 个不同的 DC 技术领域，出现的总频次为 158 533，平均每条专利数据有 2.98 个 DC 技术分类代码。286 个 DC 技术分类被全部选中用来进行技术共类分析，而后计算出 Jaccard 系数，形成标准化的技术共类矩阵。运用 Ucinet 软件包的网络绘制工具 Netdraw，通过不断调整阈值并将 Jaccard 系数矩阵转换为（0，1）矩阵，当阈值为 0.03 时，网络呈现出混乱状态，没有明晰的子网络可辨；将阈值调高至 0.05 时，网络呈现出比较清晰的状态。本课题组选取最大的连通组网络并将其视为每一阶段的技术网络来进行分析（图 4-5）。

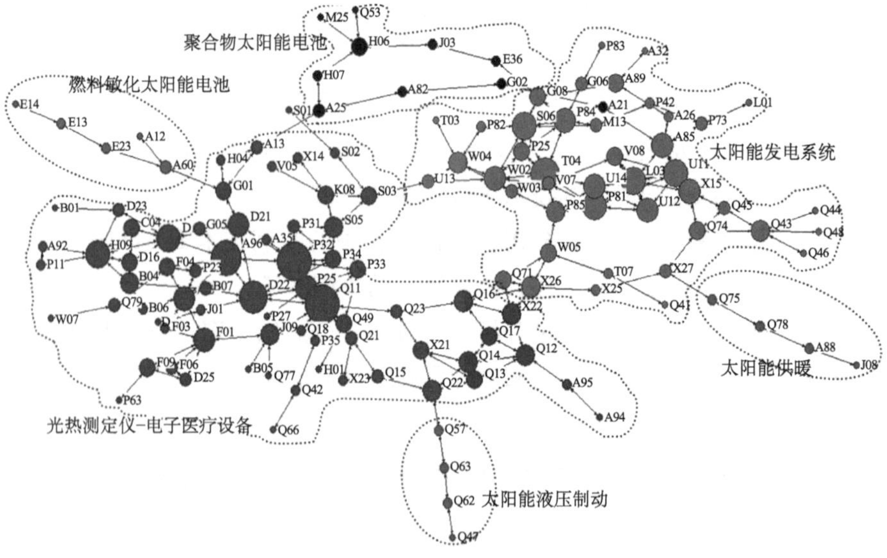

图 4-5　太阳能技术领域网络（1971～2001 年，阈值=0.05）

进一步运用 Girvan-Newman 算法来探测图 4-5 中的技术子网络。最大的子网络是“光热测定仪-电子医疗设备”，该子网络包含的技术领域最多，位于图 4-5 的左半部分；第二大子网络是“太阳能发电系统”，位居网络的右半部分；此外，还有 4 个较小的技术子网络，分别是“聚合物太阳能电池”“燃料敏化太阳能电池”“太阳能供暖”和“太阳能液压制动”。

2. 共性技术领域识别

依据第三章第四节的第一点共性技术测度——多重测量中心度的理论与方

法，借助 Ucinet 软件多重测量中心度的数据导入操作步骤，将本部分中的网络数据导入 ucinet - centrality - multiple measures - degree 之后，导出多重测量中心度数值，选择数值 2.0 以上的前 21 个技术领域并将其视为第一阶段的共性技术领域（表 4-3）。

表 4-3　多重测量中心度高于 2.0 的 21 个共性技术领域

DC	技术领域信息	多重测量中心度
P32	dentistry-bandages-veterinary-prosthesis　牙科-绷带-兽医-假体（太阳能有关的医疗器械）	3.509
Q11	wheels tyres connections　太阳能轮胎	3.509
A96	medical-dental-veterinary-cosmetic　医疗-牙科-兽医-化妆品（太阳能医疗卫生方面应用）	3.158
D22	sterilising-bandages-dressing and skin-protection agents　消毒绷带，敷料和皮肤保护剂	2.807
T04	computer peripheral equipment　计算机外围设备	2.807
D13	foodstuffs and treatment　食物防腐用化学品及处理	2.456
H09	fuel products not of petroleum origin e. g. coal gasification　非石油燃料产品来源（如煤的气化）	2.456
L03	electro-（in）organic-chemical features of electrical devices　电镀-电气设备的有机化学特征	2.456
P81	optics　光学技术	2.456
S06	electrophotography and photography　电子摄影术与摄影术	2.456
U11	emiconductor materials and processes　半导体材料与成品	2.456
A83	clothing and footwear　服装鞋类	2.105
A85	electric applications　电气应用	2.105
D21	preparations for dental or toilet purposes　牙科用或梳妆用准备工作	2.105
F01	threads and fibres-natural or artificial spinning　线和天然或人工纤维纺丝	2.105
P25	office furniture　办公室设备	2.105
P84	photographic　摄影技术	2.105
U12	discrete devices，e. g. LEDs-photovoltaic cells　分立器件（如太阳能光伏电池）	2.105
U14	memories-film and hybrid circuits-digital memories　回忆薄膜和混合电路的数字记忆	2.105
W02	broadcasting-radio and line transmission systems　广播电台和线路传输系统	2.105
X15	non-fossil fuel power generating　非矿物燃料发电，即太阳能发电	2.105

P32 代表牙科-绷带-兽医-假体，即与太阳能有关的医疗器械技术，拥有最高的多重测量中心度，标准化后的多重测量中心度为 3.509，位于图 4-5 最大的子网络“光热测定仪-电子医疗设备”的接近中央位置，拥有最多的技术领域共现伙伴数量。

Q11 代表太阳能轮胎技术，拥有与 P32 同样最高的多重测量中心度，标准化后的多重测量中心度为 3.509，位于图 4-5 最大的子网络“光热测定仪-电子医疗设备”的接近中央位置，同样拥有最多的技术领域共现伙伴数量。

A96 代表医疗-牙科-兽医-化妆品，即太阳能在医疗卫生方面的应用技术，拥有第二高的多重测量中心度，标准化后的多重测量中心度为 3.158，同样位于图 4-5 最大的子网络“光热测定仪-电子医疗设备”的接近中央位置，拥有第二多的技术领域共现伙伴数量。

其他的 DC 共性技术领域，也多数位于技术子网络的中央位置，与其他更多的技术领域存在着共现关系。

二、第二阶段技术领域网络绘制与共性技术领域识别

1. 技术领域网络

运用第一阶段同样的分析方法，得到第二阶段清晰的最大连通组技术网络（图 4-6）。图 4-6 中，最大、最密集的技术子网络是“太阳能发电系统”；第二个较大的技术子网络是“光热测定仪-电子医疗设备”技术网络。此外，还有几个较小的技术子网络，分别是“电力驱动”“干燥防腐技术”“新奇太阳能玩具及服装等”和“化合物”。

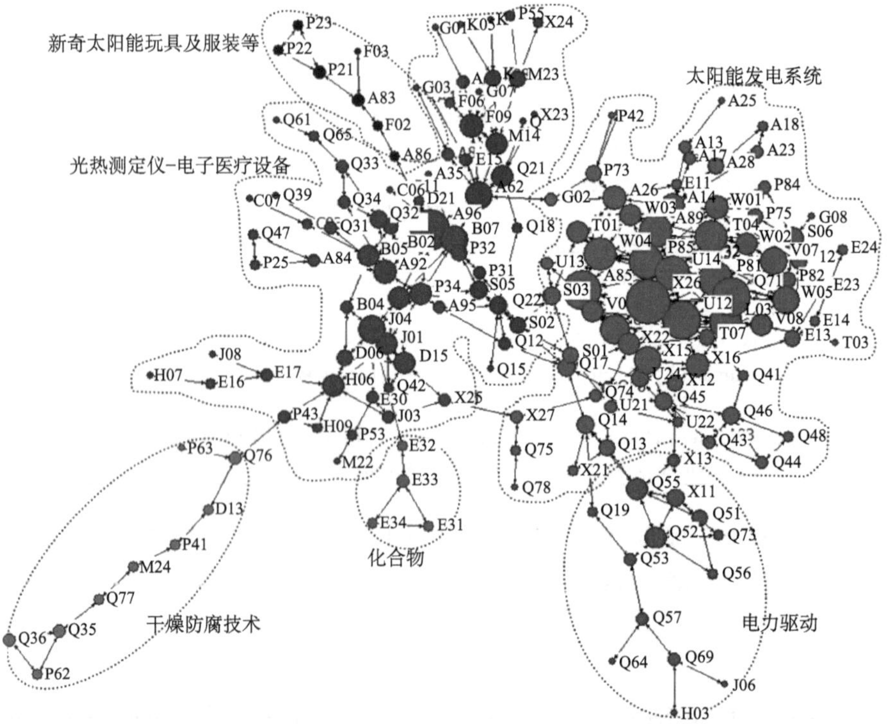

图 4-6　太阳能技术领域网络（2002～2007 年，阈值=0.04）

2. 共性技术领域识别

应用同样的方法，导出第二阶段的多重测量中心度数值，选择数值 2.0 以上的前 42 个技术领域并将其视为第二阶段的共性技术领域（表 4-4）。

表 4-4　多重测量中心度高于 2.0 的 43 个共性技术领域

DC	技术领域信息	多重测量中心度
X26	lighting-discharge-incandescent and electric arc lamps　照明-放电-白炽灯和电弧灯	5.303
A96	medical-dental-veterinary-cosmetic　医疗-牙科-兽医-化妆品（太阳能医疗卫生方面应用）	4.924
A85	electrical applications　电气应用	4.545
Q71	lighting　照明设备	4.545
U12	discrete devices，e. g. leds-photovoltaic cells　分立器件（如太阳能光伏电池）	4.545
P81	optics　光学技术	4.167
P85	education-cryptography-adverts　加密-广告技术-培育	4.167
U14	memories-film and hybrid circuits-digital memories　记忆胶片和混合电路的记忆存储	4.167
A89	photographic-laboratory equipment-optical　实验室-摄影设备-光学技术	3.788
L03	electro-（in）organic-chemical features of electrical devices　电镀-电气设备的有机化学特征	3.788
T04	computer peripheral equipment　计算机外围设备	3.788
W04	audio/video recording and systems　音频/视频记录和系统	3.788
U11	emiconductor materials and processes　半导体材料与成品	3.409
A82	coatings-impregnations-polishes　涂料浸渍剂，上光剂	3.03
B07	general-tablets-dispensers-catheters　牌匾，分配器，导管	3.03
J04	chemical/physical processes and apparatus including catalysis　化学/物理过程和设备，包括催化	3.03
V07	fibre-optics and light control　光纤和光控	3.03
W05	alarms-signalling-telemetry and telecontrol　报警-信号-遥测和遥控	3.03
X15	non-fossil fuel power generating systems　非化石燃料发电系统（这里指太阳能发电系统）	3.03
A14	other substituted mono-olefins-pvc-ptfe　其他取代的单烯烃-聚氯乙烯-聚四氟乙烯	2.652
A26	other condensation polymers-silicone polymers　其他缩聚物，有机硅聚合物	2.652
A92	packaging and containers-ropes-nets　包装和容器-绳索-网	2.652
F09	paper-making production of cellulose-chemical treatment of wood　造纸生产纤维素的化学处理的木材	2.652
W01	telephone and data transmission systems　电话与数据传输系统	2.652
X16	electrochemical storage　电化学存储	2.652
B05	other organics-aromatics-aliphatic-organo-metallics　其他有机物芳烃-脂肪族有机金属色	2.273
D15	treating water-industrial waste and sewage　废水与污水处理	2.273
D22	sterilising-bandages-dressing and skin-protection agents　消毒绷带，敷料和皮肤保护剂	2.273
H06	gaseous and liquid fuels including pollution control　气态和液态燃料，其中包括污染控制	2.273

续表

DC	技术领域信息	多重测量中心度
J01	separation including e. g. evaporation-crystallisation etc. 分离包括蒸发结晶等	2.273
M14	other chemical surface treatments 其他化学表面处理	2.273
P34	sterilising-syringes-electrotherapy 消毒注射器，电疗	2.273
Q21	railway 铁路，轨道	2.273
Q52	combustion engines-gas turbines 内燃机-燃气轮机	2.273
Q55	machines-engines for liquids 液体发动机	2.273
S06	electrophotography and photography 电子摄影术与摄影术	2.273
T01	digital computers 数字计算机	2.273
V04	printed circuits and connectors 印刷电路板与连接器	2.273
V08	lasers and masers 激光和微波激射器	2.273
W02	broadcasting-radio and line transmission systems 广播与线路传输	2.273
W03	TV and broadcast radio receivers 电视和无线电广播接收器	2.273
X22	automotives electrics 汽车电子装置	2.273

X26 代表照明-放电-白炽灯和电弧灯技术，拥有最高的多重测量中心度，标准化后的多重测量中心度为 5.303，位于图 4-6 最密集的子网络“太阳能发电系统”的接近中央位置，拥有最多的技术领域共现伙伴数量。

A96 代表医疗-牙科-兽医-化妆品，即太阳能在医疗卫生方面的应用技术，拥有第二高的多重测量中心度，标准化后的多重测量中心度为 4.924，位于图 4-6 另一个较大技术子网络“光热测定仪-电子医疗设备”的中央位置，拥有第二多的技术领域共现伙伴数量。

A85 代表的电气应用技术、Q71 代表的照明设备技术与 U12 代表的分立器件（如太阳能光伏电池）技术同时拥有第三高的多重测量中心度，标准化后的多重测量中心度为 4.545，这三项共性技术都位于图 4-6 最密集的子网络“太阳能发电系统”中，拥有第三多的技术领域共现伙伴数量。

其他的 DC 共性技术领域，如 P81、P85 和 U14 等，也多数位于技术子网络的中央位置，甚至是整个技术网络的中央位置，与其他更多的技术领域存在共现关系。

三、第三阶段技术领域网络绘制与共性技术领域识别

1. 技术领域网络

应用与第一阶段同样的分析方法得到第三阶段清晰的最大连通组技术网络（图 4-7）。

图4-7 中，最大的技术子网络是“太阳能发电系统与 LED 照明”，第二位的是“电子医疗设备-电谱法-电子摄影术”技术子网络，其余几个较小的技术

子网络分别是“家用太阳能办公设备”“太阳能供暖通风系统”“特种铸造及有色金属”和“储存/分配气液体”等。

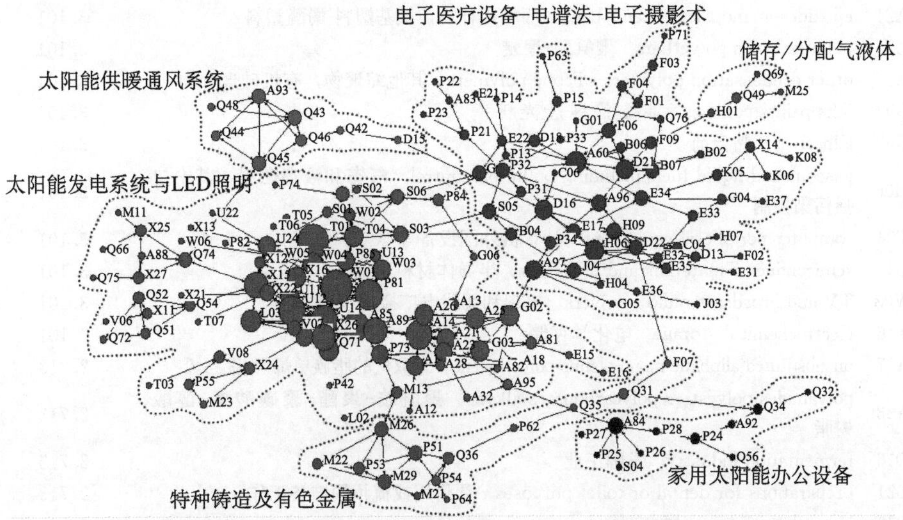

图 4-7　太阳能技术领域网络（2008～2010 年，阈值＝0.035）

2. 性技术领域识别

应用同样的方法导出第三阶段的多重测量中心度数值，选择数值 2.0 以上的前 38 个技术领域并将其视为第三阶段的共性技术领域（表 4-5）。

表 4-5　多重测量中心度高于 2.0 的 38 个共性技术领域

DC	技术领域信息	多重测量中心度
T01	digital computers　数字计算机	5.814
W01	telephone and data transmission systems　电话与数据传输系统	5.814
P81	optics　光学技术	5.039
U14	Memories-film and hybrid circuits-digital memories　记忆胶片和混合电路的记忆存储	5.039
A14	other substituted mono-olefins-pvc-ptfe　其他取代的单烯烃-聚氯乙烯-聚四氟乙烯	4.651
A85	electrical applications　电气应用	4.651
U12	discrete devices e. g. leds-photovoltaic cells　分立器件（如太阳能光伏电池）	4.651
A89	photographic-laboratory equipment-optical　实验室-摄影设备-光学技术	4.264
X15	non-fossil fuel power generating systems　非化石燃料发电系统（这里指太阳能发电系统）	4.264
X26	lighting-discharge-incandescent and electric arc lamps　照明-放电-白炽灯和电弧灯	4.264
A60	additives-compounding agents　添加剂-配合剂	3.488
L03	electro-（in）organic-chemical features of electrical devices　电镀-电气设备的有机化学特征	3.488
Q71	lighting　照明设备	3.488

续表

DC	技术领域信息	多重测量中心度
W04	audio/video recording and systems 音频/视频记录和系统	3.488
A21	epoxides-aminoplasts-phenoplasts 环氧化合物，氨基塑料-酚醛塑料	3.101
A25	polyurethanes-polyethers 聚氨酯-聚醚	3.101
A26	other condensation polymers-silicone polymers 其他缩聚物，有机硅聚合物	3.101
G02	inks-paints-polishes 油墨-涂料-上光剂	3.101
G03	adhesives 黏合剂	3.101
H06	gaseous and liquid fuels including pollution control 气态和液态燃料，其中包括污染控制	3.101
T04	computer peripheral equipment 计算机外围设备	3.101
U11	semiconductor materials and processes 半导体材料与工艺	3.101
W03	TV and broadcast radio receivers 电视和无线电广播接收器	3.101
X16	electrochemical storage 电化学存储	3.101
A17	unsubstituted aliphatic mono-olefins-polyethylene 未取代的脂族单烯烃-聚乙烯	2.713
A23	polyamides-polyesters-polycarbonates-alkyds 聚酰胺-聚酯-聚碳酸酯-醇酸树脂	2.713
D16	fermentation industry 发酵工业	2.713
D21	preparations for dental or toilet purposes 牙科用或梳妆用准备工作	2.713
P73	layered products 分层产品	2.713
P85	education-cryptography-adverts 加密广告技术培育	2.713
U24	amplifiers and low power supplies 放大器和基准电压源	2.713
V04	printed circuits and connectors 印刷电路板与连接器	2.713
A84	household and office fittings-carpets-carbon paper 家用和办公用品-地毯-碳复写纸	2.326
A96	medical-dental-veterinary-cosmetic 医疗-牙科-兽医-化妆品	2.326
H09	fuel products not of petroleum origin e. g. coal gasification 非石油燃料产品来源如煤的气化	2.326
S03	scientific instrumentation 科学仪器	2.326
X22	automotives electrics 汽车电子装置	2.326
T01	digital computers 数字计算机	

T01 代表数字计算机技术，与 W01 代表的电话与数据传输系统技术拥有最高的多重测量中心度，标准化后的多重测量中心度为 5.814，位于图 4-7 最密集的技术子网络“太阳能发电系统与 LED 照明技术”的中央位置，拥有最多的技术领域共现伙伴数量。

P81 代表光学技术，与 U14 代表的记忆胶片和混合电路的记忆存储技术拥有第二高的多重测量中心度，标准化后的多重测量中心度为 5.039，同样位于图 4-7 最密集的技术子网络“太阳能发电系统与 LED 照明技术”中，拥有第二多的技术领域共现伙伴数量。

A14 代表其他替代的单烯烃-聚氯乙烯-聚四氟乙烯技术，A85 代表电气应用技术，与 U12 代表的分立器件（如太阳能光伏电池）技术拥有第三高的多重测量中心度，标准化后的多重测量中心度为4.651，同样位于图4-7最密集的技术子网络“太阳能发电系统与LED照明技术”中，拥有第三多的技术领域共现伙伴数量。

其他的DC共性技术领域，如A89、X15和X26等，也多数位于“太阳能发电与LED照明技术”及其他技术子网络的中央位置，与其他更多的技术领域存在着共现关系。

四、结论与讨论

运用从收录专利最全的世界专利数据库DII下载的1971～2010年全球太阳能技术领域专利数据，借助SPSS系统聚类分析方法，将近40年的专利数据划分为三个发展阶段，绘制了每个阶段的太阳能技术领域网络，并对每个阶段的共性技术领域进行了识别，从而得到了太阳能技术网络与共性技术的演进全貌。

关于太阳能技术领域网络的演进，随着时间的推移，更多的技术领域越来越集中于“太阳能发电系统与LED照明”技术子网络，而其他技术子网络所包含的技术领域则呈现逐步减少的发展态势，尤其是“光热测定仪-电子医疗设备”子网络，所包含的技术领域数量从第一阶段到第三阶段明显减少。随着时代的发展，太阳能技术网络的演进也反映了时代的特征。例如，除了“太阳能发电”技术和“太阳能供热”技术等，新兴的“太阳能玩具和服饰等”技术子网络也逐渐形成和发展起来。

太阳能共性技术领域随着时间的推移而不断演变，并且越来越多地集中于“太阳能发电系统与LED照明”子网络。在第一阶段，主要的一些共性技术领域都集中于太阳能“光热测定仪-电子医疗设备”技术子网络；到第二阶段，主要的关键技术领域则分布于太阳能“光热测定仪-电子医疗设备”与“太阳能发电”两大技术子网络；而发展到第三阶段，则更多地集中于“太阳能发电系统与LED照明”技术子网络。

研究中的另一个重要发现是，在保证形成清晰的技术网络情况下，三个阶段的阈值倾向于越来越小。第一阶段网络的阈值为0.05，第二阶段网络的阈值为0.04，第三阶段网络的阈值为0.035，这种趋势表明，在太阳能技术发展的初始阶段，网络中所有技术领域整体上的共性技术的特征比较明显，但随着时间的推移，整体上的共性技术特征越来越弱。另外，就具体的共性技术领域，其共性特征越来越明显。例如，第一阶段排在第一位的共性技术领域的多重测量中心度数值为3.509，第二阶段排在第一位的共性技术领域的多重测量中心度数值为 5.303，第三阶段排在第一位的共性技术领域的多重测量中心度数值为 5.814。

本研究中的发现对太阳能技术领域的技术管理者和决策者将具有一定的辅助决策作用。该领域的管理者与决策者可以依据太阳能技术网络的聚类进行太阳能科技人力资源配置、实验室规划建制以及相关太阳能研发项目的学科归类等。

本课题组将继续关注太阳能技术网络与共性技术的演进与发展。本研究是在一个比较宏观的层面上进行的。例如，发现第三阶段的技术网络中，X15 代表的“太阳能发电系统”是一个重要的共性技术领域，而该领域在 2001～2010 年期间共有 17 561 条专利数据，这些专利数据涉及 245 个 DC 技术分类代码，如果要探测“太阳能发电系统”技术领域的共性关键技术和共性核心技术，需进行更深入的、微观层面的数据挖掘与探测分析。

第四节　全球太阳能产业共性技术主题测度

一、第一阶段技术主题网络绘制与共性技术主题识别

采用第四章第一节所述的技术主题词网络绘制步骤，得到第一阶段太阳能技术主题词网络（图 4-8）。该阶段的技术主题词网络结构与技术领域的网络（图 4-5）结构大同小异，主要包括“太阳能发电系统”“太阳能仪器-电子医疗设备”“LED 照明”“液晶显示器-光学设备”和“太阳能光伏电池”子网络。图 4-8 中多重测量中心度高的一些主题词，如 solar cell（太阳能电池）、noabstract dwg（无摘要的设计图纸）、semiconductor device（半导体器件）、semiconductor laser（半导体激光器）等，与其他更多的技术主题存在着共现关系，可以将其视为共性技术主题。

二、第二阶段技术主题网络绘制与共性技术主题识别

应用同样的方法，得到第二阶段太阳能技术主题词网络（图 4-9）。该阶段的技术主题词网络主要包括“太阳能发电系统-LED 照明-电子设备”“太阳能发光技术”“液晶显示器”和“太阳能发光器件”子网络。其中“太阳能发电系统-LED 照明-电子设备”子网络在该阶段占据主体的核心地位。图 4-9 中多重测量中心度高的一些主题词，如 light emitting diodes（发光二极管，即 LED）、light emitting device（发光器件）、light source（光源）、solar battery module（太阳能电池模块）等，主要位于网络的中央地带，或处于技术主题词

子网络之间的重要位置上，与其他更多的技术主题存在着共现关系，是第二阶段的共性技术主题。

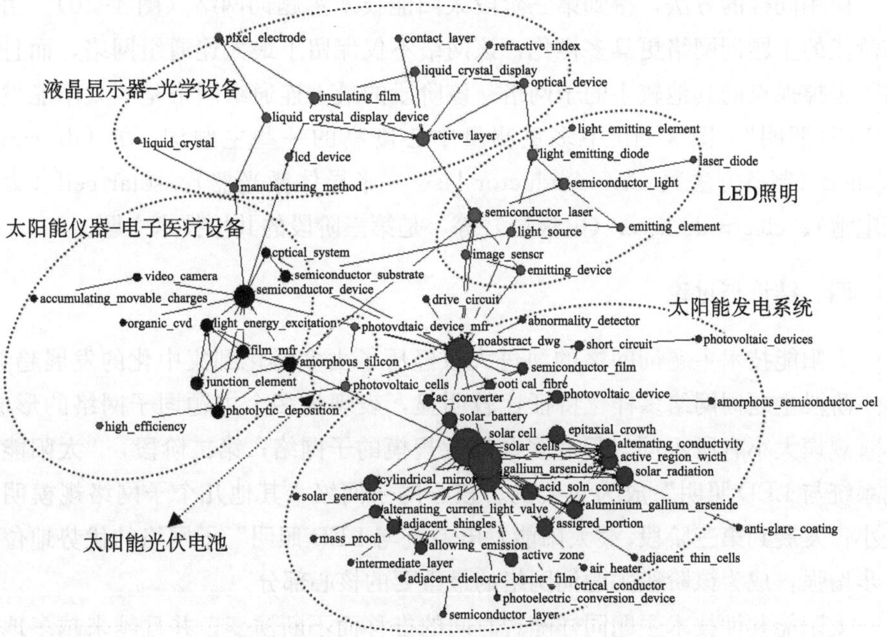

图 4-8　太阳能技术主题词网络（1971～2001 年）

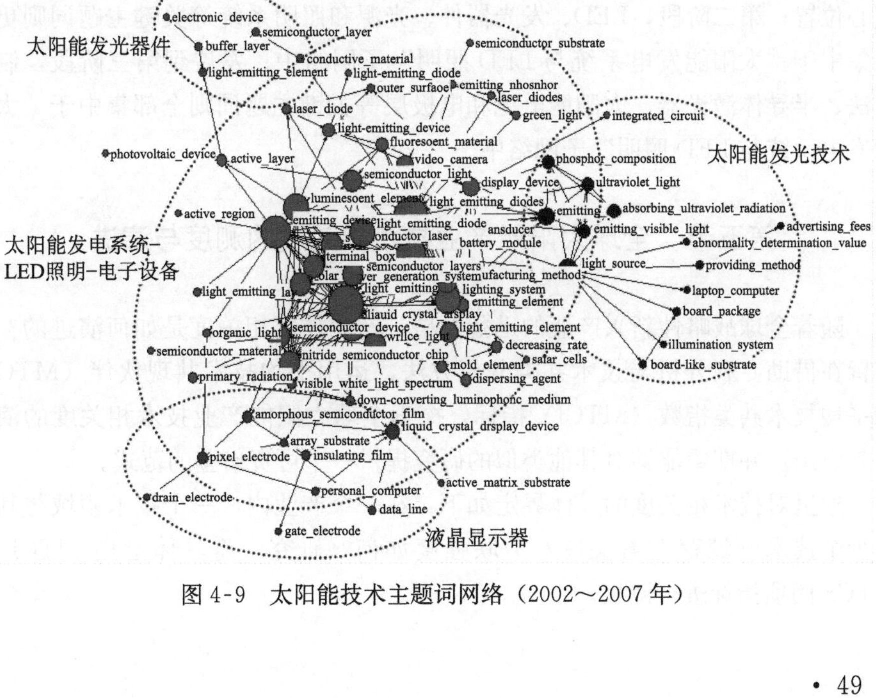

图 4-9　太阳能技术主题词网络（2002～2007 年）

三、第三阶段技术主题网络绘制与共性技术主题识别

应用同样的方法，得到第三阶段太阳能技术主题词网络（图 4-10）。由于该阶段的主题词网络更具多样化，该网络不仅保留了最大连通组网络，而且保留了去掉孤点的其他较小的子网络。该阶段的最大连通组网络是“太阳能发电与 LED 照明”。图 4-10 中多重测量中心度高的一些主题词，如 fabricating method（制备方法）、semiconductor laser（半导体激光器）、solar cell（太阳能电池）、electrode layer（电极层）等，是第三阶段的共性技术主题。

四、结论与讨论

太阳能技术主题词网络的演进大致经历了由多样化到集中化的发展趋势。第一阶段主题词网络多样化特征比较明显，表现为多个主题词子网络的形成，尽管规模大小有所不同，但有多个较大规模的子网络；第二阶段，“太阳能发电系统与 LED 照明”成为主要的、核心的子网络，其他几个子网络规模明显变小；发展到第三阶段，“太阳能发电系统与 LED 照明”子网络的优势地位进一步增强，成为该阶段主题词网络的最重要的核心部分。

太阳能共性技术主题同样随着时间的推移而不断演变，并且越来越多地集中于“太阳能发电系统与 LED 照明”技术子网络。在第一阶段，太阳能电池、设计图纸、发光器件和半导体激光器等共性技术主题词多分布于较大子网络的核心位置；第二阶段，LED、发光器件、光源和照明系统等关键主题词则更多地集中于“太阳能发电系统与 LED 照明”子网络中；发展到第三阶段，制备方法、半导体激光器、太阳能电池和电极层等关键主题词则全部集中于“太阳能发电系统与 LED 照明”子网络中。

第五节　全球太阳能产业技术相关度的测度与演进

随着全球战略性新兴产业的迅猛发展，产业技术相关度是如何演进的？本节旨在借助专利分析与技术共类分析方法，运用平均技术共现伙伴（MTCP）和平均技术共类指数（MTCI）指标，探索全球太阳能产业技术相关度的演进及其应用，并期望能够对其他类似的研究提供一个可资借鉴的范式。

这里对技术相关度的具体界定如下：在一个产业内，一个技术领域与其他多少个技术领域存在着关联？关联强度如何？研究中将具体运用 MTCP 和 MTCS 两项指标进行测度。

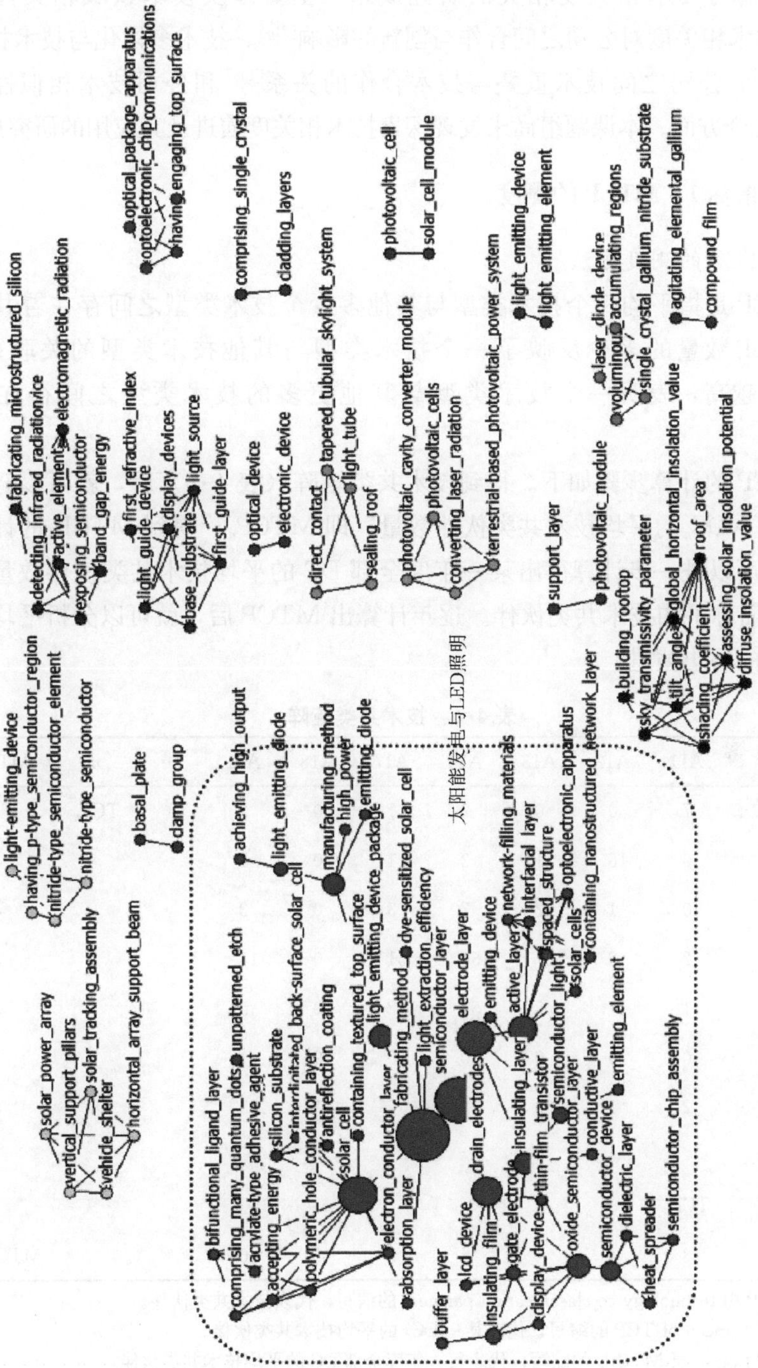

图4-10　太阳能技术主题词网络（2008~2010年）

已有的与技术相关度相关的研究成果，主要涉及技术领域相关性的测度[91]、技术相关度对公司之间合作与创新的影响[218]、技术多样化与技术相关度的关系[106]、公司之间技术重叠与技术合作的关系[108]和公司技术相似性的分析[219]等几个方面。本课题组尚未发现探索技术相关度演进及其应用的研究成果。

一、指标 1：MTCP 的测度

1. MTCP 的测度方法

MTCP 是指平均每个技术类型与其他多少个技术类型之间存在着共类关系。MTCP 数量的多少反映了一个技术类型与其他技术类型的关联范围。MTCP 值越高，表明一个技术类型与其他更多的技术类型之间存在着关联性。

MTCP 的计算步骤如下。得到技术共类矩阵（表 4-6）后，就可以轻松计算得出某一 DC_n的平均技术共类伙伴数量，即 $MTCP_n$；得到 $MTCP_n$的计算结果后，就可以进一步计算得出某一年度全部 DC 的平均技术共类伙伴数量，即 MTCP，简称平均技术共类伙伴。逐年计算出 MTCP 后，就可以分析平均技术共类伙伴的历史演进。

表 4-6　技术共类矩阵

	A11	A12	A13	A14	A17	A18	A21	…	n	$MTCP_n$
A11	7	0	0	2	1	0	2		TCP_n	3
A12	0	16	1	2	11	0	1			4
A13	0	1	12	7	3	0	3			4
A14	2	2	7	150	51	0	15			5
A17	1	11	3	51	122	0	5			5
A18	0	0	0	0	0	19	1			1
A21	2	1	3	15	5	1	33			6
…										
n	TCP_n									
$MTCP_n$	3	4	4	5	5	1	6			MTCP=4

注　TCP 为 technology co-classification partners 的缩写，代表技术共类伙伴。
$MTCP_n$ 为 mean of TCP 的缩写，代表某一 DC_n 的平均技术共类伙伴。
MTCP 为 mean of $MTCP_n$ 的缩写，代表每一年度全部 DC 的平均技术共类伙伴。

2. 平均技术共现伙伴的演进

根据指标 1 的测度方法，MTCP 由逐年计算得出，而后绘制出 1975～2011 年的 MTCP 的演变趋势曲线（图 4-11）。

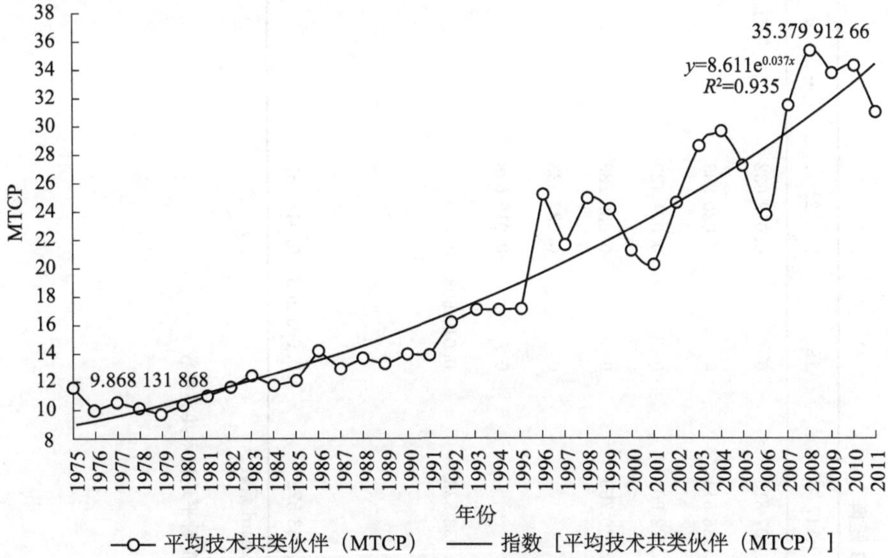

图 4-11 平均技术共类伙伴（MTCP）的演变趋势（1975～2011 年）

图 4-11 显示，MTCP 在 1975～2011 年呈现出强劲的增长势头。1976 年，MTCP 的数值约为 9.87，2008 年数值约为 35.38。1975～1995 年增长态势比较平稳，1996～2011 年波动幅度较大。整体演进趋势线比较接近指数增长趋势，$R^2=0.935$。MTCP 演变趋势曲线，说明专利申请持续增长的太阳能技术领域共类伙伴数量不断拓展，反映了该技术领域演变的技术发散性趋势。这表明随着一项技术领域的发展，支撑和应用该项技术的其他关联技术将不断扩展，呈现出技术跨领域、跨类型的发散性演变态势。这正是一个技术领域不断变革和创新的动因所在。

二、指标 2：平均技术共类指数的测度与演进

1. 平均技术共类指数（MTCI）的测度方法

技术共类指数（TCI）揭示的是两个技术类型之间的关联程度。可以通过式（3-1）和表 4-6 的数据计算得出（表 4-7）。TCI 即 Jaccard 系数，为了与指标 1 中的技术共现伙伴并列，在此将其称为技术共类指数。

表 4-7　TCI 矩阵

	A11	A12	A13	A14	A17	A18	A21	……	n	$MTCI_n$
A11	0	0	0	0.012 903	0.007 813	0	0.052 632		TCI_n	0.012 225
A12	0	0	0.037 037	0.012 195	0.086 614	0	0.020 833			0.026 113
A13	0	0.037 037	0	0.045 161	0.022 901	0	0.071 429			0.029 421
A14	0.012 903	0.012 195	0.045 161	0	0.230 769	0	0.089 286			0.065 052
A17	0.007 813	0.086 614	0.022 901	0.230 769	0	0	0.033 333			0.063 572
A18	0	0	0	0	0	0	0.019 608			0.003 268
A21	0.052 632	0.020 833	0.071 429	0.089 286	0.033 333	0.019 608	0			0.047 853
……										
n	TCI_n									
$MTCI_n$	0.012 225	0.026 113	0.029 421	0.065 052	0.063 572	0.003 268	0.047 853			MTCI= 0.035 358

注　TCI 为 Technology co-classification index 的缩写，指技术共类指数，即 Jaccard 系数。

$MTCI_n$为 Mean of TCI 的缩写，指某一 DC_n的平均技术共类指数。

MTCI 为 Mean of $MTCI_n$的缩写，指每一年度全部 DC 的平均技术共类指数，简称平均技术共类指数计算出 TCI 结果后，就可以轻易计算得出某一 DC_n 的平均技术共类指数，即 $MTCI_n$。得到 $MTCI_n$ 的计算结果后，就可以进一步计算得出某一年度全部 DC 的平均技术共类指数，即 MTCI，简称平均技术共类指数。逐年计算出 MTCI 后，平均技术共类指数的历史演进趋势即可绘制出来。

2. MTCI 的演进

根据指标 2 的测度方法，MTCI 由逐年计算得出，而后绘制出 1975～2011 年的 MTCI 演变趋势曲线（图 4-12）。

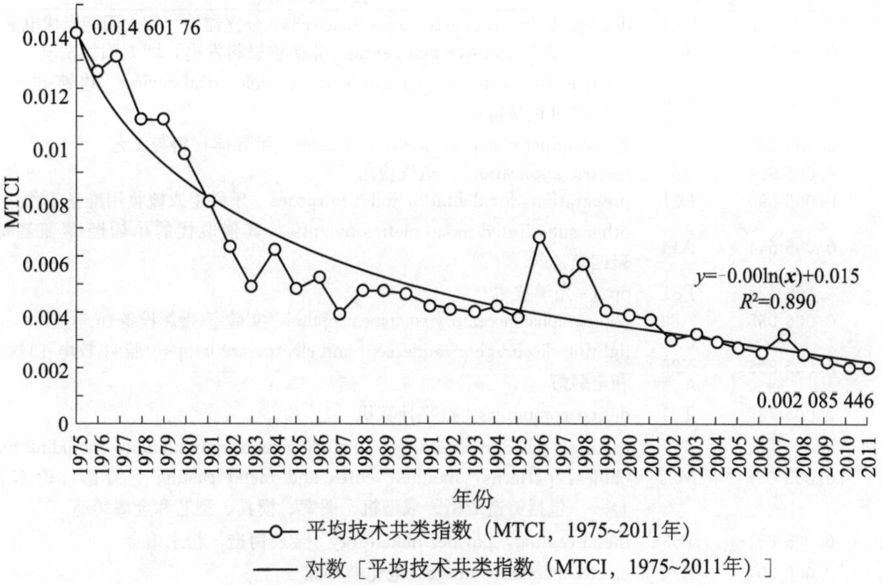

图 4-12　MTCI 演变趋势（1975～2011 年）

图 4-12 显示，MTCI 在 1975～2011 年呈现出明显的下降趋势。从 1975 年的 0.014 607 76 下降到 2011 年的 0.002 085 446。在 1996 年有个较大的波动，其他年份下降趋势相对比较平稳。整体演进趋势线比较接近对数发展趋势，$R^2=0.890$。总体而言，MTCI 演变趋势曲线表明处于专利申请持续增长的太阳能技术领域共类指数不断下降，反映了该技术领域的技术收敛性趋势，关联的共性技术相对更加集中。这种同上述技术发散性看似南辕北辙、实则并行不悖的技术收敛性趋势，彰显出一个技术领域只有把从诸多共类伙伴获得的共性技术在一定共类指数中高度集中起来，才能取得技术的突破、变革与创新。

三、平均技术相关度最高的前 20 个技术领域

在平均技术共类指数（MTCI）测度的基础之上，可以进一步得出每一年度所有技术领域的平均技术相关度的排序，其中平均技术相关度较高的技术领域可以视为共性技术领域。以 2011 年为例，平均技术相关度最高的前 20 个技术领域如表 4-8 所示。

表 4-8　平均技术相关度最高的前 20 个技术领域（2011 年）

序号	平均技术相关度	DC 代码	技术领域信息
1	0.010 08	U12	discrete devices e. g. leds-photovoltaic cells　分立器件（如太阳能光伏电池）
2	0.009 784	X15	non-fossil fuel power generating　非矿物燃料发电，即太阳能发电
3	0.009 766	L03	electro-（in）organic-chemical features of electrical devices　电镀-电气设备的有机化学特征
4	0.009 629	U11	semiconductor materials and processes　半导体材料与工艺
5	0.006 994	A85	electric applications　电气应用
6	0.006 599	D21	preparations for dental or toilet purposes　牙科用或梳妆用准备工作
7	0.006 544	A14	other substituted mono-olefins-pvc-ptfe　其他取代的单烯烃-聚氯乙烯-聚四氟乙烯
8	0.006 423	P81	optics 光学技术
9	0.006 055	A89	photographic-laboratory equipment-optical　实验室-摄影设备-光学技术
10	0.005 803	X26	lighting-discharge-incandescent and electric arc lamps　照明-放电-白炽灯和电弧灯
11	0.005 736	T01	digital computers　数字计算机
12	0.005 651	M22	casting；powder metallurgy—including foundry moulding，moulding machines，patterns，moulds，cores and metal casting　铸造，粉末冶金——包括铸造成型、成型机、图案、模具、型芯和金属铸造
13	0.005 651	P53	metal casting，powder metallurgy　金属铸造，粉末冶金
14	0.005 594	X16	electrochemical storage　电化学存储
15	0.005 401	A96	medical-dental-veterinary-cosmetic　医疗-牙科-兽医-化妆品
16	0.005 254	U14	memories-film and hybrid circuits-digital memories　记忆胶片和混合电路的记忆存储
17	0.005 254	U24	amplifiers and low power supplies　放大器和基准电压源
18	0.005 115	V07	fibre-optics and light control　光纤和光控
19	0.004 966	B07	general-tablets-dispensers-catheters　牌匾，分配器，导管
20	0.004 957	D25	detergents—other than soap and used for cleaning　洗涤剂

表 4-8 显示，即使是平均技术相关度最高的前 20 个技术领域，其平均技术相关度数值相差也比较大（0.010 08～0.004 957），第 1 位的是第 20 位的 2.033 5 倍。其中，平均技术相关度明显高于其他技术领域的前 4 个技术领域分别是“分立器件（如太阳能光伏电池，discrete devices e. g. leds-photovoltaic cells)”“非矿物燃料发电，即太阳能发电（non-fossil fuel power generating)”“电气设备中的化学技术（electro-in organic-chemical features of electrical devices)”和“半导体材料与工艺（semiconductor materials and processes)”，这

4 个技术领域的共性技术特征更为明显。

四、结论与讨论

1. 主要结论

通过世界太阳能技术领域的专利计量案例研究，揭示了技术关联度的连锁变化所引起的发散性与收敛性两种并行不悖的演变趋势。这是一个技术领域处于持续发展状态为前提的、带有规律性的现象。一方面，MTCP 演变曲线显示，伴随一个技术领域的发展，支撑和应用该项技术的其他关联技术不断扩展，技术关联度呈现出技术跨领域、跨类型的发散性演变态势。这里以量化方式生动地验证了技术发散性是一个技术领域不断变革和创新的动因所在。另一方面，MTCI 演变曲线表明，随着一个技术领域的不断发展，该技术领域的技术收敛性趋势日益明显，关联的共性技术相对更加集中。这种同上述技术发散性看似背道而驰、实则并行不悖的技术收敛性趋势，展现出一个技术领域正是在这样一个过程中，即它从诸多共类伙伴中获得的共性技术在不断减少，而共类伙伴却越来越多，才不断取得技术的突破、变革和创新。

综合 MTCP 和 MTCI 两条演变曲线表明，在太阳能技术领域，1976 年平均技术共类伙伴数约 10 种生成的共性技术集中在平均技术共类指数约 1.3%的比例中；而到 2010 年平均技术共类伙伴数已达 34 种，由此形成的共性技术却集中于仅为 0.2%的平均技术共类比例中。太阳能技术正是在这种技术发散性和收敛性之间的张力中不断进步的。这定量地揭示了技术关联度的发散性趋向和收敛性趋向，二者平行发展，相互作用，互为因果，连锁进步，不断地推动技术领域的变革、创造和更新。

2. 简短讨论

本部分从一个案例研究中引出技术关联度演变的两种趋势，展现了技术进步的规律性现象。如何进一步通过处于持续增长的其他技术领域实证研究，检验、探讨和阐发一般技术关联度发散与收敛同步发展、互动作用的普遍规律，今后尚需进行大量的相关研究工作。

如何从专利文献的技术内容分析来考察技术关联度的发散与收敛，是值得关注和研究的一个新方向与新课题。通过太阳能技术的专利文献内容分析，表明其技术进步的主线是围绕太阳能电池的光电换能效率不断提高和成本不断下降，而不断吸纳和集成相关联的其他技术展开的。这暗示太阳能技术的关联度演变表现为以光电换能技术为主线的关联技术发散与收敛两种趋向。因此，把本项研究方法同能够反映内容的专利文献或专利-论文混合的共被引分析及共词分析结合起来，可望获得新的进展。

第五章　太阳能发电领域的共性核心/关键技术测度

第一节　数据与方法

一、数据来源与处理

通过测度得到共性技术之后，可以进一步测度某一共性技术领域内的核心技术（群）和关键技术，即共性核心技术（群）和共性关键技术。这里选择表4-8中测度的共性技术领域之一——X15（太阳能发电）这一共性技术领域，在DII数据库中检索并下载2007～2011年五年的21 250条太阳能发电技术领域专利文献，检索式为IPC代码＝（F24J-002/00 OR F24J-002/02 OR F24J-002/04 OR F24J-002/05 OR F24J-002/06 OR F24J-002/07 OR F24J-002/08 OR F24J-002/10 OR F24J-002/12 OR F24J-002/13 OR F24J-002/14 OR F24J-002/15 OR F24J-002/16 OR F24J-002/18 OR F24J-002/23 OR F24J-002/24 OR F24J-002/36 OR F24J-002/38 OR F24J-002/42 OR F24J-002/46 OR F03G-006/06 OR G02B-005/10 OR H01L-031/052 OR E04D-013/18 OR H01L-031/04 OR H01L-031/042 OR H01L-031/18 OR E04D-001/30 OR G02F-001/136 OR G05F-001/67 OR H01L-025/00 OR H01L-031/00 OR H01L-031/048 OR H01L-033/00 OR H02J-007/35 OR H02N-006/00)，德温特分类代码＝（X15＊），时间跨度＝2007—2011，数据库＝CDerwent，EDerwent，MDerwent。

二、研究方法与技术分类代码选择

运用第三章第四节基于网络中心性的技术测度方法与指标，对全球太阳能发电领域的共性核心技术、共性核心技术群和共性关键技术进行测度。

由于在检索太阳能发电领域专利时已经使用了DC代码的X15，因此这里就不再继续使用DC代码进行共性核心技术测度。尽管IPC体系存在一定的不足，但在这里选择IPC代码进行进一步的分析却是一个较好的选择。

运用Bibexcel分析结果显示，21 250条太阳能发电领域专利共涉及5 954个不同的IPC技术领域，出现的总频次为71 134，平均每条专利文献拥有3.35个IPC技术领域代码。选择频次高于50的151个IPC技术领域，运用Ucinet

和 Netdraw 绘制出太阳能发电领域的技术网络，并进一步分析其共性核心技术、共性核心技术群和共性关键技术。

第二节　太阳能发电共性核心技术测度

一、太阳能发电共性核心技术网络绘制

依据第三章第四节中有关共性核心技术测度的理论、方法和指标，绘制出图 5-1 所示太阳能发电共性核心技术网络。并在此基础之上，进一步采用 Girvan-Newman[205] 算法区分太阳能发电技术子网络。

太阳能发电技术子网络主要有“太阳能集热技术”“太阳能薄膜技术”“电极半导体太阳能技术”“光敏太阳能材料”“太阳能电池”“太阳能半导体器件制造与处理”“聚合物太阳能电池”和“光学元件-系统或设备”等，第三节与第四节的子网络布局与此相同，不再赘述。

图 5-1 显示，共性核心技术领域分布于绝大多数的技术子网络中（较大的节点代表的技术领域）。其中太阳能集热技术子网络中居多，其他几个较大的子网络中也都相应地分布了几个共性核心技术领域。共性核心技术领域多数分布于子网络的中心地带，少数位于子网络之间的边缘地带。

二、太阳能发电共性核心技术识别

在选取共性技术 X15（太阳能发电技术）的前提下，进一步采用第三章第四节的度中心度指标，测度得出度中心度高于 6.5 的 21 个共性核心技术领域（表5-1）。这里的度中心度数值采用的是标准化处理后的数值。

在度中心度高于 6.5 的 21 个共性核心技术领域中，有 6 个度中心度数值大于等于 10.0。这 6 个技术领域分别是“太阳能集热器（solar heat collectors having working fluid conveyed through collector）”“聚光组件(having concentrating elements)”“电极(electrodes)”“制造、处理半导体器件或零件（manufacture or treatment of semiconductor devices or of parts thereof)”“作为聚光组件的反射器（having reflectors as concentrating elements)”和“设备或零件特有的制造或处理方法（processes or apparatus peculiar to the manufacture or treatment of these devices or of parts thereof)”，这 6 个技术领域的共性核心技术特征最为明显。

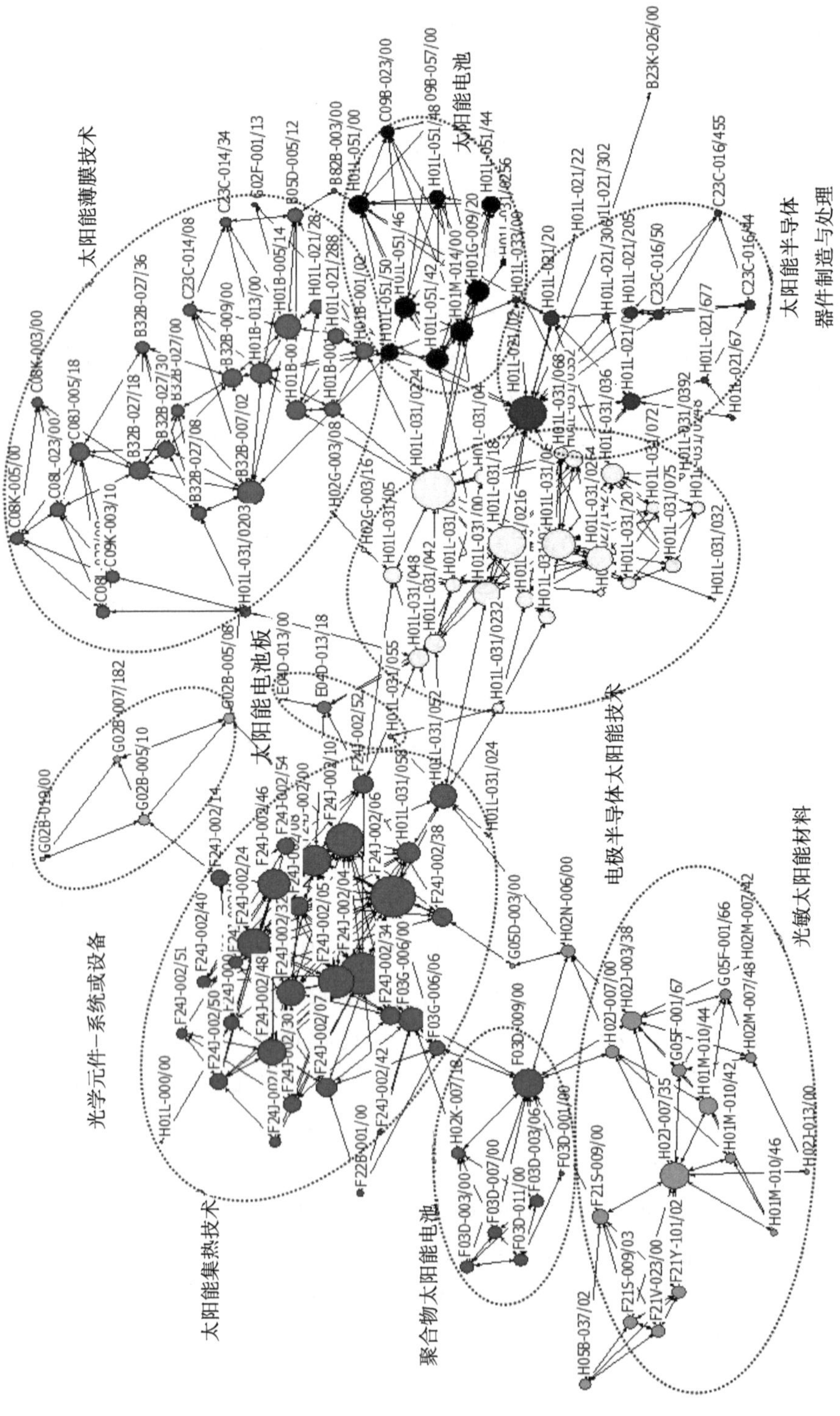

图5-1 太阳能发电共性核心技术网络

表 5-1 度中心度高于 6.5 的 21 个共性核心技术领域

IPC 代码	技术领域信息	度中心度
F24J-002/04	solar heat collectors having working fluid conveyed through collector 太阳能集热器	12
F24J-002/06	having concentrating elements 聚光组件	12
H01L-031/0224	electrodes 电极	11.333
H01L-021/02	manufacture or treatment of semiconductor devices or of parts thereof 制造、处理半导体器件或零件	10
F24J-002/10	having reflectors as concentrating elements 作为聚光组件的反射器	10
H01L-031/18	processes or apparatus peculiar to the manufacture or treatment of these devices or of parts thereof 设备或零件特有的制造或处理方法	10
F24J-002/05	surrounded by a transparent enclosure, e. g. evacuated solar collectors 周围环绕着一个透明的外壳，如真空太阳集热器	9.333
F24J-002/24	the working fluid being conveyed through tubular heat absorbing conduits 工作流体通过管状吸收导管被输送	8.667
F24J-002/00	use of solar heat e. g. solar heat collectors 使用太阳热能，如太阳能集热器	8.667
F24J-002/46	component parts, details or accessories of solar heat collectors 太阳能集热器的组成部分，细节或配件	8.667
H01L-031/06	characterised by at least one potential-jump barrier or surface barrier 其特征在于至少有一个电位跃变势垒或表面势垒	8.667
F03D-009/00	adaptations of wind motors for special use; combinations of wind motors with apparatus driven thereby 适应风力发动机特殊用途的专利技术；将风力发动机与驱动设备结合的专利技术	8
H02J-007/35	with light sensitive cells 光敏感细胞	7.333
F24J-002/32	having evaporator and condenser section, e. g. heat pipe 具有蒸发器和冷凝器的部分，如热管	7.333
F24J-002/48	characterised by the absorber material 吸收剂材料特征技术	7.333
H01B-005/14	comprising conductive layers or films on insulating-supports 包括导电层或薄膜的绝缘支持	6.667
H01L-031/0264	inorganic materials 无机材料	6.667
B32B-007/02	in respect of physical properties, e. g. hardness 物理性质，如硬度	6.667
H01L-031/00	semiconductor devices sensitive to infra-red radiation, light, electromagnetic radiation of shorter wavelength, or corpuscular radiation and adapted either for the conversion of the energy of such radiation into electrical energy or for the control of electrical energy by such radiation; processes or apparatus peculiar to the manufacture or treatment thereof or of parts thereof; details thereof 对红外辐射、光、更短波长的电磁辐射或微粒辐射敏感的，和应用于辐射转化为电能或由辐射产生电能的控制的半导体装置：尤其是对生产或处理以及由此产生相关部分的过程或设施	6.667
F03G-006/00	devices for producing mechanical power from solar energy 太阳能产生机械动力设备	6.667
H01L-031/052	with cooling, light-reflecting or light- concentrating means 带有冷却、光反射或聚光的装置	6.667

第三节　太阳能发电共性核心技术群测度

一、太阳能发电共性技术群网络绘制

依据第三章第四节第三点有关共性核心技术（群）测度的理论、方法和指标，绘制出图 5-2 所示的太阳能发电共性核心群技术网络。

图 5-2 显示，“太阳能集热技术”子网络成为整个网络中最明显的太阳能发电共性核心技术群，网络中较大的节点几乎全部集中于该子网络中，使该子网络成为整个网络的重心。尤其以下列节点为典型：F24J-002/04、F24J-002/06、F24J-002/05、F24J-002/10 和 F24J-002/24。这些节点所代表的技术领域信息将在后面的小节中列出。

二、太阳能发电共性核心技术群识别

在选取共性技术 X15（太阳能发电技术）的前提下，进一步采用第三章第四节第三点的特征向量中心度指标，测度得出特征向量中心度高于 10.0 的 26 个共性核心技术群所属技术领域（表 5-2）。这里的特征向量中心度数值未经过标准化处理。

在特征向量中心度高于 10.0 的 26 个共性核心技术群所属技术领域中，有 5 个技术领域的特征向量中心度数值高于 40，这 5 个技术领域分别是“太阳能集热器（solar heat collectors having working fluid conveyed through collector)”“聚光组件（having concentrating elements)”“周围环绕着一个透明的外壳，如真空太阳集热器（surrounded by a transparent enclosure，e. g. evacuated solar collectors)”“作为聚光组件的反射器（having reflectors as concentrating elements)”和“工作流体通过管状吸收导管被输送（the working fluid being conveyed through tubular heat absorbing conduits)”。这 5 个技术领域的共性核心技术群中的核心技术领域。

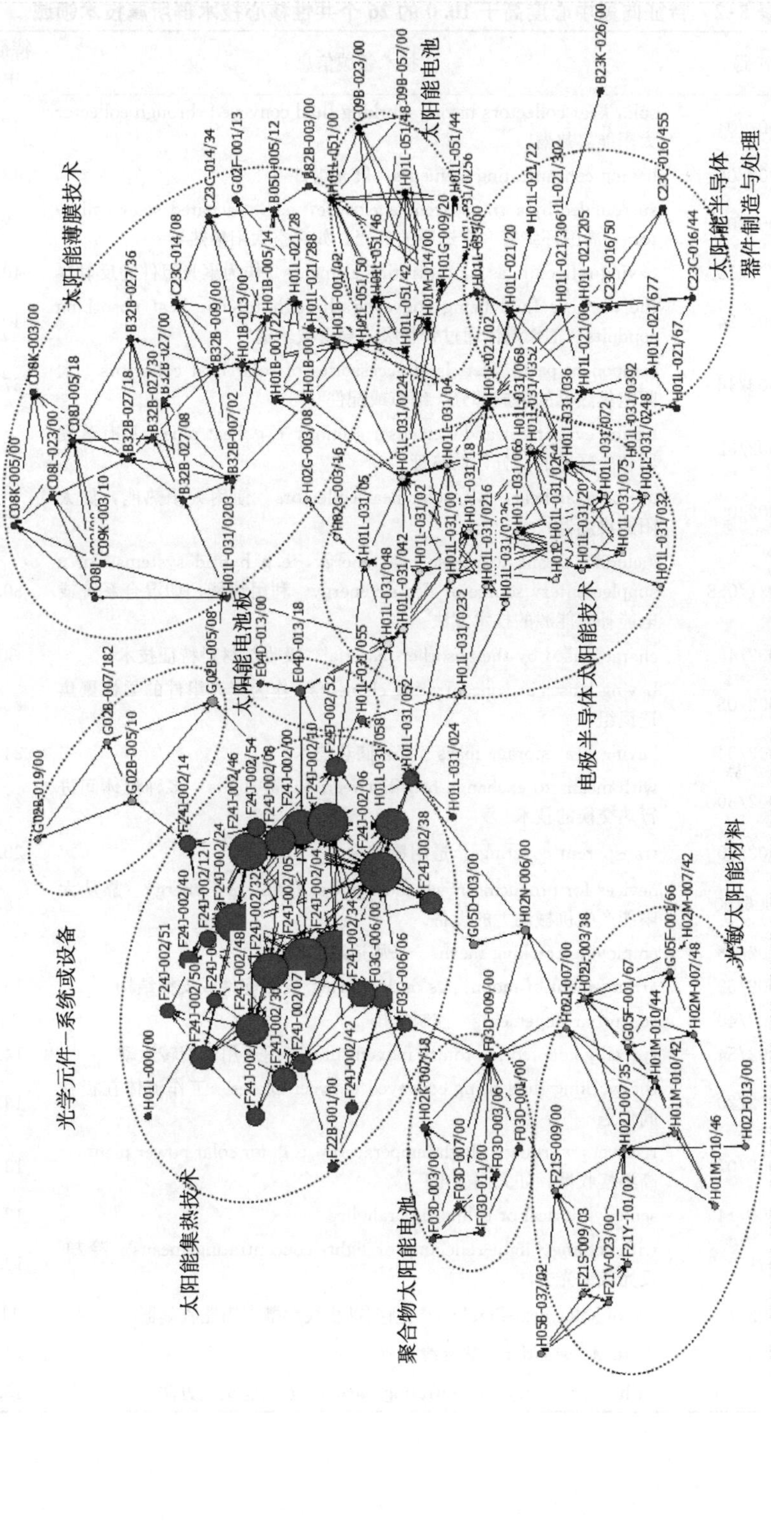

图5-2　太阳能发电共性核心技术群技术网络

表 5-2 特征向量中心度高于 10.0 的 26 个共性核心技术群所属技术领域

IPC 代码	技术领域信息	特征向量中心度
F24J-002/04	solar heat collectors having working fluid conveyed through collector 太阳能集热器	47.262
F24J-002/06	having concentrating elements 聚光组件	43.282
F24J-002/05	surrounded by a transparent enclosure，e. g. evacuated solar collectors 周围环绕着一个透明的外壳，如真空太阳集热器	42.564
F24J-002/10	having reflectors as concentrating elements 作为聚光组件的反射器	40.679
F24J-002/24	the working fluid being conveyed through tubular heat absorbing conduits 工作流体通过管状吸收导管被输送	40.638
F24J-002/46	component parts，details or accessories of solar heat collectors 太阳能集热器的组成部分，细节或配件	37.712
F24J-002/32	having evaporator and condenser section，e. g. heat pipe 具有蒸发器和冷凝器的部分，如热管	36.519
F24J-002/00	use of solar heat，e. g. solar heat collectors 使用太阳热能，如太阳能集热器	35.93
H01L-031/058	including means to utilise heat energy，e. g. hybrid systems，or a supplementary source of electric energy 利用热能，如混合系统或电能补充能源的技术方法	30.866
F24J-002/48	characterised by the absorber material 吸收剂材料特征技术	30.16
F24J-002/08	having lenses as concentrating elements 作为聚光组件的柔性聚焦透镜组	28.296
F24J-002/34	having heat storage mass 蓄热储热技术	24.288
F24J-002/30	with means to exchange heat between plural fluids 多种流体间进行热交换的技术	21.583
F24J-002/50	transparent coverings 透明覆盖物	20.934
F03G-006/00	devices for producing mechanical power from solar energy 靠从太阳能产生机械动力的设备	18.331
F24J-002/38	employing tracking means 采用追踪手段	18.305
F24J-002/52	arrangement of mountings or supports 安置配件或支撑结构	15.568
F24J-002/40	control arrangements 控制安排	14.45
F24J-002/54	specially adapted for rotary movement 专门适用于旋转运动	14.049
F24J-002/20	the working fluid being conveyed between plates 工作流体在板材间传送	13.287
F24J-002/07	receivers working at high temperature，e. g. for solar power plants 高温接收器，如太阳能电厂	13.043
F24J-002/14	semi-cylindrical or cylindro-parabolic	12.518
H01L-031/052	with cooling，light-reflecting or light- concentrating means 冷却-反光或聚光方法	12.197
F24J-002/12	use of solar heat-Parabolic 新型抛物线形槽太阳能收集器	11.17
F24J-002/51	thermal insulation 热绝缘	10.408
F03G-006/06	with solar energy concentrating means 太阳能聚光方法	10.026

第四节　太阳能发电共性关键技术测度

一、太阳能发电共性关键技术网络绘制

依据第三章第四节有关共性关键技术测度的理论、方法和指标，绘制出图 5-3太阳能发电共性关键技术网络。

图 5-3 显示，绝大多数的太阳能发电共性关键技术（较大节点代表的技术领域）分布于子网络之间的连接处，几乎每个子网络都有一个或几个共性关键技术领域。其中较大节点所代表的关键技术领域主要有 H01L-031/052、H01L-031/00、H02N-006/00、F03D-009/00、H01L-021/02、F24J-002/10、H01L-031/0224 和 B32B-007/02 等。这些节点所代表的技术领域信息将在后面小节中列出。

二、太阳能发电共性关键技术识别

在选取共性技术 X15（太阳能发电技术）的前提下，进一步采用第三章第四节的中介中心度指标，测度得出中介中心度高于 3.0 的 25 个共性关键技术领域（表 5-3）。这里的中介中心度数值经过了标准化处理。

在中介中心度高于 3.0 的 25 个共性关键技术领域中，其中中介中心度数值高于 10.0 的有 8 个技术领域，这 8 个技术领域分别是：“带有冷却、光反射或聚光的装置（with cooling，light-reflecting or light- concentrating means)”“对红外辐射、光、更短波长的电磁辐射或微粒辐射敏感的，和应用于辐射转化为电能或由辐射产生电能的控制的半导体装置：尤其是对生产或处理以及由此产生相关部分的过程或设施（semiconductor devices sensitive to infra-red radiation，light，electromagnetic radiation of shorter wavelength or corpuscular radiation and adapted either for the conversion of the energy of such radiation into electrical energy or for the control of electrical energy by such radiation；processes or apparatus peculiar to the manufacture or treatment thereof or of parts thereof；details thereof)”“信号发生器，其中光辐射直接转换成电能（generators in which light radiation is directly converted into electrical energy)”“改变风电机特殊用途的组合与设备驱动（adaptations of wind motors for special use；combinations of wind motors with apparatus driven thereby)”“制造、处理半导体器件或零件（manufacture or treatment of semiconductor devices or of parts thereof)”“作为聚光组件的反射器（having reflectors as concentrating elements)”“电极（electrodes)”和“物理性质，如硬度（in respect of physical properties，e. g. hardness)”。

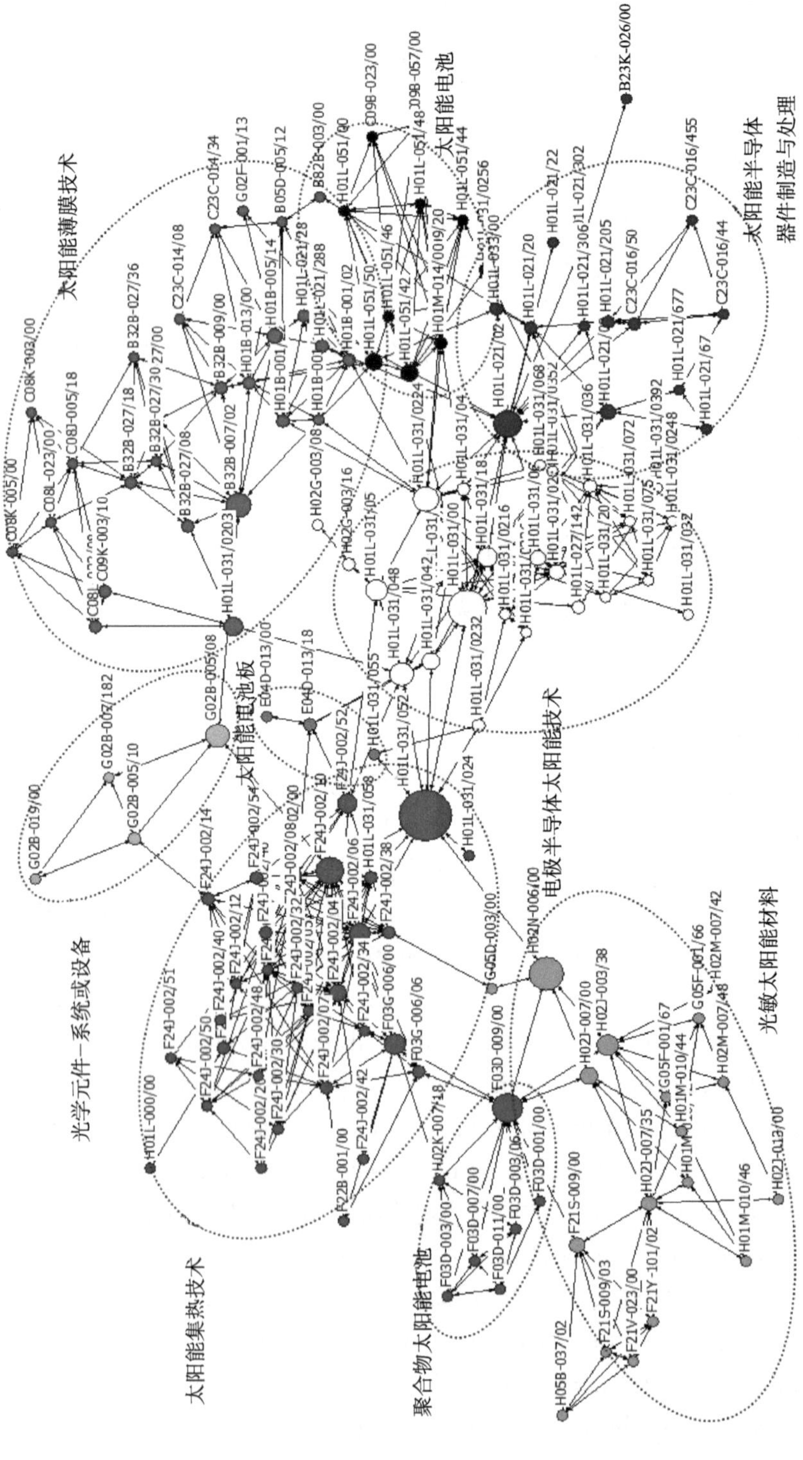

图5-3 太阳能发电共性关键技术网络

表 5-3 中介中心度高于 3.0 的 25 个共性关键技术领域

IPC代码	技术领域信息	中介中心度
H01L-031/052	with cooling, light-reflecting or light- concentrating means 带有冷却、光反射或聚光的装置	28.345
H01L-031/00	semiconductor devices sensitive to infra-red radiation, light, electromagnetic radiation of shorter wavelength or corpuscular radiation and adapted either for the conversion of the energy of such radiation into electrical energy or for the control of electrical energy by such radiation; processes or apparatus peculiar to the manufacture or treatment thereof or of parts thereof; details thereof 对红外辐射、光、更短波长的电磁辐射或微粒辐射敏感的，和应用于辐射转化为电能或由辐射产生电能的控制的半导体装置：尤其是对生产或处理以及由此产生相关部分的过程或设施	18.507
H02N-006/00	generators in which light radiation is directly converted into electrical energy 信号发生器，其中光辐射直接转换成电能	15.783
F03D-009/00	adaptations of wind motors for special use; combinations of wind motors with apparatus driven thereby 改变风电机特殊用途的组合与设备驱动	12.319
H01L-021/02	manufacture or treatment of semiconductor devices or of parts thereof 制造、处理半导体器件或零件	11.956
F24J-002/10	having reflectors as concentrating elements 作为聚光组件的反射器	11.379
H01L-031/0224	electrodes 电极	10.5
B32B-007/02	in respect of physical properties, e.g. hardness 物理性质，如硬度	10.437
H01L-031/048	encapsulated or with housing 封装或住房	9.168
G02B-005/08	mirrors 镜子	9.149
F24J-002/06	having concentrating elements 聚光组件	7.767
F03G-006/00	devices for producing mechanical power from solar energy 靠太阳能产生机械动力的设备	7.61
H02J-003/38	arrangements for parallelly feeding a single network by two or more generators, converters or transformers 平行供给一个单一的网络由两个或多个发电机、转换器或变压器的装置	7.355
H01L-031/05	with cooling, light-reflecting or light- concentrating means 带有冷却、光反射或聚光的装置	6.948
F24J-002/52	arrangement of mountings or supports 安置配件或支撑结构	6.121
H01L-031/0203	containers; encapsulations 集装箱，封装	5.74
H01L-031/18	processes or apparatus peculiar to the manufacture or treatment of these devices or of parts thereof 设备或零件特有的制造或处理方法	5.408
H01L-051/42	processes or apparatus specially adapted for the manufacture or treatment of devices or of parts thereof 专门适用于制造、处理的设备、零件的方法或设备	4.809
F24J-002/04	solar heat collectors having working fluid conveyed through collector 太阳能集热器	4.547
H01L-051/50	specifically applicable to the light emission, such as organic light emitting diode (OLED) or polymer light emitting device (PLED) 专门适用于光发射的，如有机发光二极管（OLED）或聚合物发光器件（PLED）	3.936

续表

IPC代码	技术领域信息	中介中心度
H01L-031/042	including a panel or array of photoelectric cells, e. g. solar cells 包括一个面板或阵列的光电单元，如太阳能电池	3.768
H02J-007/00	circuit arrangements for charging or depolarising batteries or for supplying loads from batteries 电池的充电或去极化，或由电池供电负载的电路装置	3.744
H01L-021/00	processes or apparatus adapted for the manufacture or treatment of semiconductor or solid state devices or of parts thereof 适用于制造、处理半导体、固体状态的设备、零件的方法或设备	3.531
F21S-009/00	devices with a built-in power supply; systems employing such devices 移动设备具有一个内置的电源，采用这种设备的系统	3.418
H02J-007/35	with light sensitive cells 光敏电池	3.005

第六章 燃料电池领域共性技术的测度

第一节 问题的提出

一、研究背景

燃料电池（fuel cell）是一种将存在于燃料与氧化剂中的化学能直接转化为电能的发电装置。燃料电池技术涉及化学热力学、电化学、电催化、材料科学、电力系统及自动控制等多门学科的有关理论[220,221]。作为一种新型的清洁能源，燃料电池具有发电效率高、环境污染少等优点。燃料电池系统的燃料的电能转换效率为45%～60%[222]，而火力发电和核电的效率为30%～40%[223]。燃料电池还具有电站占地面积小、建设周期短、电站功率可根据需要由电池堆组装、安装地点灵活、负荷响应快、运行质量高等多方面的优点[224,225]。在后危机时代，各国纷纷将燃料电池技术作为新兴产业予以扶持发展[226,227]。美国氢燃料电池汽车示范项目显示[228,229]，美国汽车厂商能在2014～2016年将氢燃料电池汽车推向市场。

中国的燃料电池研究始于1958年，是由原电子工业部天津电源研究所最早开展的“熔融碳酸盐燃料电池（MCFC）”研究。20世纪70年代，在航天事业的推动下，中国燃料电池的研究出现第一次高潮。到90年代中期，在科技部与中国科学院将燃料电池技术列入“九五”科技攻关计划的推动下，中国进入了燃料电池研究的第二个高潮。总的来说，中国科学工作者在燃料电池基础研究和单项技术方面取得了一些进展，积累了一定的经验[230]。但是，由于多年来在燃料电池研究方面投入资金数量很少，就燃料电池技术的总体水平来看，我国与发达国家尚有较大差距[231,232]。2010年，《国务院关于加快培育和发展战略性新兴产业的决定》中在“新能源汽车产业”中强调[233,234]，要开展燃料电池汽车相关前沿技术研发，大力推进高能效、低排放节能汽车发展。

二、问题的提出

目前国内外对燃料电池技术的研究主要集中于燃料电池技术的成本[235,236]、燃料电池技术的效率[222]、燃料电池技术应用[229]、燃料电池技术的有关政策分析[237]、燃料电池技术的评估[226]、燃料电池技术的发展预测[238]、燃料电池高被引技术特征[232]、燃料电池技术合作网络[231]等方面。但尚未发现对全球燃料电池技术发展的整体状况和共性技术进行测度的相关研究成果。

本部分拟对从DII数据库下载的全球燃料电池专利数据进行全面分析，绘制不同发展阶段的技术网络、分析网络结构，并分析每个发展阶段燃料电池领域的共性技术。

第二节　样本数据概况分析

一、专利申请量发展趋势与发展阶段分析

本部分研究的专利数据来自DII。依据WIPO2012年知识产权指标报告[237]对燃料电池专利技术的IPC界定，确定了以下检索策略，即IPC代码＝(H01M-004/00 OR H01M-004/86 OR H01M-004/88 OR H01M-004/90 OR H01M-008/00 OR H01M-008/02 OR H01M-008/04 OR H01M-008/06 OR H01M-008/08 OR H01M-008/10 OR H01M-008/12 OR H01M-008/14 OR H01M-008/16 OR H01M-008/18 OR H01M-008/20 OR H01M-008/22 OR H01M-008/24)，时间跨度＝1968—2012，数据库＝CDerwent，EDerwent，MDerwent。检索并下载了全球1968～2012年153 878条专利数据文献，作为本部分研究的数据样本（图6-1）。数据下载日期为2013年3月19日，这里的专利数据是已经出版的专利申请，而非授权专利。由于DII收录的专利数据常与主要国家的专利公开时间之间存在着8个月左右的时滞，所以为了保证查全，本课题组后来对数据进行了补充，补充更新时间为2013年5月29日。如WIPO[237]报告所言，尽管IPC代码与技术领域之间并没有非常清晰的对应关系，要检索出某一特定技术领域的全部专利是件很困难的事情，但以此IPC代码检索的全球太阳能技术领域专利数据最大限度地保证了查全。

图6-1显示出1968～2012年全球燃料电池专利数量的变化趋势。最高峰出现在2008年，该年专利申请数量为7817件。对全球燃料电池专利数量的分布进行指数趋势回归分析结果显示，拟合优度为0.913，比较接近指数增长的发展趋势。依据不同年度、不同年度专利申请量和不同年度的DC代码数量，运用SPSS软件进行系统聚类分析[212,213]，将45年的发展期间聚类后划分为三个阶段（图6-1）。第一阶段为1968～2001年，该阶段发展速度比较平稳、缓慢；第二阶段为2002～2008年，该阶段的专利数量增长比较迅速；第三阶段为2009～2012年，该阶段专利数量呈现明显下降的发展趋势。

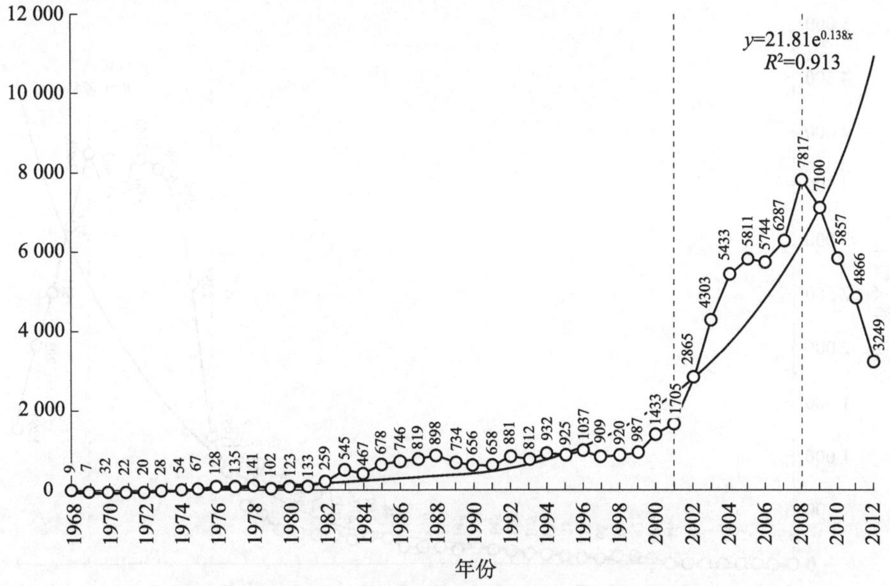

图 6-1　燃料电池专利数量年度分布（1968～2012 年）

二、专利申请人数量发展趋势与发展阶段分析

图 6-2 显示出 1968～2012 年全球燃料电池专利申请人数量变化趋势。最高峰出现在 2008 年，该年专利申请人数量为 3805。对全球燃料电池专利数量的分布进行指数趋势回归分析结果显示，拟合优度为 0.925，比较接近指数增长的发展趋势。依据不同年度、不同年度专利申请数量和不同年度专利申请人数量，运用 SPSS 软件进行系统聚类分析，将 45 年的发展期聚类后划分为三个阶段（图 6-2）。第一阶段为 1968～2001 年，该阶段发展速度比较平稳、缓慢；第二阶段为 2002～2008 年，该阶段的增长速度比较迅速；第三阶段为 2009～2012 年，该阶段专利申请人数量呈现明显下降的发展趋势。

三、IPC 发展趋势与发展阶段

图 6-3 显示，1968～1997 年，全球燃料电池 IPC 数量增长比较缓慢，1997 年 IPC 数量为 704 类；1998～2008 年迅猛增长，1998 年 IPC 数量首次突破 1000 类，2008 年 IPC 数量达到 4008 类；2009 年之后呈现明显下降的趋势。对全球燃料电池 IPC 数量的分布进行指数趋势回归分析结果显示，R^2＝0.924，比较接近指数增长趋势。IPC 的发展阶段划分，采用了年代、专利数量和 IPC 数量三个变量指标。

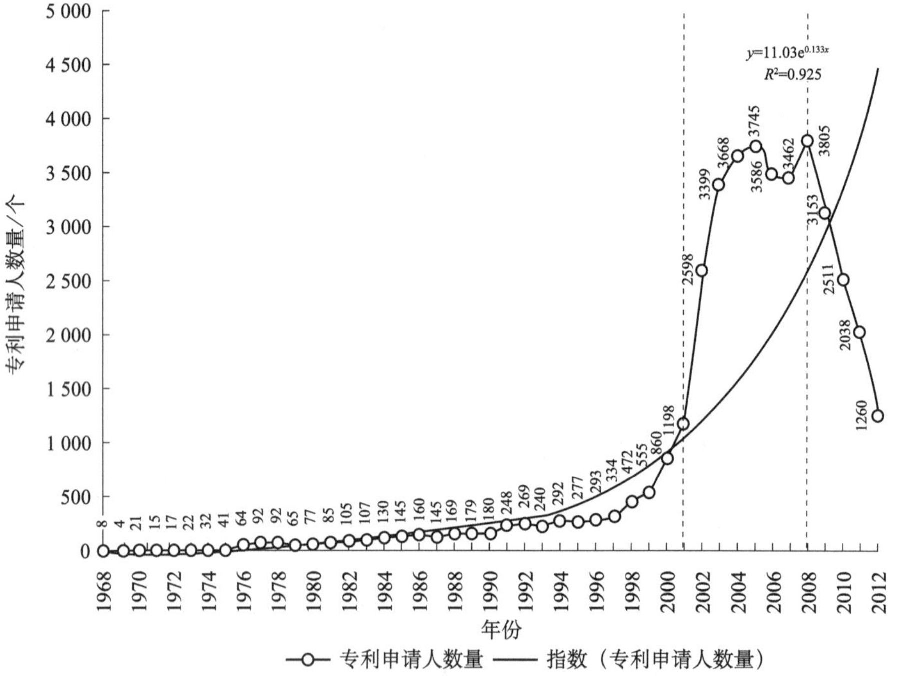

图 6-2 燃料电池专利申请人数量年度分布（1968～2012 年）

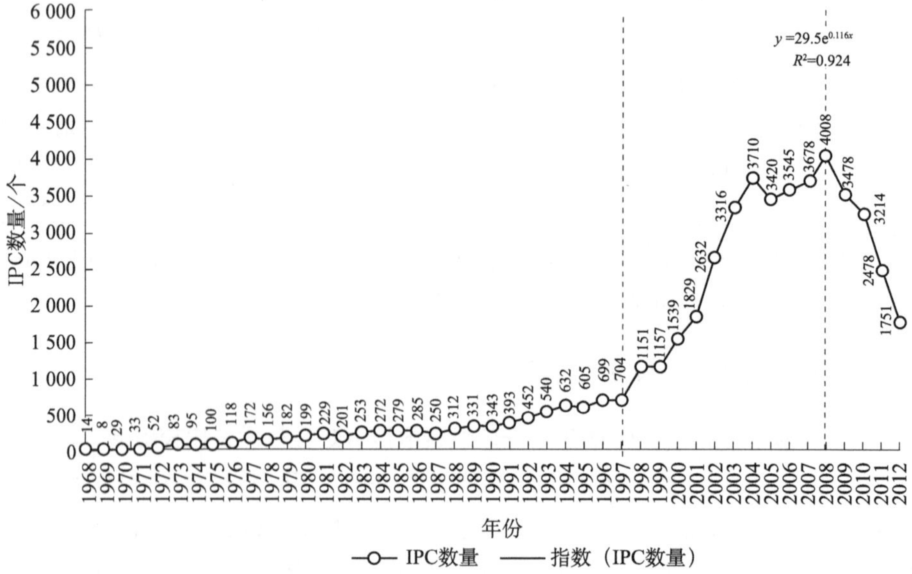

图 6-3 燃料电池 IPC 数量年度分布（1968～2012 年）

四、MC发展趋势与发展阶段

图 6-4 显示，1968～1998 年全球燃料电池 MC 数量增长比较缓慢；1999 年开始，增长速度开始加快，尤其是 2002～2008 年，处于快速增长阶段；2009 年之后呈现明显下降的发展趋势。对全球燃料电池 MC 数量的分布进行指数趋势回归分析结果显示，$R^2=0.926$，比较接近指数增长趋势。MC 的发展阶段划分采用了年代、专利数量和 MC 数量三个变量指标。

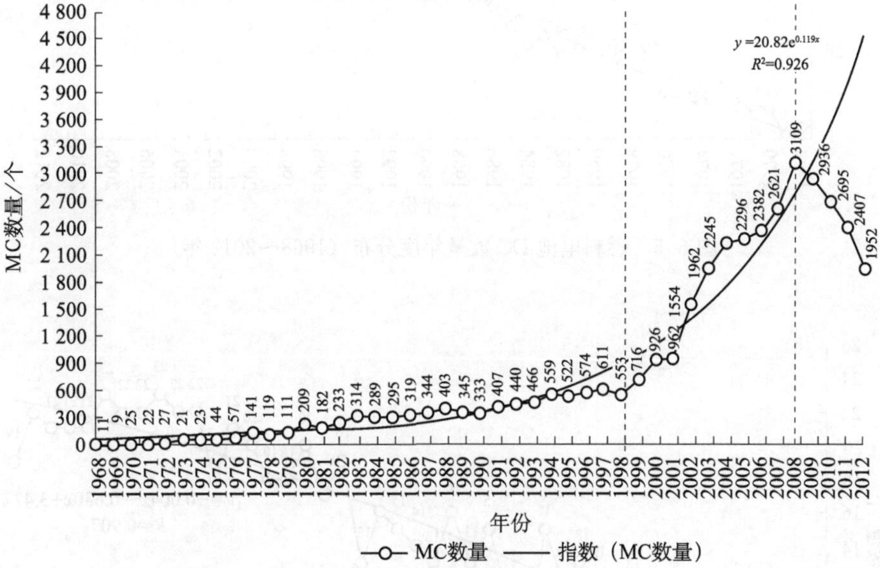

图 6-4　燃料电池 MC 数量年度分布（1968～2012 年）

五、DC发展趋势

图 6-5 显示，1968～2012 年全球燃料电池 DC 数量整体上呈现出持续增长的发展趋势，伴随着稍大的波动。对全球燃料电池 DC 数量的分布进行多项式趋势回归分析结果显示，$R^2=0.933$，比较接近多项式增长趋势。

六、SA发展趋势

图 6-6 显示，1968～2012 年，全球燃料电池 SA 数量整体上呈现出持续增长的发展趋势，伴随着稍大的波动。对全球燃料电池 SA 数量的分布进行多项式趋势回归分析结果显示，$R^2=0.907$，比较接近多项式增长趋势。SA 的发展趋势与 DC 的发展趋势非常接近。

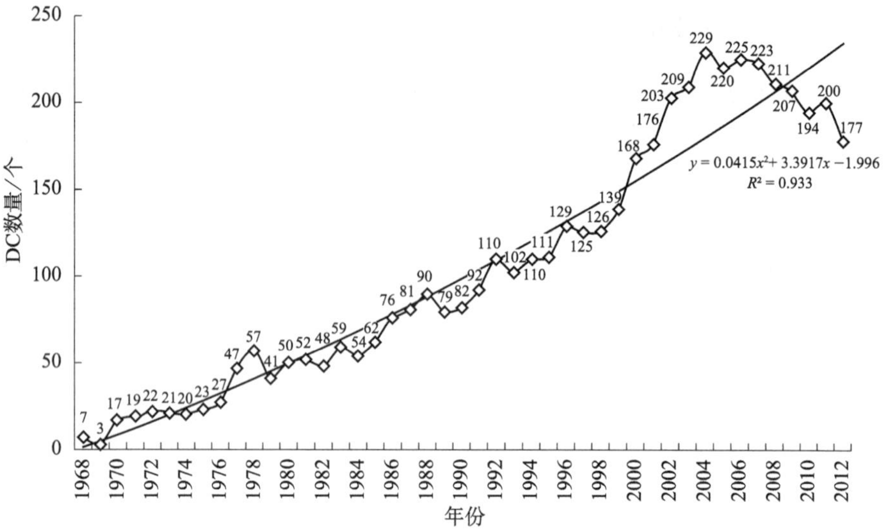

图 6-5　燃料电池 DC 数量年度分布（1968～2012 年）

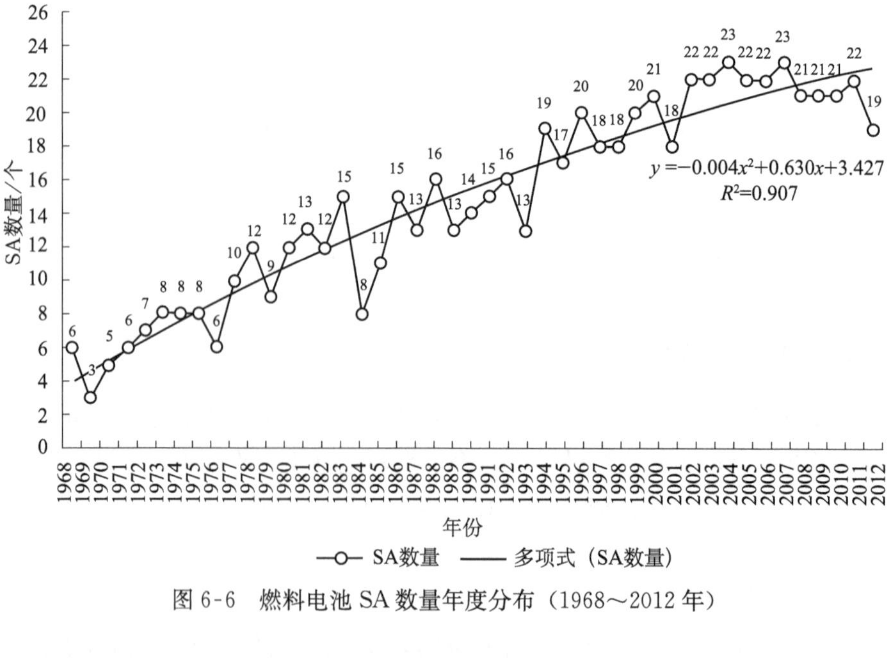

图 6-6　燃料电池 SA 数量年度分布（1968～2012 年）

七、每个阶段的高产专利权人（以专利数量的阶段划分为依据）

1. 第一阶段（1968～2001 年）

表 6-1 显示出 1968～2001 年全球燃料电池技术前 10 位高产公司及其专利

数量。第一阶段的10家公司全部都是日本公司。显示出该阶段日本燃料电池技术研发在全球遥遥领先。

表6-1 第一阶段燃料电池技术前10位高产公司（1968～2001年）

序号	高产专利权人名称	专利数量
1	TOSHIBA KK 日本东芝公司	1553
2	HITACHI LTD 日本日立公司	1052
3	FUJI ELECTRIC MFG CO LTD 日本富士电机制造公司	881
4	SANYO ELECTRIC CO LTD 日本三洋电机公司	788
5	FUJI ELECTRIC CO LTD 日本富士电机株式会社	600
6	ISHIKAWAJIMA HARIMA HEAVY IND 日本石川岛播磨重工业公司	425
7	MITSUBISHI JUKOGYO KK 日本三菱重工株式会社	417
8	MITSUBISHI ELECTRIC CORP 日本三菱电机公司	397
9	MITSUBISHI DENKI KK 日本三菱株式会社	391
10	MATSUSHITA ELEC IND CO LTD 日本松下电器产业株式会社	328

2. 第二阶段（2002～2008年）

表6-2显示出2002～2008年全球燃料电池技术前10位高产公司及其专利数量。前10位中有9家日本公司，另外一家是韩国的三星SDI公司。第二阶段，日本燃料电池技术的研发仍然遥遥领先。

表6-2 第二阶段燃料电池技术前10位高产公司（2002～2008年）

序号	高产专利权人名称	专利数量
1	TOYOTA JIDOSHA KK 日本丰田自动车股份有限公司	4165
2	NISSAN MOTOR CO LTD 日本日产汽车公司	2905
3	HONDA MOTOR CO LTD 日本本田汽车公司	1975
4	MATSUSHITA DENKI SANGYO KK 日本松下电器产业株式会社	1233
5	SAMSUNG SDI CO LTD 韩国三星SDI公司	1101
6	TOSHIBA KK 日本东芝公司	701
7	TOYOTA MOTOR CO LTD 日本丰田汽车公司	557
8	MITSUBISHI JUKOGYO KK 日本三菱重工株式会社	522
9	AISIN SEIKI KK 日本爱信精机株式会社	486
10	KYOCERA CORP 日本京瓷公司	457

3. 第三阶段（2009～2012年）

表6-3显示出2009～2012年全球燃料电池技术前10位高产公司及其专利数量。前10位中有6家日本公司，另外4家分别是韩国现代汽车公司、美国通用汽车全球技术运营公司、韩国三星SDI公司和德国戴姆勒股份公司。第三阶段，日本燃料电池技术的研发仍然领先于世界前列，尽管高产专利权人数量相对前两阶段有所减少。

表 6-3 第三阶段燃料电池技术前 10 位高产公司（2009～2012 年）

序号	高产专利权人名称	专利数量
1	TOYOTA JIDOSHA KK 日本丰田自动车股份有限公司	2936
2	HONDA MOTOR CO LTD 日本本田汽车公司	1141
3	MATSUSHITA DENKI SANGYO KK 日本松下电器产业株式会社	573
4	TOSHIBA KK 日本东芝公司	546
5	NISSAN MOTOR CO LTD 日本日产汽车公司	492
6	HYUNDAI MOTOR CO LTD 韩国现代汽车公司	478
7	GM GLOBAL TECHNOLOGY OPERATIONS INC 美国通用汽车全球技术运营公司	444
8	SAMSUNG SDI CO LTD 韩国三星 SDI 公司	318
9	DAIMLER AG 德国戴姆勒股份公司	303
10	TOYOTA MOTOR CO LTD 日本丰田汽车公司	277

第三节 第一阶段燃料电池共性技术分析（1968～2001 年）

一、DC 数量与专利数量的分布关系

在该阶段全部 18 005 条专利数据中，有 2 条专利数据分别拥有 19 个 DC 技术分类；而后单项专利拥有的 DC 技术领域数量逐渐递减，有 4338 条专利数据只有一个 DC 技术分类。整个趋势呈现负增长线性趋势，$R^2=0.989$（图 6-7）。

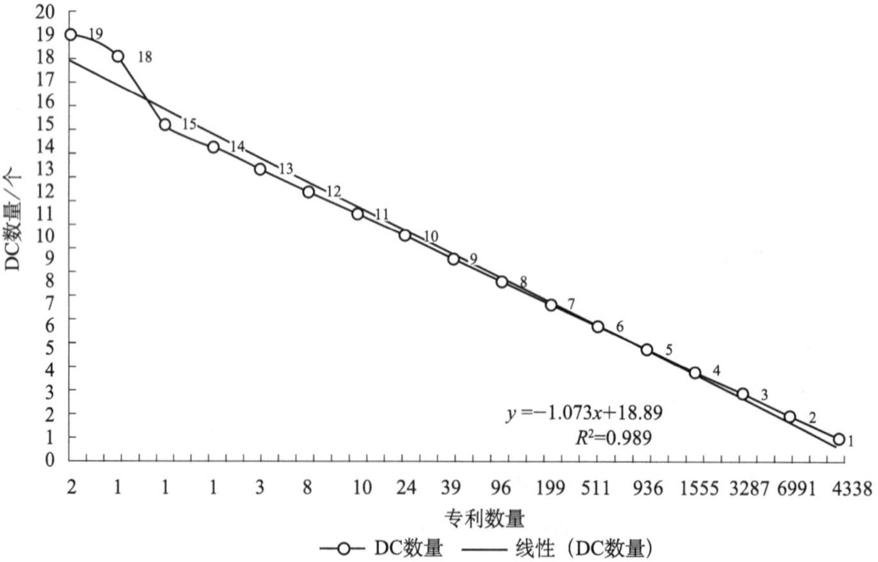

图 6-7 燃料电池 DC 数量与专利数量的分布关系（1968～2001 年）

二、出现频次最高的20个技术领域

运用Bibexcel软件对该阶段全部18 005条专利数据处理结果显示，这些专利数据共涉及250个不同的DC技术领域，其中共现频次最高的20个技术领域如表6-4所示。一个技术领域出现的频次越高，说明其应用于越多的专利技术中，其共性技术特征就越明显。

表6-4　第一阶段出现频次最高的20个技术领域（1968～2001年）

序号	技术领域		出现频次
1	X16	电化学存储	17 221
2	L03	电镀-电气设备的有机化学特征	11 997
3	A85	电气应用	2 707
4	E36	非金属元素-半金属及其化合物	1 626
5	J04	化学/物理过程和装置，包括催化	879
6	J03	电化学过程和电泳，包括电解	701
7	X21	电动汽车	686
8	X25	工业电气设备	580
9	X12	配电/组件/转换器	428
10	S03	科学仪器，光热测定仪	391
11	H06	气态和液态燃料，包括污染控制	364
12	H04	石油加工处理，分馏重组	350
13	A14	其他取代的单烯烃-聚氯乙烯-聚四氟乙烯	348
14	J01	蒸发、结晶等分离	315
15	L02	耐火材料，陶瓷，水泥	226
16	Q14	电力推进	205
17	P42	喷涂，雾化	175
18	A26	其他缩合聚合物，有机硅聚合物	166
19	M26	非铁合金技术，包括生产和组合物	159
20	P73	分层产品	151

表6-4显示，在第一阶段，出现频次最高的、并且遥遥领先的两个技术领域是分别是X16和L03，其出现的频次都超过了10 000次。其中，X16出现的频次为17 221次，占全部18 005条专利数据的95.65％，表明燃料电池领域有95.65％的专利采用了X16的"电化学存储"技术。由此可见，"电化学存储"技术是燃料电池产业发展过程中的一项非常重要的共性技术。

L03出现的频次是11 997次，占全部18 005条专利数据的66.63％，表明燃料电池领域有66.63％的专利利用了L03的"电镀-电气设备的有机化学特征"技术。由此可见，"电镀-电气设备的有机化学特征"技术是燃料电池产业发展过程中的另外一项重要的共性技术。

出现频次超过1000次的还有另外两个技术领域，分别是A85"电气应用"

技术（2707次）和E36“非金属元素-半金属及其化合物”技术（1626次）。

三、共现频次最高的技术领域对

对该阶段全部18 005条专利数据处理结果显示，这些专利数据共涉及250个不同的DC技术领域，其中共现频次最高的20对技术领域如表6-5所示。共现频次高的技术领域对之间必然存在着密切的共生关系，说明它们在技术发展过程中存在相互依存、共同促进和协同发展的关系。

表6-5 第一阶段共现频次最高的20对技术领域（1968～2001年）

序号	技术领域对				共现频次
1	L03	电镀-电气设备的有机化学特征	X16	电化学存储	11 612
2	A85	电气应用	L03	电镀-电气设备的有机化学特征	2 625
3	A85	电气应用	X16	电化学存储	2 573
4	E36	非金属元素-半金属及其化合物	X16	电化学存储	1 418
5	E36	非金属元素-半金属及其化合物	L03	电镀-电气设备的有机化学特征	1 291
6	J04	化学/物理过程和装置，包括催化	X16	电化学存储	752
7	X16	电化学存储	X21	电动汽车	670
8	J04	化学/物理过程和装置，包括催化	L03	电镀-电气设备的有机化学特征	661
9	J03	电化学过程和电泳，包括电解	X16	电化学存储	584
10	J03	电化学过程和电泳，包括电解	L03	电镀-电气设备的有机化学特征	512
11	X16	电化学存储	X25	工业电气设备	488
12	E36	非金属元素-半金属及其化合物	J04	化学/物理过程和装置，包括催化	440
13	L03	电镀-电气设备的有机化学特征	X25	工业电气设备	422
14	X12	配电/组件/转换器	X16	电化学存储	373
15	L03	电镀-电气设备的有机化学特征	X21	电动汽车	372
16	E36	非金属元素-半金属及其化合物	J03	电化学过程和电泳，包括电解	348
17	J03	电化学过程和电泳，包括电解	X25	工业电气设备	343
18	S03	科学仪器，光热测定仪	X16	电化学存储	339
19	A14	其他取代的单烯烃-聚氯乙烯-聚四氟乙烯	L03	电镀-电气设备的有机化学特征	326
20	A14	其他取代的单烯烃-聚氯乙烯-聚四氟乙烯	A85	电气应用	326

表6-5显示，在第一阶段，共现频次最高的技术领域对是L03和X16，其共现频次是11 612，表明在18 005项专利技术中，有64.49%的专利技术都同时涉及这两个技术领域。排在第二位的是A85和L03，其共现频次是2625次；共现频次超过1000次的，还有A85和X16（2573次）、E36和X16（1418次）、E36和L03（1291次）。

四、共现伙伴数量最多的前20个技术领域

共现伙伴数量的多少是衡量共性技术的一个重要指标[48]。一个技术领域的

共现伙伴数量越多，说明其共性技术特征越显著。表 6-6 列出了第一阶段共现伙伴数量最多的前 20 个技术领域。

表 6-6 第一阶段共现伙伴数量最多的前 20 个技术领域（1968～2001 年）

序号	DC 技术领域		共现伙伴数量
1	X16	电化学存储	243
2	L03	电镀-电气设备的有机化学特征	231
3	A85	电气应用	169
4	E36	非金属元素-半金属及其化合物	166
5	J04	化学/物理过程和装置，包括催化	147
6	X25	工业电气设备	141
7	J03	电化学过程和电泳，包括电解	140
8	J01	蒸发、结晶等分离	126
9	X12	配电/组件/转换器	118
10	S03	科学仪器，光热测定仪	109
11	P73	分层产品	108
12	X21	电动汽车	98
13	A14	其他取代的单烯烃-聚氯乙烯-聚四氟乙烯	86
14	H06	气态和液态燃料，包括污染控制	83
15	P42	喷涂，雾化	77
16	E19	其他一般有机化合物——未知结构，混合物	73
17	L02	耐火材料，陶瓷，水泥	73
18	X22	汽车电器	73
19	A26	其他缩合聚合物，有机硅聚合物	72
20	U11	半导体材料和工艺	70

其中共现伙伴数量最多的两个技术领域分别是 X16 和 L03。X16 代表“电化学存储”技术领域，共有 243 个共现伙伴，占全部 250 个技术领域的 97.20%，说明电化学存储技术是燃料电池发展过程中共性技术最强的一个技术领域；L03 代表“电镀-电气设备的有机化学特征”技术领域，共有 231 个共现伙伴，占全部 250 个技术领域的 92.40%，也是一个共性技术特征非常强的技术领域。

五、共现伙伴数量最多的前 2 个技术领域图谱

共现伙伴数量最多的 X16 技术领域的图谱如图 6-8 所示。图中线的粗细代表两个技术领域共现强度的强弱。其中与 X16 共现强度最高的前 10 个技术领域及其频次分别是 L03（11 612 次）、A85（2573 次）、E36（1418 次）、J04（752 次）、X21（670 次）、J03（584 次）、X25（488 次）、X12（373 次）、S03（339 次）和 A14（319 次）。

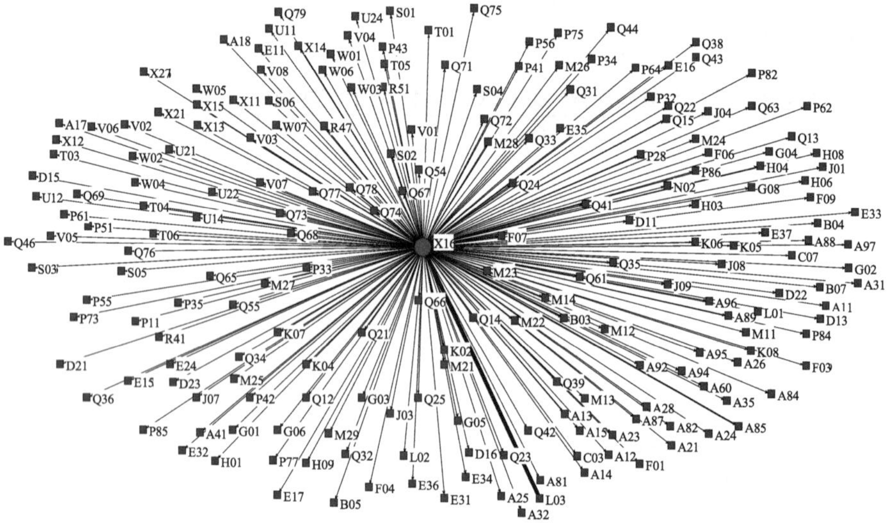

图 6-8　X16 的共现技术领域图谱（1968～2001 年）

共现伙伴数量第二多的 L03 技术领域的图谱如图 6-9 所示。其中与 L03 共现强度最高的前 10 个技术领域及其频次分别是 X16（11 612 次）、A85（2625 次）、E36（1291 次）、J04（661 次）、J03（512 次）、X25（422 次）、X21（372 次）、A14（326 次）、S03（296 次）和 H06（282 次）。

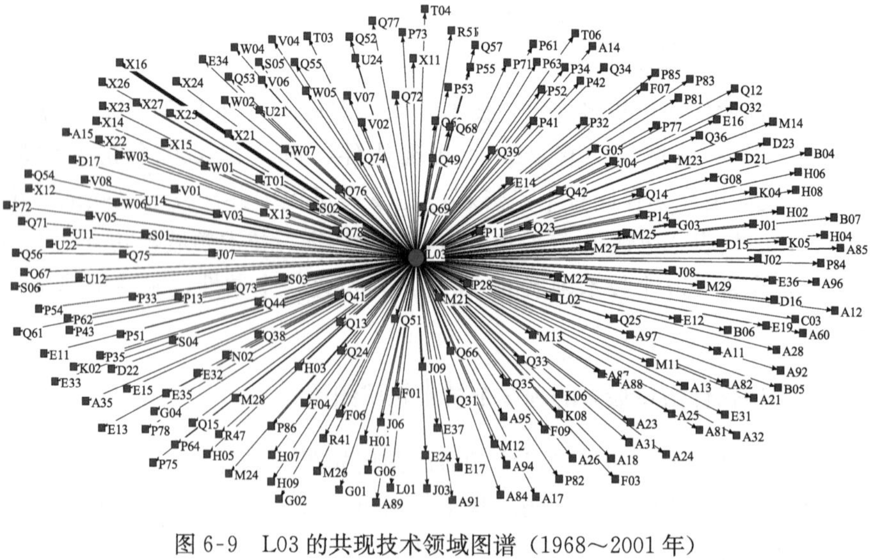

图 6-9　L03 的共现技术领域图谱（1968～2001 年）

六、平均 Jaccard 系数最高的前 20 个技术领域

依据第三章第三节“基于 Jaccard 系数的技术相关性分析方法”和“基于 Jaccard 系数的技术相关性分析指标——技术相关度”，计算出第一阶段全球燃料电池领域 250 个技术领域的 Jaccard 系数，其中平均 Jaccard 系数最高的前 20 个技术领域如表 6-7 所示。

表 6-7　第一阶段平均 Jaccard 系数最高的前 20 个技术领域（1968～2001 年）

序号	DC 技术领域	Jaccard 系数
1	P84　摄影技术	0.009 037
2	P83　摄影方法组合	0.009 015
3	G06　感光成分与基质：摄影技术	0.007 69
4	E36　非金属元素-半金属及其化合物	0.007 479
5	J03　电化学过程和电泳，包括电解	0.006 908
6	X25　工业电气设备	0.006 819
7	L03　电镀-电气设备的有机化学特征	0.006 471
8	P34　消毒用品，注射器，电疗	0.006 41
9	J01　蒸发、结晶等分离	0.006 274
10	J04　化学/物理过程和装置，包括催化	0.006 167
11	P82　摄影设备	0.006 134
12	B05　其他的有机物，芳族化合物，脂肪族，金属有机化合物	0.006 123
13	U11　半导体材料和工艺	0.006 121
14	G02　油墨-涂料-抛光	0.005 951
15	U14　记忆胶片和混合电路的记忆存储	0.005 911
16	X16　电化学存储	0.005 801
17	P73　分层产品	0.005 787
18	G08　电笔，电子照相和磁记录	0.005 773
19	V02　电感器和变压器	0.005 743
20	T04　计算机外围设备	0.005 674

平均 Jaccard 系数全部低于 0.01。其中最高的前 5 个技术领域分别是 P84（摄影技术，0.009 037）、P83（摄影方法组合，0.009 015）、G06（感光成分与基质：摄影技术，0.007 69）、E36（非金属元素-半金属及其化合物，0.007 479）和 J03（电化学过程和电泳，包括电解，0.006 908）。

七、技术网络结构分析

运用第四章第四节的第一点的分析方法绘制出燃料电池技术领域的第一阶段清晰的、最大连通组技术网络（图 6-10）。图 6-10 中主要包括以下几个技术子网络：“生物发酵”“测量仪表”“核发电与运输-存储系统”“电化学存储”“电气应用”和“非矿燃料发电系统”等。

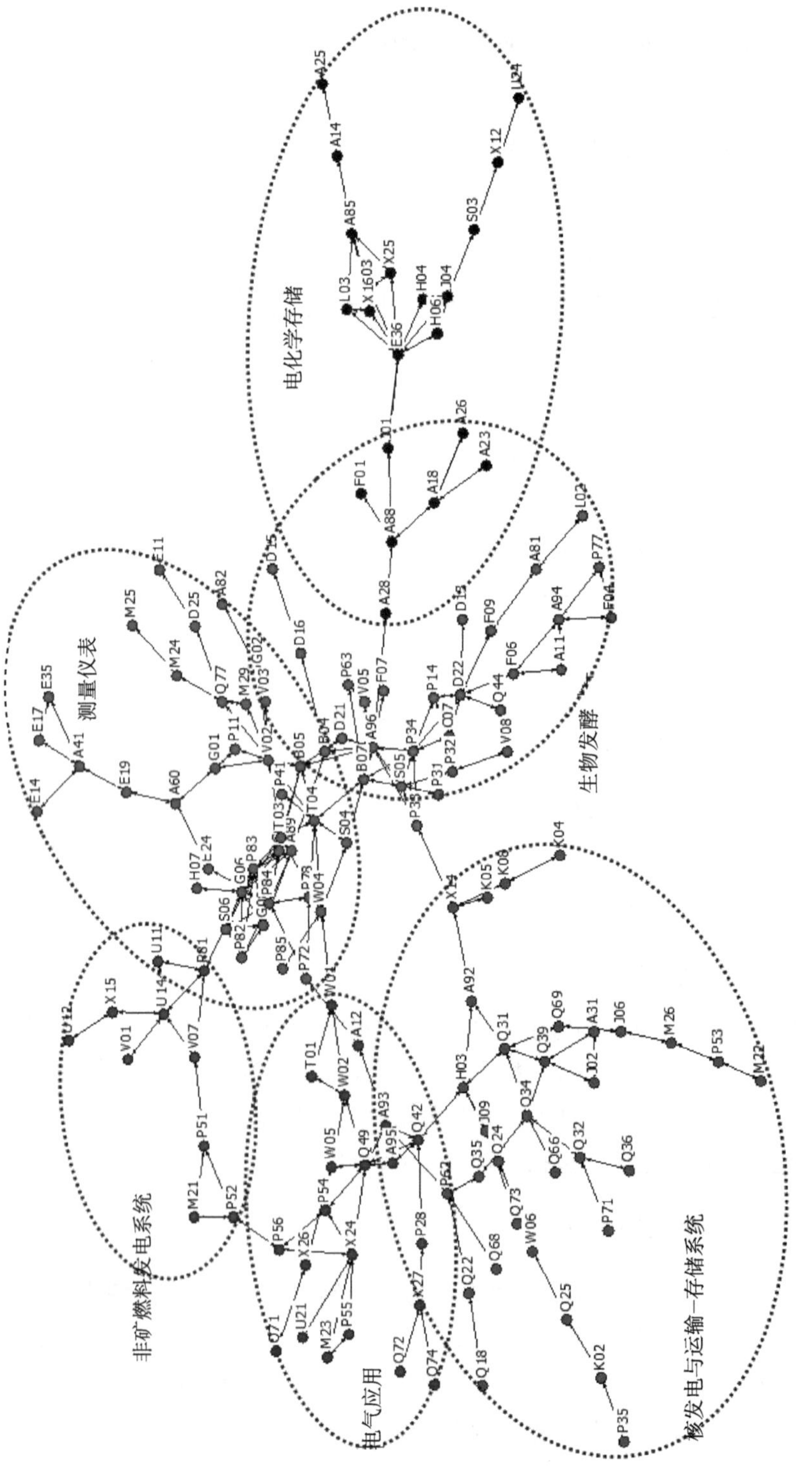

图6-10　第一阶段技术网络结构（1968~2001年，阈值=0.06）

第四节　第二阶段燃料电池共性技术分析（2002～2008年）

一、DC数量与专利数量的分布关系

该阶段共有39 067条专利数据，其中有2条专利数据分别拥有16个DC技术领域。整体上看，单项专利拥有的DC技术领域数量逐渐递减，有9158条专利数据只有一个DC技术领域。整个趋势呈现负增长线性趋势，$R^2=1$（图6-11）。

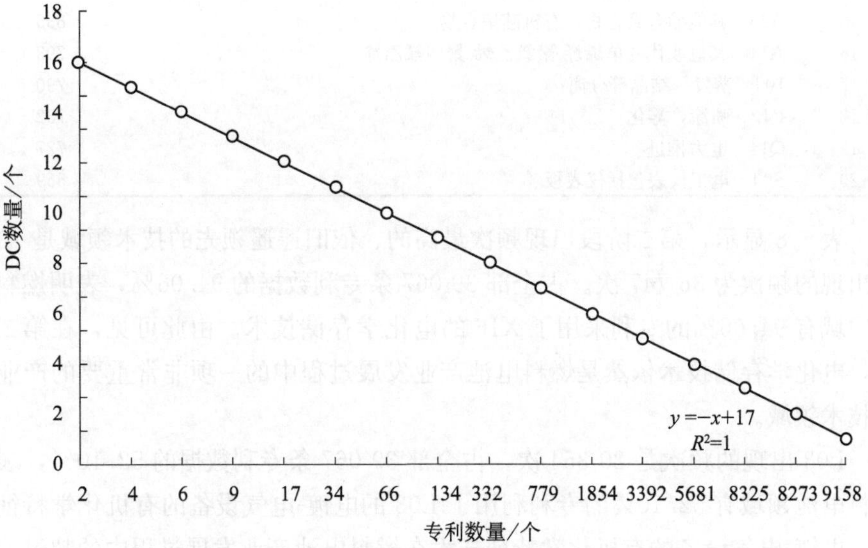

图6-11　燃料电池DC数量与专利数量的分布关系（2002～2008年）

二、出现频次最高的20个技术领域

采用Bibexcel软件，对第二阶段全部39 067条专利数据进行处理。分析结果显示，全部专利数据共涉及270个不同的DC技术分类领域，其中共现频次最高的20个技术领域如表6-8所示。

表6-8　第二阶段出现频次最高的20个技术领域（2002～2008年）

序号	技术领域		出现频次
1	X16	电化学存储	36 747
2	L03	电镀-电气设备的有机化学特征	20 354
3	A85	电气应用	8 847

续表

序号	技术领域		出现频次
4	X21	电动汽车	6 293
5	E36	非金属元素-半金属及其化合物	4 071
6	T01	数字计算机	1 855
7	J04	化学/物理过程和装置，包括催化	1 656
8	X22	汽车电器	1 611
9	X12	配电/组件/转换器	1 591
10	H06	气态和液态燃料，包括污染控制	1 590
11	W01	电话和数据传输系统	1 045
12	X25	工业电气设备	1 037
13	S03	科学仪器，光热测定仪	1 033
14	H04	石油加工处理，分馏重组	1 022
15	A26	其他缩合聚合物，有机硅聚合物	835
16	A14	其他取代的单烯烃-聚氯乙烯-聚四氟乙烯	793
17	J01	蒸发、结晶等分离	790
18	P42	喷涂，雾化	752
19	Q14	电力推进	727
20	S01	电工仪表包括仪表板	559

表 6-8 显示，第二阶段出现频次最高的、依旧遥遥领先的技术领域是 X16，其出现的频次为 36 747 次。占全部 39 067 条专利数据的 94.06%，表明燃料电池领域有 94.06%的专利采用了 X16 的电化学存储技术。由此可见，在第二阶段，电化学存储技术依然是燃料电池产业发展过程中的一项非常重要的产业共性技术领域。

L03 出现的频次是 20 354 次，占全部 39 067 条专利数据的 52.10%，表明燃料电池领域有 52.10%的专利利用了 L03 的电镀-电气设备的有机化学特征技术。电镀-电气设备的有机化学特征技术在燃料电池产业发展过程中的超过一半专利中得到了应用，其共性技术特征也较为明显。

出现频次超过 5000 次的，还有另外两个技术领域，分别是 A85 电气应用技术（8847 次）和 X21 电动汽车技术（6293 次）。该阶段还有 10 个技术领域的频次超过了 1000 次，分别是 E36、T01、J04、X22、X12、H06、W01、X25、S03 和 H04。与第一阶段明显不同的是，与燃料电池有关的电动汽车系列技术在第二阶段得到蓬勃发展。

三、共现频次最高的技术领域对

运用 Bibexcel 软件，对该阶段全部专利数据 39 067 条记录处理结果显示，这些专利数据共涉及 270 个不同的 DC 技术分类领域，其中共现频次最高的 20 对技术领域如表 6-9 所示。

表 6-9　第二阶段共现频次最高的 20 对技术领域（2002～2008 年）

序号	技术领域对				共现频次
1	L03	电镀-电气设备的有机化学特征	X16	电化学存储	20 116
2	A85	电气应用	X16	电化学存储	8 741
3	A85	电气应用	L03	电镀-电气设备的有机化学特征	8 662
4	X16	电化学存储	X21	电动汽车	6 193
5	E36	非金属元素-半金属及其化合物	X16	电化学存储	3 807
6	E36	非金属元素-半金属及其化合物	L03	电镀-电气设备的有机化学特征	3 717
7	L03	电镀-电气设备的有机化学特征	X21	电动汽车	2 750
8	T01	数字计算机	X16	电化学存储	1 775
9	X12	配电/组件/转换器	X16	电化学存储	1 513
10	X16	电化学存储	X22	汽车电器	1 511
11	J04	化学/物理过程和装置，包括催化	X25	工业电气设备	1 500
12	E36	非金属元素-半金属及其化合物	X16	电化学存储	1 483
13	H06	气态和液态燃料，包括污染控制	L03	电镀-电气设备的有机化学特征	1 442
14	J04	化学/物理过程和装置，包括催化	L03	电镀-电气设备的有机化学特征	1 433
15	E36	非金属元素-半金属及其化合物	H06	气态和液态燃料，包括污染控制	1 333
16	A85	电气应用	X21	电动汽车	1 295
17	X21	电动汽车	X12	配电/组件/转换器	1 273
18	X21	电动汽车	X22	汽车电器	1 094
19	W01	电话和数据传输系统	X16	电化学存储	1 012
20	A85	电气应用	X12	配电/组件/转换器	1 001

表 6-9 显示，在第二阶段共现频次最高的技术领域对依然是 L03 和 X16，它们共现的频次超过了 2 万次，达到 20116 次，说明在 39067 项专利技术中有过半数（即 51.49%）的专利技术都同时涉及这两个技术领域。排在第二位的是 A85 和 X16，其共现频次是 8741 次；共现频次超过 5000 次的还有 A85 和 L03（8662 次）、X16 和 X21（6193 次）。

四、共现伙伴数量最多的前 20 个技术领域

表 6-10 列出了第二阶段共现伙伴数量最多的前 20 个技术领域。

表 6-10　第二阶段共现伙伴数量最多的前 20 个技术领域（2002～2008 年）

序号	DC 技术领域		共现伙伴数量
1	X16	电化学存储	268
2	L03	电镀-电气设备的有机化学特征	260
3	A85	电气应用	214
4	E36	非金属元素-半金属及其化合物	202
5	X21	电动汽车	200
6	X25	工业电气设备	193
7	J04	化学/物理过程和装置，包括催化	170
8	T01	数字计算机	162
9	J01	蒸发、结晶等分离	149

续表

序号	DC技术领域	共现伙伴数量
10	X12 配电/组件/转换器	149
11	H06 气态和液态燃料，包括污染控制	148
12	X22 汽车电器	148
13	P73 分层产品	139
14	S03 科学仪器，光热测定仪	139
15	A14 其他取代的单烯烃-聚氯乙烯-聚四氟乙烯	138
16	W01 电话和数据传输系统	135
17	V04 印刷电路板和连接器	133
18	A88 机械工程-工具-阀-齿轮-传送带	132
19	U11 半导体材料和工艺	127
20	J03 电化学过程和电泳，包括电解	124

其中共现伙伴数量最多的两个技术领域分别是 X16 和 L03。X16 共有 268 个共现伙伴，占全部 270 个技术领域的 99.26%，说明电化学存储技术依然是燃料电池发展过程中共性技术最强的一个技术领域；L03 共有 260 个共现伙伴，占全部 270 个技术领域的 96.30%，也是一个共性技术特征非常强的一个技术领域。共现伙伴数量大于等于 200 个的，还有另外三个技术领域，分别是 A85（214 个）、E36（202 个）和 X21（200 个）。

五、共现伙伴数量最多的前 2 个技术领域图谱

第二阶段共现伙伴数量最多的技术领域 X16 的图谱如图 6-12 所示。同样，

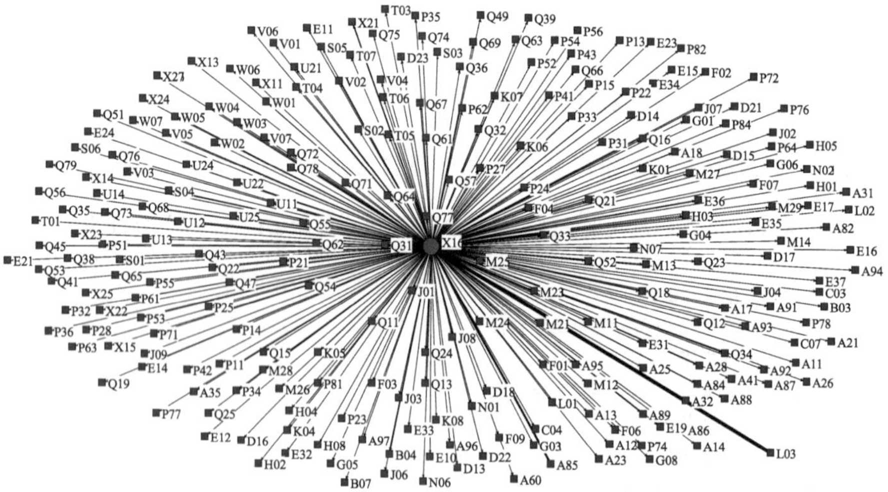

图 6-12　X16 的共现技术领域图谱（2002～2008 年）

图中线的粗细代表两个技术领域共现强度的强弱。其中与 X16 共现强度最高的前 10 个技术领域的共现频次都超过了 1000 次。这些技术领域及其频次分别是 L03（20 116 次）、A85（8741 次）、X21（6193 次）、E36（3807 次）、T01（1775 次）、X12（1513 次）、X22（1511 次）、J04（1500 次）、H06（1483 次）和 W01（1012 次）。

共现伙伴数量第二多的技术领域 L03 的图谱如图 6-13 所示。其中与 L03 共现强度最高的前 10 个技术领域及其频次分别是 X16（20 116 次）、A85（8662 次）、E36（3717 次）、X21（2750 次）、H06（1442 次）、J04（1433 次）、X12（1273 次）、H04（930 次）、A26（815 次）和 A14（772 次）。

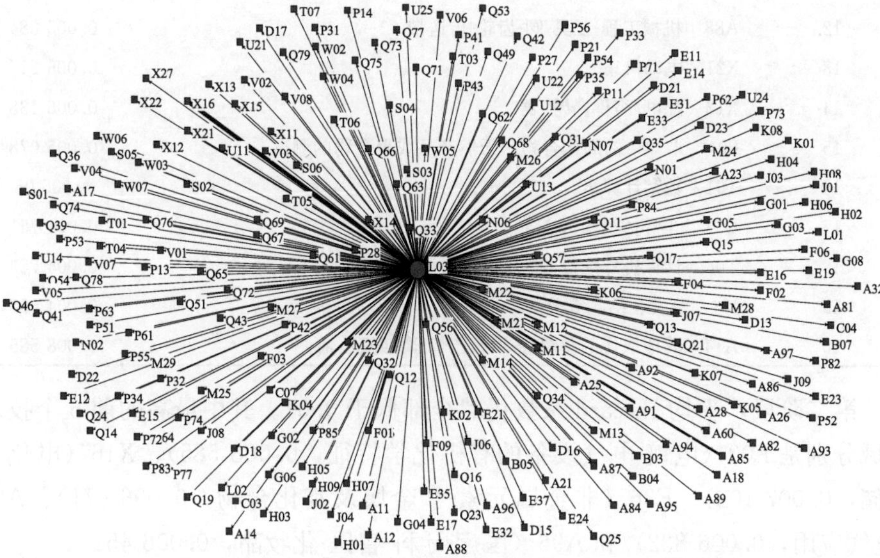

图 6-13　L03 的共现技术领域图谱（2002～2008 年）

六、平均 Jaccard 系数最高的前 20 个技术领域

采用同样方法，计算出第二阶段全球燃料电池领域 270 个技术领域的 Jaccard 系数，其中平均 Jaccard 系数最高的前 20 个技术领域如表 6-11 所示。

表 6-11 第二阶段平均 Jaccard 系数最高的前 20 个技术领域（2002～2008 年）

序号	DC 技术领域	Jaccard 系数
1	L03 电镀-电气设备的有机化学特征	0.008 585
2	X16 电化学存储	0.007 103
3	E36 非金属元素-半金属及其化合物	0.006 971
4	A85 电气应用	0.006 832
5	A96 医疗-牙科-兽医-化妆品	0.006 452
6	B07 薄片-分配器-导管	0.006 346
7	X25 工业电气设备	0.005 814
8	D16 发酵工业	0.005 664
9	D22 消毒绷带包扎和皮肤保护剂	0.005 641
10	J04 化学/物理过程和装置，包括催化	0.005 394
11	H06 气态和液态燃料，包括污染控制	0.005 29
12	A88 机械工程-工具-阀-齿轮-传送带	0.005 284
13	X21 电动汽车	0.005 215
14	X12 配电/组件/转换器	0.005 138
15	B04 未知结构的化合物，天然产品或聚合物的测试	0.005 078
16	T01 数字计算机	0.005 05
17	U11 半导体材料和工艺	0.004 751
18	T04 计算机外围设备	0.004 723
19	J01 蒸发、结晶等分离	0.004 698
20	A14 其他取代的单烯烃-聚氯乙烯-聚四氟乙烯	0.008 585

第二阶段，平均 Jaccard 系数仍然全部低于 0.01。其中最高的前 5 个技术领域分别是 L03（电镀-电气设备的有机化学特征，0.008 585）、X16（电化学存储，0.007 103）、E36（非金属元素-半金属及其化合物，0.006 971）、A85（电气应用，0.006 832）和 A96（医疗-牙科-兽医-化妆品，0.006 452）。

七、技术网络结构分析

运用同样的分析方法，绘制出燃料电池技术领域的第二阶段清晰的、最大连通组技术网络（图 6-14）。图 6-14 中，较大的技术子网络主要有电动汽车与电化学存储、生物发酵、测量仪表、电气应用、非矿燃料发电系统、道路照明，还有一个较小的子网络，即包装与密封。

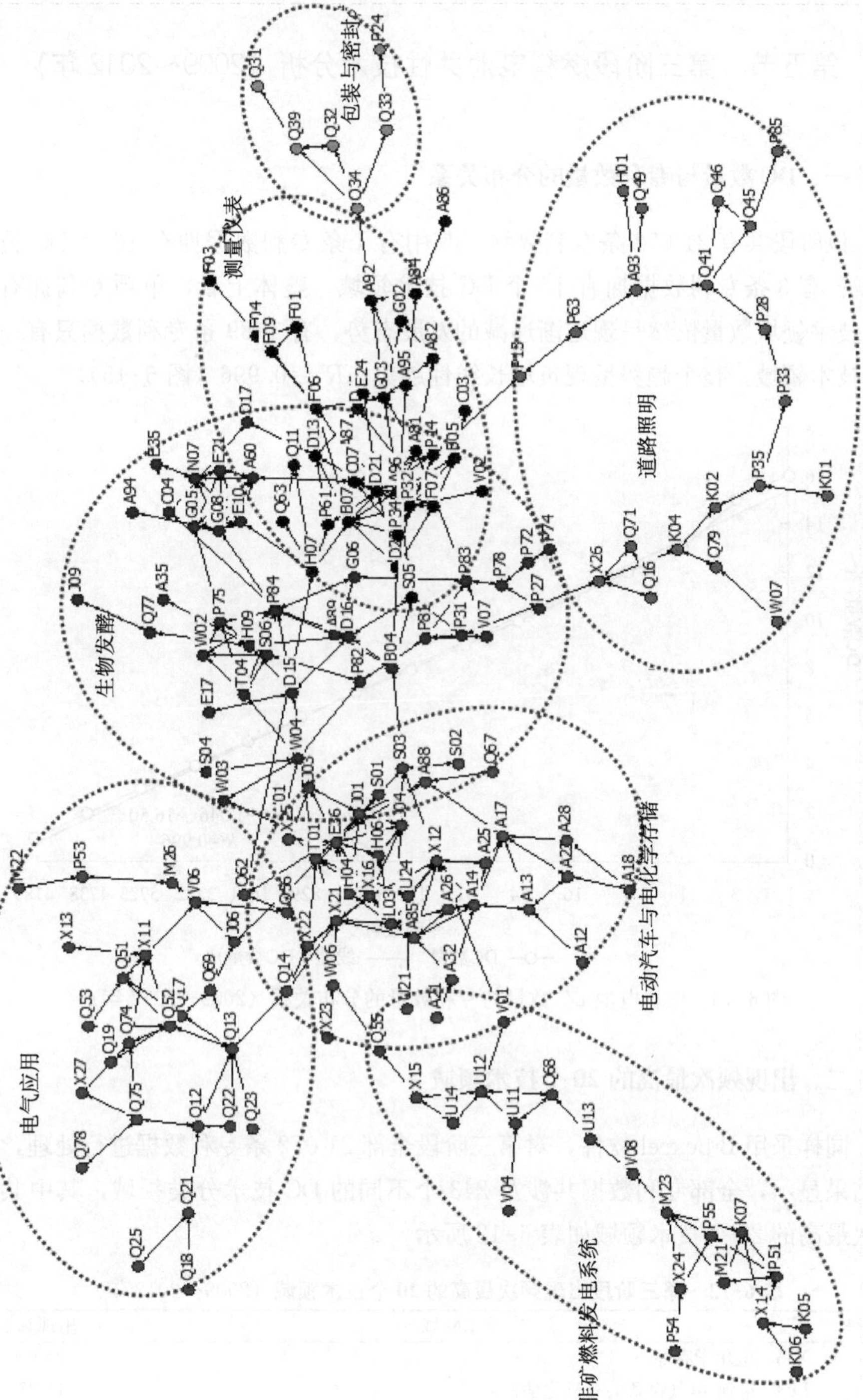

图6-14　第二阶段技术网络结构（2002~2008年，阈值=0.04）

第五节　第三阶段燃料电池共性技术分析（2009～2012 年）

一、DC 数量与专利数量的分布关系

该阶段共有 21 072 条专利数据，其中有 1 条专利数据拥有 16 个 DC 技术领域；有 3 条专利数据拥有 15 个 DC 技术领域。整体上看，单项专利拥有的 DC 技术领域数量依然呈现逐渐递减的发展态势，有 4189 条专利数据只有一个 DC 技术领域。整个趋势呈现负增长线性趋势，$R^2=0.996$（图 6-15）。

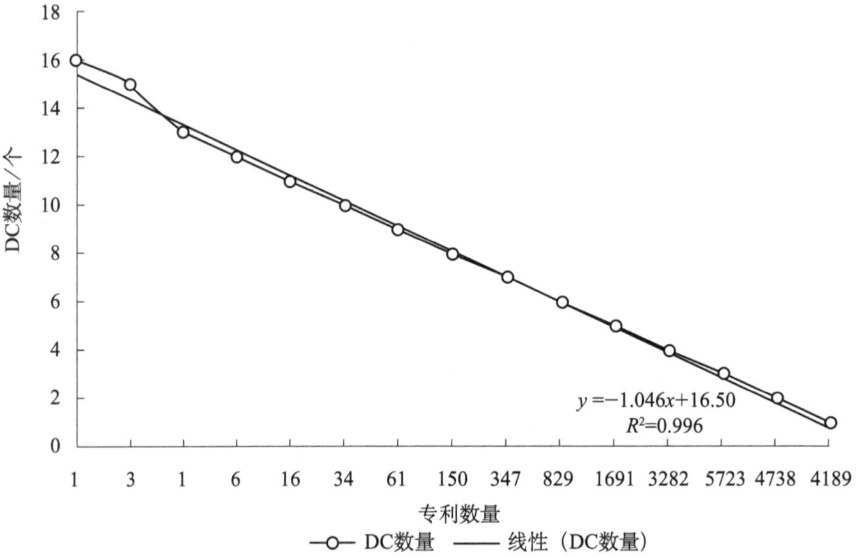

图 6-15　燃料电池 DC 数量与专利数量的分布关系（2009～2012 年）

二、出现频次最高的 20 个技术领域

同样采用 Bibexcel 软件，对第三阶段全部 21 072 条专利数据进行处理，分析结果显示，全部专利数据共涉及 243 个不同的 DC 技术分类领域，其中共现频次最高的 20 个技术领域如表 6-12 所示。

表 6-12　第三阶段出现频次最高的 20 个技术领域（2009～2012 年）

序号	技术领域		出现频次
1	X16	电化学存储	20 800
2	L03	电镀-电气设备的有机化学特征	11 236
3	A85	电气应用	6 803
4	X21	电动汽车	4 362

续表

序号	技术领域		出现频次
5	E36	非金属元素-半金属及其化合物	1 743
6	T01	数字计算机	1 384
7	J04	化学/物理过程和装置，包括催化	1 313
8	X12	配电/组件/转换器	726
9	W01	电话和数据传输系统	716
10	S03	科学仪器，光热测定仪	671
11	S01	电工仪表包括仪表板	596
12	W06	航空航海和雷达系统	492
13	X22	汽车电器	490
14	A26	其他缩合聚合物，有机硅聚合物	480
15	A14	其他取代的单烯烃-聚氯乙烯-聚四氟乙烯	479
16	J03	电化学过程和电泳，包括电解	424
17	X25	工业电气设备	340
18	U24	功效与低电源供给	326
19	S02	工程仪表-录音设备和一般测试方法	317
20	P42	喷涂，雾化	262

表6-12显示，在第三阶段出现频次最高的、频次超过2万的技术领域仍然是X16，其出现的频次为20 800。占全部21 072条专利数据的98.71%，表明燃料电池领域有98.71%的专利采用了X16的电化学存储技术，这一比例高于第一阶段的95.65%和第二阶段的94.06%，达到了历史新高。在第三阶段，电化学存储技术依然是燃料电池产业发展过程中的一项非常重要的、应用范围最广的一个产业共性技术领域。

L03出现的频次是11 236，占全部21 072条专利数据的53.32%，与第二阶段的比例52.10%比较接近，表明燃料电池领域有53.32%的专利利用了L03的电镀-电气设备的有机化学特征技术，即L03专利技术在超过一半的专利中得到了应用，其共性技术特征也较为明显。

出现频次超过5000次的，还有另外一个技术领域，即A85电气应用技术，出现频次为6803。X21“电动汽车”专利技术在第三阶段仍然排名第四位，出现频次为4362次。

三、共现频次最高的技术领域对

依旧运用Bibexcel软件，对该阶段全部专利数据21 072条记录处理结果显示，这些专利数据共涉及243个不同的DC技术分类领域，其中共现频次最高的20对技术领域如表6-13所示。

表 6-13 第三阶段共现频次最高的 20 对技术领域（2009～2012 年）

序号	技术领域对				共现频次
1	L03	电镀-电气设备的有机化学特征	X16	电化学存储	11 193
2	A85	电气应用	X16	电化学存储	6 782
3	A85	电气应用	L03	电镀-电气设备的有机化学特征	6 324
4	X16	电化学存储	X21	电动汽车	4 344
5	E36	非金属元素-半金属及其化合物	X16	电化学存储	1 674
6	L03	电镀-电气设备的有机化学特征	X21	电动汽车	1 616
7	E36	非金属元素-半金属及其化合物	L03	电镀-电气设备的有机化学特征	1 590
8	T01	数字计算机	X16	电化学存储	1 367
9	J04	化学/物理过程和装置，包括催化	X16	电化学存储	1 273
10	J04	化学/物理过程和装置，包括催化	L03	电镀-电气设备的有机化学特征	1 221
11	A85	电气应用	X21	电动汽车	1 215
12	X12	配电/组件/转换器	X16	电化学存储	713
13	W01	电话和数据传输系统	X16	电化学存储	712
14	S03	科学仪器，光热测定仪	X16	电化学存储	655
15	S01	电工仪表包括仪表板	X16	电化学存储	593
16	T01	数字计算机	X21	电动汽车	528
17	L03	电镀-电气设备的有机化学特征	X12	配电/组件/转换器	514
18	W06	航空航海和雷达系统	X16	电化学存储	481
19	X16	电化学存储	X22	汽车电器	477
20	A26	有机硅聚合物，聚酰亚胺等	L03	电镀-电气设备的有机化学特征	476

表 6-13 显示，在第三阶段，共现频次最高的技术领域对依然是 L03 和 X16，它们共现的频次为 11 193，说明在 21 072 项专利技术中，有过半数（即 53.12%）的专利技术都同时涉及这两个技术领域。排在第二位的仍然是 A85 和 X16，其共现频次是 6782；共现频次超过 5000 的还有 A85 和 L03（6324 次）。

四、共现伙伴数量最多的前 20 个技术领域

表 6-14 列出了第三阶段共现伙伴数量最多的前 20 个技术领域。

表 6-14 第三阶段共现伙伴数量最多的前 20 个技术领域（2009～2012 年）

序号	DC 技术领域		共现伙伴数量
1	X16	电化学存储	238
2	L03	电镀-电气设备的有机化学特征	224
3	A85	电气应用	188
4	X21	电动汽车	160
5	E36	非金属元素-半金属及其化合物	150
6	J04	化学/物理过程和装置，包括催化	139
7	X25	工业电气设备	130
8	T01	数字计算机	127
9	X12	配电/组件/转换器	112

续表

序号	DC技术领域	共现伙伴数量
10	A88　机械工程-工具-阀-齿轮-传送带	106
11	J01　蒸发、结晶等分离	104
12	W01　电话和数据传输系统	104
13	D15　工业废水和污水处理	102
14	J03　电化学过程和电泳，包括电解	100
15	S03　科学仪器，光热测定仪	99
16	U11　半导体材料和工艺	97
17	X15　非矿物燃料发电系统	96
18	A14　其他取代的单烯烃-聚氯乙烯-聚四氟乙烯	88
19	P42　喷涂，雾化	88
20	P73　分层产品	88

其中共现伙伴数量最多的两个技术领域仍然是 X16 和 L03。X16 共有 238 个共现伙伴，占全部 243 个技术领域的 97.94%，比第二阶段略低，但电化学存储技术在第三阶段依然是燃料电池发展过程中共性技术最强的一个技术领域；L03 共有 224 个共现伙伴，占全部 243 个技术领域的 92.18%，比第二阶段也低了 4 个百分点，但仍然是一个共性技术特征非常强的技术领域。共现伙伴数量超过 150 个的还有另外三个技术领域，分别是 A85（188 个）、X21（160个）和 E36（150 个）。

五、共现伙伴数量最多的前 2 个技术领域图谱

第三阶段共现伙伴数量最多的技术领域 X16 的图谱如图 6-16 所示。图中

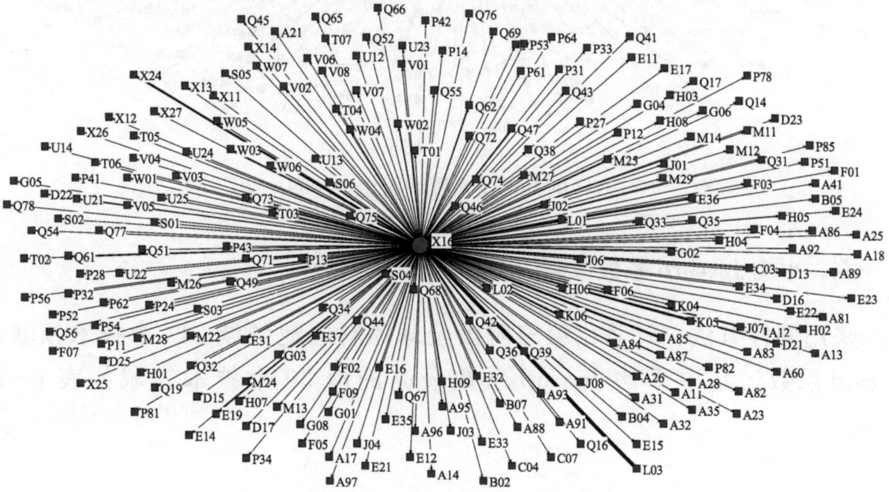

图 6-16　X16 的共现技术领域图谱（2009～2012 年）

线的粗细同样代表两个技术领域共现强度的强弱。其中与 X16 共现强度最高的前 10 个技术领域的共现频次都超过了 500。这些技术领域及其频次分别是 L03（11 193 次）、A85（6782 次）、X21（4344 次）、E36（1674 次）、T01（1367 次）、J04（1273 次）、X12（713 次）、W01（712 次）、S03（655 次）和 S01（593 次）。

共现伙伴数量第二多的技术领域 L03 的图谱如图 6-17 所示。其中与 L03 共现强度最高的前 10 个技术领域及其频次分别是 X16（11 193 次）、A85（6324 次）、X21（1616 次）、E36（1590 次）、J04（1221 次）、X12（514 次）、A26（476 次）、A14（473 次）、T01（443 次）和 W01（361 次）。

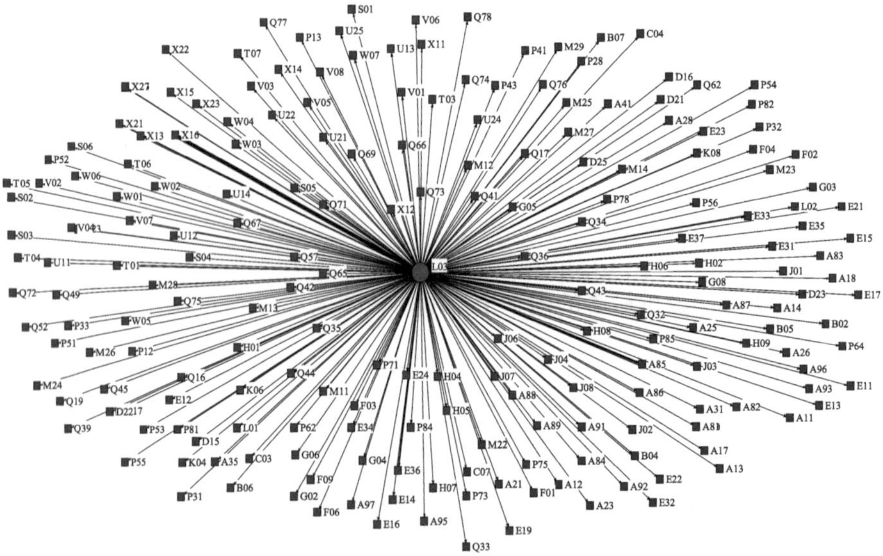

图 6-17　L03 的共现技术领域图谱（2009～2012 年）

六、平均 Jaccard 系数最高的前 20 个技术领域

采用同样方法，计算出第三阶段全球燃料电池领域 243 个技术领域的 Jaccard 系数，其中平均 Jaccard 系数最高的前 20 个技术领域如表 6-15 所示。

表 6-15　第三阶段平均 Jaccard 系数最高的前 20 个技术领域（2009～2012 年）

序号	DC 技术领域	Jaccard 系数
1	L03　电镀-电气设备的有机化学特征	0.009 316
2	X16　电化学存储	0.007 992
3	A85　电气应用	0.007 814
4	B07　薄片-分配器-导管	0.006 764
5	A96　医疗-牙科-兽医-化妆品	0.006 675
6	D22　消毒绷带包扎和皮肤保护剂	0.006 368
7	J01　蒸发、结晶等分离	0.006 055
8	P55　焊接金属	0.005 864
9	P53　金属铸造，粉末冶金	0.005 825
10	E36　非金属元素-半金属及其化合物	0.005 753
11	A97　聚合物杂件	0.005 752
12	M22　铸造，粉末冶金	0.005 586
13	A14　其他取代的单烯烃-聚氯乙烯-聚四氟乙烯	0.005 49
14	X15　非矿物燃料发电系统	0.005 455
15	G02　油墨-涂料-抛光	0.005 429
16	A88　机械工程-工具-阀-齿轮-传送带	0.005 4
17	X14　核发电	0.005 399
18	A60　添加剂-配合剂	0.005 211
19	X25　工业电气设备	0.005 195
20	U11　半导体材料和工艺	0.005 124

在第三阶段，平均 Jaccard 系数仍然全部低于 0.01。其中最高的前 5 个技术领域分别是 L03（电镀-电气设备的有机化学特征，0.009 316）、X16（电化学存储，0.007 992）、A85（电气应用，0.007 814）、B07（薄片-分配器-导管，0.006 764）和 A96（医疗-牙科-兽医-化妆品，0.006 675）。

七、技术网络结构分析

运用同样的分析方法，绘制出燃料电池技术领域的第三阶段清晰的、最大连通组技术网络（图 6-18）。图 6-18 中，非矿燃料发电系统和电动车辆与电化学存储是两个最大的技术子网络；核发电与其他动力系统与包装-密封-连接是两个较大的技术子网络；此外，还有两个相对较小的技术子网络，即汽车电器和电子控制系统。

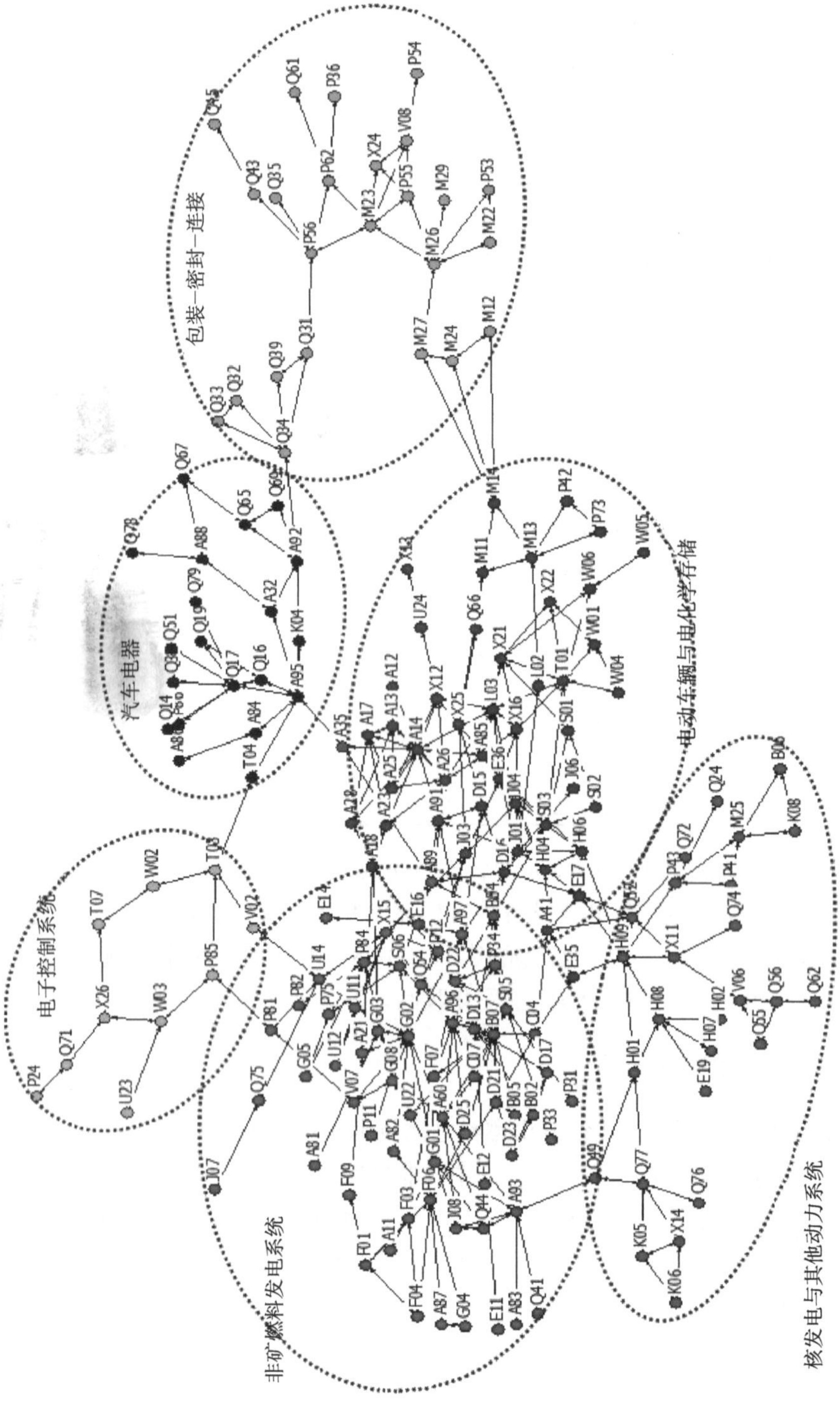

图6-18　第三阶段技术网络结构（2009~2012年，阈值=0.035）

第七章　燃料电池领域的共性核心/关键技术测度

第一节　数据来源与研究方法

一、数据来源

通过第六章的分析得到全球燃料电池领域的共性技术之后，可以进一步测度某一共性技术领域内的核心技术、核心技术群和关键技术，即共性核心技术、共性核心技术群和共性关键技术。本课题组选择第六章第五节中测度的共性技术领域之一，即 X16（电化学存储）共性技术领域，在 DII 数据库中检索并下载 2008～2012 年五年间的 29 186 条点化学存储技术领域专利文献，检索式为 IPC 代码＝（H01M-004/00 OR H01M-004/86 OR H01M-004/88 OR H01M-004/90 OR H01M-008/00 OR H01M-008/02 OR H01M-008/04 OR H01M-008/06 OR H01M-008/08 OR H01M-008/10 OR H01M-008/12 OR H01M-008/14 OR H01M-008/16 OR H01M-008/18 OR H01M-008/20 OR H01M-008/22 OR H01M-008/24），德温特分类代码＝（X16＊），时间跨度＝2008—2012，数据库＝CDerwent，EDerwent，MDerwent。数据检索和下载日期为 2013 年 4 月 17 日。

二、研究方法与技术分类代码选择

分别运用第三章第四节中关于共性核心技术、共性核心技术群和共性关键技术测度的方法和指标，对全球燃料电池的电化学存储领域的共性核心技术、共性核心技术群和共性关键技术进行测度。

由于检索中使用的 IPC 代码数量较少，所以这里采用 DC 分类代码进行数据分析和网络绘制与共性核心技术、共性核心技术群和共性关键技术的测度。

运用大型文献处理软件 Bibexcel 分析结果显示，29 186 条燃料电池电化学存储领域专利共涉及 248 个不同的 DC 技术领域，出现的总频次为 87 633，平均每条专利文献拥有 3.00 个 DC 技术领域代码。选择全部 DC 技术领域，运用 Ucinet 和 Netdraw 绘制出燃料电池电化学存储的技术网络，并进一步分析其共性核心技术、共性核心技术群和共性关键技术。

第二节　样本数据概况分析

一、高产专利申请人

2008～2012 年的全部 29 186 条燃料电池电化学存储领域专利共涉及 8302 个专利申请人。表 7-1 列出了电化学存储领域的高产专利申请人，他们的专利产出都在 200 项以上。

表 7-1　电化学存储技术领域的高产专利申请人（2008～2012 年）

序号	公司名称	专利数量	比例/%
1	Toyota Jidosha KK　日本丰田自动车股份有限公司	4288	14.69
2	Honda Motor CO LTD　日本本田汽车公司	1373	4.70
3	GM Global Technology Operations INC　美国通用汽车全球技术运营公司	805	2.76
4	Toshiba KK　日本东芝公司	787	2.70
5	Matsushita Denki Sangyo KK　日本松下电子公司	774	2.65
6	Nissan Motor CO LTD　日本日产汽车公司	718	2.46
7	Samsung SDI CO LTD　韩国三星 SDI 有限公司	708	2.43
8	Hyundai Motor CO LTD　韩国现代汽车公司	591	2.02
9	Toyota Motor CO LTD　日本丰田汽车公司	513	1.76
10	Daimler AG　德国戴姆勒公司	381	1.31
11	Kyocera CORP　日本京瓷公司	379	1.30
12	Aisin Seiki KK　日本爱信精机株式会社	365	1.25
13	Panasonic CORP　日本松下公司	343	1.18
14	Dainippon Printing CO LTD　日本油墨印刷公司	297	1.02
15	Toto LTD　日本东陶公司	266	0.91
16	Toshiba Int Fuel Cells KK　日本东芝国际燃料电池公司	252	0.86
17	Nippon OIL CO LTD　日本石油株式会社	250	0.86
18	UTC Power CORP　美国联合技术动力公司	218	0.75
19	Hitachi LTD　日本日立公司	201	0.69
20	Matsushita Electric IND CO LTD　日本松下电器产业株式会社	201	0.69

产出超过 200 项专利的共有 20 家公司，其中日本 15 家、美国 2 家、韩国 2 家、德国 1 家。专利产出数量最高的公司是日本丰田自动车股份有限公司，共有 4288 项专利申请，占总数的 14.69%；排在第二位的是日本本田汽车公司，专利数量为 1373 项，所占比例为 4.70%；专利产出比例超过 2%的还有美国通用汽车全球技术运营公司、日本东芝公司、日本松下电子公司、日本日产汽车公司、韩国三星 SDI 有限公司和韩国现代汽车公司。

二、IPC 分析

2008～2012 年的全部 29 186 条燃料电池电化学存储领域专利共涉及 6984 个 IPC 技术领域。其中专利数量在 500 项以上的共有 22 个 IPC 领域，如表 7-2 所示。

表 7-2 电化学存储技术领域 500 项以上的 IPC（2008～2012 年）

序号	IPC 代码		专利数量	比例/%
1	H01M-008/04	燃料电池的辅助装置或过程，如控制压力、液体循环	12 861	44.07
2	H01M-008/10	固体电解质燃料电池	12 111	41.50
3	H01M-008/02	燃料电池生产细节	10 782	36.94
4	H01M-008/06	燃料电池相结合的装置，用于反应物的生产或残基的处理	4 875	16.70
5	H01M-004/86	具有催化活性的惰性电极，如用于燃料电池	3 933	13.48
6	H01M-008/00	燃料电池的制造	3 930	13.47
7	H01M-008/24	燃料电池分组模块	3 676	12.60
8	H01M-004/88	电极的生产过程	3 132	10.73
9	H01M-008/12	在高温下，稳定的 ZrO_2 电解质的操作	3 091	10.59
10	H01M-004/90	催化材料的选择	1 817	6.23
11	C01B-003/00	氢的分离与提纯	1 487	5.09
12	C01B-003/38	催化剂的应用	999	3.42
13	H01B-001/06	其他非金属物质	955	3.27
14	B60L-011/18	从原电池、二次电池或燃料电池提供的电能	942	3.23
15	H01M-004/92	金属铂组	795	2.72
16	H01M-004/96	碳基电极	774	2.65
17	C08J-005/22	薄膜、膜或膜片	711	2.44
18	H01M-008/18	再生燃料电池	648	2.22
19	H01M-004/00	电极	618	2.12
20	C08J-005/20	型结构的离子交换树脂的制造	559	1.92
21	H01B-013/00	专门适用于制造导线或电缆的设备或工艺	518	1.77
22	H01M-008/16	生化的燃料电池，即细胞在其中的微生物作为催化剂的功能	518	1.77

首先需要指出的是，由于技术领域之间有交叉，即一项专利技术可能涉及多个 IPC 技术领域，所以比例的总和超过了 100%。其中，“燃料电池的辅助装置或过程，如控制压力、液体循环”（44.07%）、“固体电解质燃料电池”（41.50%）和“燃料电池生产细节”（36.94%）IPC 领域的专利数量最多，都超过了 10 000 项。超出 3000 项的 IPC 技术领域，还有“具有催化活性的惰性电极，如用于燃料电池”“燃料电池的制造”“燃料电池分组模块”“电极的生产过程”“在高温下，稳定的 ZrO_2 电解质的操作”。

三、DC 分析

2008～2012 年的全部 29 186 条燃料电池电化学存储领域专利共涉及 248

个 DC 技术领域。其中专利数量在 300 项以上的共有 24 个 DC 领域，如表 7-3 所示。

表 7-3 电化学存储技术领域 300 项以上的 DC（2008～2012 年）

序号	IPC 代码		专利数量	比例/%
1	X16	电化学存储	29 186	100.00
2	L03	电镀-电气设备的有机化学特征	16 097	55.15
3	A85	电气应用	9 691	33.20
4	X21	电动汽车	6 193	21.22
5	E36	非金属元素-半金属及其化合物	2 402	8.23
6	T01	数字计算机	2 092	7.17
7	J04	化学/物理过程和装置，包括催化	1 586	5.43
8	W01	电话和数据传输系统	1 192	4.08
9	X12	配电/组件/转换器	997	3.42
10	X22	汽车电器	983	3.37
11	S03	科学仪器，光热测定仪	870	2.98
12	S01	电工仪表包括仪表板	778	2.67
13	W06	航空航海和雷达系统	729	2.50
14	A26	其他缩合聚合物，有机硅聚合物，聚酰亚胺	678	2.32
15	A14	其他取代的单烯烃-聚氯乙烯-聚四氟乙烯	593	2.03
16	X25	工业电气设备	587	2.01
17	J03	电化学过程和电泳，包括电解	494	1.69
18	H06	气态和液态燃料，包括污染控制	420	1.44
19	S02	工程仪表-录音设备和一般测试方法	415	1.42
20	U24	功效与低电源供给	410	1.40
21	Q74	加热与通风	344	1.18
22	P42	喷涂，雾化	333	1.14
23	M13	金属涂料	323	1.11
24	H04	石油加工处理，分馏重组	311	1.07

由于是用 DC 领域 X16 检索的，所以全部 29 186 项专利都属于 X16（电化学存储）范围。除此之外，L03 的“电镀-电气设备的有机化学特征”技术的专利数量超过了 10 000 项，达到了 16 097 项，所占比例高达 55.15%；超过 5000 项的专利还有另外两个 DC 技术领域，分别是 A85（电气应用，9691 项，比例为 33.20%）和 X21（电动汽车，6193 项，比例为 21.22%）；超过 1000 项的有 J04（化学/物理过程和装置，包括催化，1586 项，比例为 5.43%）和 W01（电话和数据传输系统，1192 项，比例为 4.08%）。

四、学科分布分析

2008～2012 年的全部 29 186 条燃料电池电化学存储领域专利共涉及 248

个 DC 技术领域。其中专利数量在 300 项以上的共有 24 个 DC 领域，如表 7-4 所示。

表 7-4　电化学存储技术领域 300 项以上的 DC（2008～2012 年）

序号	IPC 代码	专利数量	比例/%
1	energy & fuels　能源与燃料	28 873	98.93
2	engineering　工程	28 873	98.93
3	chemistry　化学	16 933	58.02
4	polymer science　高分子科学	9 803	33.59
5	transportation　交通运输	6 555	22.46
6	instruments & instrumentation　仪器仪表	6 332	21.70
7	computer science　计算机科学	2 109	7.23
8	communication　通信	1 190	4.08
9	metallurgy & metallurgical engineering　冶金及冶金工程	841	2.88
10	water resources　水资源	245	0.84
11	biotechnology & applied microbiology　生物技术和应用微生物学	216	0.74
12	materials science　材料科学	207	0.71
13	imaging science & photographic technology　成像科学与照相技术	172	0.59
14	pharmacology & pharmacy　药理学及制药	141	0.48
15	general & internal medicine　普通内科	89	0.30
16	agriculture　农学	43	0.15
17	food science & technology　食品科学与技术	33	0.11
18	construction & building technology　建设与建筑技术	11	0.04
19	mining & mineral processing　采矿与矿物加工	9	0.03
20	optics　光学	8	0.03
21	nuclear science & technology　核科学与技术	7	0.02
22	sport sciences　体育科学	5	0.02

全部 29 186 项专利技术中，98.93%的专利技术同时属于能源与燃料和工程学科领域，58.02%属于化学学科，33.59%属于高分子科学，超过 20%的学科还有交通运输和仪器仪表，其他学科都不足 10%。其中 1%～10%的有计算机科学、通信和冶金及冶金工程三个学科，其他学科都不足 1%。

五、共现频次最高的技术领域对

运用 Bibexcel 软件，对 X16（电化学存储）领域的全部专利数据 29 186 条记录处理结果显示，这些专利数据共涉及 248 个不同的 DC 技术分类领域，其中共现频次最高的 20 对技术领域如表 7-5 所示。

表 7-5　共现频次最高的 20 对技术领域（2008～2012 年）

序号	技术领域对				共现频次
1	L03	电镀-电气设备的有机化学特征	X16	电化学存储	16 097
2	A85	电气应用	X16	电化学存储	9 691
3	A85	电气应用	L03	电镀-电气设备的有机化学特征	9 199
4	X16	电化学存储	X21	电动汽车	6 193
5	L03	电镀-电气设备的有机化学特征	X21	电动汽车	2 505
6	E36	非金属元素-半金属及其化合物	X16	电化学存储	2 402
7	E36	非金属元素-半金属及其化合物	L03	电镀-电气设备的有机化学特征	2 281
8	T01	数字计算机	X16	电化学存储	2 092
9	A85	电气应用	X21	电动汽车	1 818
10	J04	化学/物理过程和装置，包括催化	X16	电化学存储	1 586
11	J04	化学/物理过程和装置，包括催化	L03	电镀-电气设备的有机化学特征	1 509
12	W01	电话和数据传输系统	X16	电化学存储	1 192
13	X12	配电/组件/转换器	X16	电化学存储	997
14	X16	电化学存储	X22	汽车电器	983
15	S03	科学仪器，光热测定仪	X16	电化学存储	870
16	T01	数字计算机	W01	电话和数据传输系统	792
17	L03	电镀-电气设备的有机化学特征	T01	数字计算机	780
18	S01	电工仪表包括仪表板	X16	电化学存储	778
19	L03	电镀-电气设备的有机化学特征	X12	配电/组件/转换器	743
20	W06	航空航海和雷达系统	X16	电化学存储	729

表 7-5 显示，共现频次最高的技术领域对是 L03 和 X16，它们共现的频次为 16 097，说明在 29 186 项专利技术中，有过半数（即 55.15%）的专利技术都同时涉及这两个技术领域。排在第二位的是 A85 和 X16，其共现频次是 9691；共现频次超过 5000 次的，还有 A85 和 L03（9199 次）、X16 和 X21（6193 次）。

六、共现伙伴数量最多的前 20 个技术领域

如前所述，共现伙伴数量的多少，是衡量共性技术的一个重要指标[49]。一个技术领域的共现伙伴数量越多，说明其共性技术特征越显著。表 7-6 列出了共现伙伴数量最多的前 20 个技术领域。

表 7-6　共现伙伴数量最多的前 20 个技术领域（2008～2012 年）

序号	DC 技术领域		共现伙伴数量
1	X16	电化学存储	247
2	L03	电镀-电气设备的有机化学特征	233
3	A85	电气应用	195
4	X21	电动汽车	176
5	E36	非金属元素-半金属及其化合物	159
6	J04	化学/物理过程和装置，包括催化	153
7	X25	工业电气设备	152
8	T01	数字计算机	134

续表

序号	DC技术领域	共现伙伴数量
9	W01　电话和数据传输系统	123
10	X12　配电/组件/转换器	121
11	J01　蒸发、结晶等分离	111
12	X22　汽车电器	110
13	J03　电化学过程和电泳，包括电解	108
14	S03　科学仪器，光热测定仪	107
15	A88　机械工程-工具-阀-齿轮-传送带	105
16	D15　工业废水和污水处理	103
17	U11　半导体材料和工艺	101
18	P73　分层产品	100
19	X15　非矿物燃料发电系统	100
20	V01　电阻器与电容器	97

其中共现伙伴数量最多的两个技术领域分别是X16和L03。它们的共现伙伴数量都超过了200个。其中X16代表的“电化学存储”技术领域，共有247个共现伙伴；L03代表的“电镀-电气设备的有机化学特征”技术领域，共有233个共现伙伴。共现伙伴数量超过150个的还有以下几个技术领域：A85（电气应用，195个）、X21（电动汽车，176个）、E36（非金属元素-半金属及其化合物，159个）、J04（化学/物理过程和装置，包括催化，153个）和X25（工业电气设备，152个）。前七个拥有150个以上的技术领域的共性技术特征更强一些。

七、平均Jaccard系数最高的前20个技术领域

依据第三章第三节的“基于Jaccard系数技术相关性分析方法”和“基于Jaccard系数技术相关性分析指标”，计算出全球燃料电池电化学存储领域248个技术领域的Jaccard系数，其中平均Jaccard系数最高的前20个技术领域如表7-7所示。

表7-7　平均Jaccard系数最高的前20个技术领域（2008～2012年）

序号	DC技术领域	Jaccard系数
1	L03　电镀-电气设备的有机化学特征	0.009 326
2	X16　电化学存储	0.008 038
3	A85　电气应用	0.007 775
4	P53　金属铸造，粉末冶金	0.005 846
5	A96　医疗-牙科-兽医-化妆品	0.005 778
6	B07　薄片-分配器-导管	0.005 681
7	D22　消毒绷带包扎和皮肤保护剂	0.005 673
8	E36　非金属元素-半金属及其化合物	0.005 666

续表

序号	DC 技术领域	Jaccard 系数
9	J01 蒸发、结晶等分离	0.005 441
10	M22 铸造，粉末冶金	0.005 431
11	T01 数字计算机	0.005 329
12	P55 焊接金属	0.005 259
13	B04 未知结构的化合物，天然产品或聚合物的测试	0.005 221
14	A97 聚合物杂件	0.005 197
15	D16 发酵工业	0.005 155
16	W01 电话和数据传输系统	0.005 114
17	X21 电动汽车	0.005 042
18	J04 化学/物理过程和装置，包括催化	0.005 036
19	A14 其他取代的单烯烃-聚氯乙烯-聚四氟乙烯	0.005 025
20	X12 配电/组件/转换器	0.005 003

平均Jaccard系数全部低于0.01。其中高于0.007的三个技术领域分别是L03（电镀-电气设备的有机化学特征，0.009 326）、X16（电化学存储，0.008 038）和A85（电气应用，0.007 775）。前三个技术领域的共性技术特征远远高于其他技术领域。前20个技术领域中的其余17个技术领域全部高于0.005，低于0.006。

第三节　燃料电池领域共性核心技术测度

一、燃料电池领域共性核心技术网络绘制

依据第三章第四节第三点有关“共性关键技术测度”的理论、方法和指标，绘制出图7-1燃料电池领域共性核心技术网络。并在此基础之上，进一步依据采用Girvan-Newman算法区分燃料电池领域技术子网络。

燃料电池领域技术子网络主要有电动车辆与电化学存储、生物发酵、添加剂-配合剂、非矿燃料发电系统、纤维-织物等的应用、汽车电器和电子控制系统，第七章第四节与第五节的子网络布局与此相同，不再赘述。

图7-1显示，共性核心技术领域分布于绝大多数的技术子网络中（较大的节点代表的技术领域）。其中“电动车辆与电化学存储”技术子网络中居多，其他几个较大的子网络中也都相应地分布了多个共性核心技术领域。共性核心技术领域多数分布于子网络的中心地带，少数位于子网络之间的边缘地带。

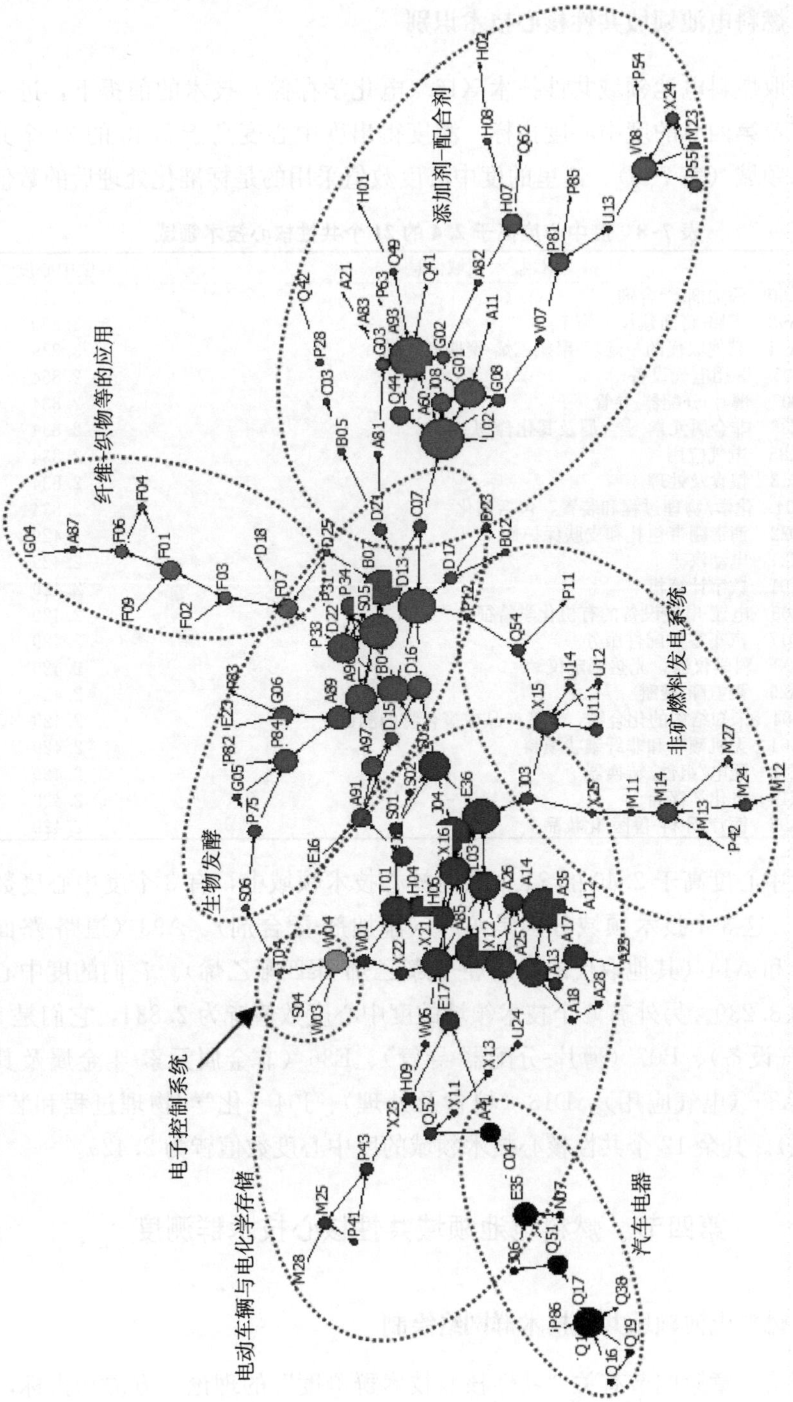

图7-1 燃料电池领域共性核心技术网络

二、燃料电池领域共性核心技术识别

在选取燃料电池领域共性技术 X16（电化学存储）技术的前提下，进一步采用第三章第四节的度中心度指标，测度得出度中心度高于 2.40 的 21 个共性核心技术领域（表 7-8）。这里的度中心度数值采用的是标准化处理后的数值。

表 7-8　度中心度高于 2.4 的 21 个共性核心技术领域

序号	DC	技术领域信息	度中心度
1	A60	添加剂-配合剂	3.239
2	A93	道路-路面建设、施工	3.239
3	A14	其他取代的单烯烃-聚氯乙烯-聚四氟乙烯	3.239
4	S05	医用电气设备	2.834
5	B07	薄片-分配器-导管	2.834
6	E36	非金属元素-半金属及其化合物	2.834
7	A85	电气应用	2.834
8	D13	粮食及处理	2.834
9	J04	化学/物理过程和装置，包括催化	2.834
10	D22	消毒绷带包扎和皮肤保护剂	2.429
11	X21	电动汽车	2.429
12	T01	数字计算机	2.429
13	L03	电镀-电气设备的有机化学特征	2.429
14	Q17	汽车零件配件服务	2.429
15	S03	科学仪器，光热测定仪	2.429
16	A25	聚氨酯-聚醚	2.429
17	B04	未知结构的化合物，天然产品或聚合物的测试	2.429
18	G01	无机颜料和非纤维状填料	2.429
19	X12	配电/组件/转换器	2.429
20	X16	电化学存储	2.429
21	A96	医疗-牙科-兽医-化妆品	2.429

在度中心度高于 2.40 的 21 个共性核心技术领域中，有 3 个度中心度数值高于 3.0。这 3 个技术领域分别是 A60（添加剂-配合剂）、A93（道路-路面建设施工）和 A14（其他取代的单烯烃-聚氯乙烯-聚四氟乙烯）。它们的度中心度数值皆为 3.239。另外有 6 个技术领域的度中心度数值皆为 2.834，它们是 S05（医用电气设备）、B07（薄片-分配器-导管）、E36（非金属元素-半金属及其化合物）、A85（电气应用）、D13（粮食及处理）、J04（化学/物理过程和装置，包括催化）。其余 12 个共性核心技术领域的度中心度数值皆为 2.429。

第四节　燃料电池领域共性核心技术群测度

一、燃料电池领域共性技术群网络绘制

根据第三章第四节有关“共性核心技术群测度”的理论、方法和指标，绘制出图 7-2 燃料电池领域共性核心群技术网络。

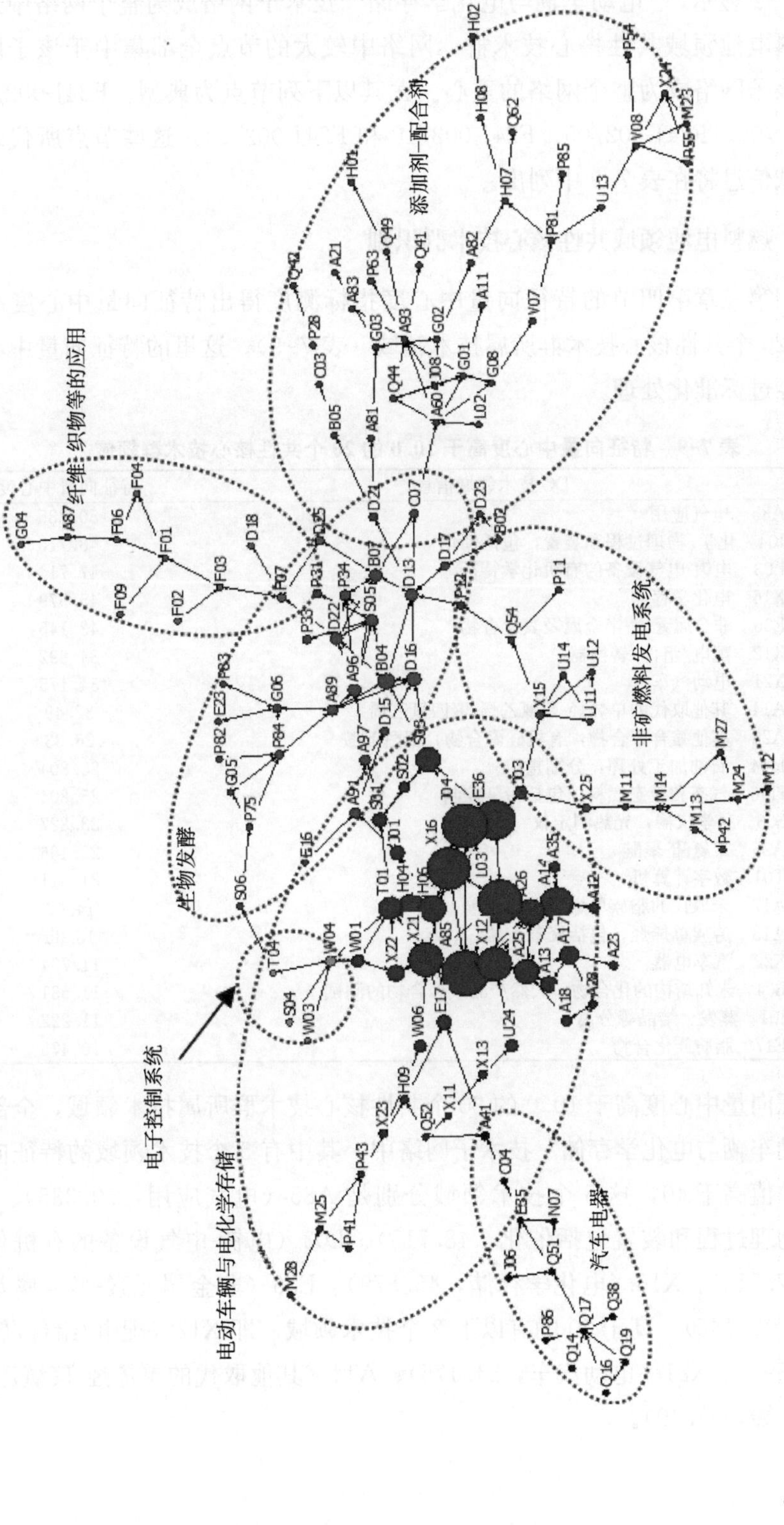

图7-2 燃料电池领域共性核心技术群技术网络

图 7-2 显示，“电动车辆与电化学存储”技术子网络成为整个网络中最明显的燃料电池领域共性核心技术群，网络中较大的节点全部集中于该子网络中，使该子网络成为整个网络的重心。尤其以下列节点为典型：F24J-002/04、F24J-002/06、F24J-002/05、F24J-002/10 和 F24J-002/24。这些节点所代表的技术领域信息将在表 7-9 中列出。

二、燃料电池领域共性核心技术群识别

采用第三章第四节的特征向量中心度指标测度得出特征向量中心度高于 10.0 的 20 个共性核心技术群所属技术领域（表 7-9）。这里的特征向量中心度数值未经过标准化处理。

表 7-9　特征向量中心度高于 10.0 的 20 个共性核心技术群领域

序号	DC 技术领域信息	特征向量中心度
1	A85　电气应用	50.335
2	J04　化学/物理过程和装置，包括催化	48.715
3	L03　电镀-电气设备的有机化学特征	47.714
4	X16　电化学存储	45.579
5	E36　非金属元素-半金属及其化合物	42.145
6	X12　配电/组件/转换器	34.892
7	X21　电动汽车	34.175
8	A14　其他取代的单烯烃-聚氯乙烯-聚四氟乙烯	32.49
9	A26　其他缩合聚合物，有机硅聚合物，聚酰亚胺	26.33
10	H04　石油加工处理，分馏重组	25.804
11	H06　气态和液态燃料，包括污染控制	25.804
12	S03　科学仪器，光热测定仪	23.827
13	A25　聚氨酯-聚醚	23.466
14	T01　数字计算机	21.311
15	A17　未取代的脂族单烯烃-聚乙烯	14.02
16	A13　芳族单烯烃，包括聚苯乙烯	13.05
17	X22　汽车电器	11.704
18	B04　未知结构的化合物，天然产品或聚合物的测试	11.531
19	J01　蒸发、结晶等分离	11.222
20	E17　脂肪族化合物	10.475

特征向量中心度高于 10.0 的 20 个共性核心技术群所属技术领域，全部处于“电动车辆与电化学存储”技术子网络中。其中有 5 个技术领域的特征向量中心度数值高于 40，这 5 个技术领域分别是 A85（电气应用，50.335）、J04（化学/物理过程和装置包括催化，48.715）、L03（电镀-电气设备的有机化学特征，47.714）、X16（电化学存储，45.579）、E36（非金属元素-半金属及其化合物，42.145）。高于 30 的有以下 3 个技术领域，即 X12（配电/组件/转换器，34.892）、X21（电动汽车，34.175）、A14（其他取代的单烯烃-聚氯乙烯-聚四氟乙烯，32.49）。

第五节　燃料电池领域共性关键技术测度

一、燃料电池领域共性关键技术网络绘制

依据第三章第四节有关“共性关键技术测度”的理论、方法和指标，绘制出图7-3燃料电池领域共性关键技术网络。

图7-3显示，绝大多数的燃料电池领域共性关键技术（较大节点代表的技术领域），分布于子网络之间的连接处，较大的技术子网络中拥有较多的共性关键技术领域。其中较大节点所代表的关键技术领域主要有S03、D13、A60、C07、B04、E36、E17和J04等。这些节点所代表的技术领域信息将在后面列出。

二、燃料电池领域共性关键技术识别

采用第三章第四节的中介中心度指标，测度得出中介中心度高于3.0的24个共性关键技术领域（表7-10）。这里的中介中心度数值经过了标准化处理。

表7-10　中介中心度高于3.0的24个共性关键技术领域

序号	DC技术领域信息	中介中心度
1	S03　科学仪器，光热测定仪	12.705
2	D13　粮食及处理	12.354
3	A60　添加剂-配合剂	10.476
4	C07　装置-剂型	10.21
5	B04　未知结构的化合物，天然产品或聚合物的测试	8.602
6	E36　非金属元素-半金属及其化合物	7.986
7	E17　脂肪族化合物	7.532
8	J04　化学/物理过程和装置，包括催化	7.237
9	D16　发酵工业	5.83
10	A41　单体浓缩物	5.097
11	J03　电化学过程和电泳，包括电解	4.804
12	A85　电气应用	4.221
13	H06　气态和液态燃料，包括污染控制	4.136
14	H04　石油加工处理，分馏重组	4.136
15	F07　其他纺织品的应用，服装设计，配件，紧固件	4.023
16	E35　氨氰及其化合物	3.971
17	D22　消毒绷带包扎和皮肤保护剂	3.824
18	G08　电谱法-电子摄影术和磁记录	3.663
19	B07　薄片-分配器-导管	3.634
20	A89　实验室摄影-光学设备	3.351
21	V07　光纤和光控	3.278
22	P81　光学	3.196
23	F03　编织-组合	3.153
24	X25　工业电气设备	3.134

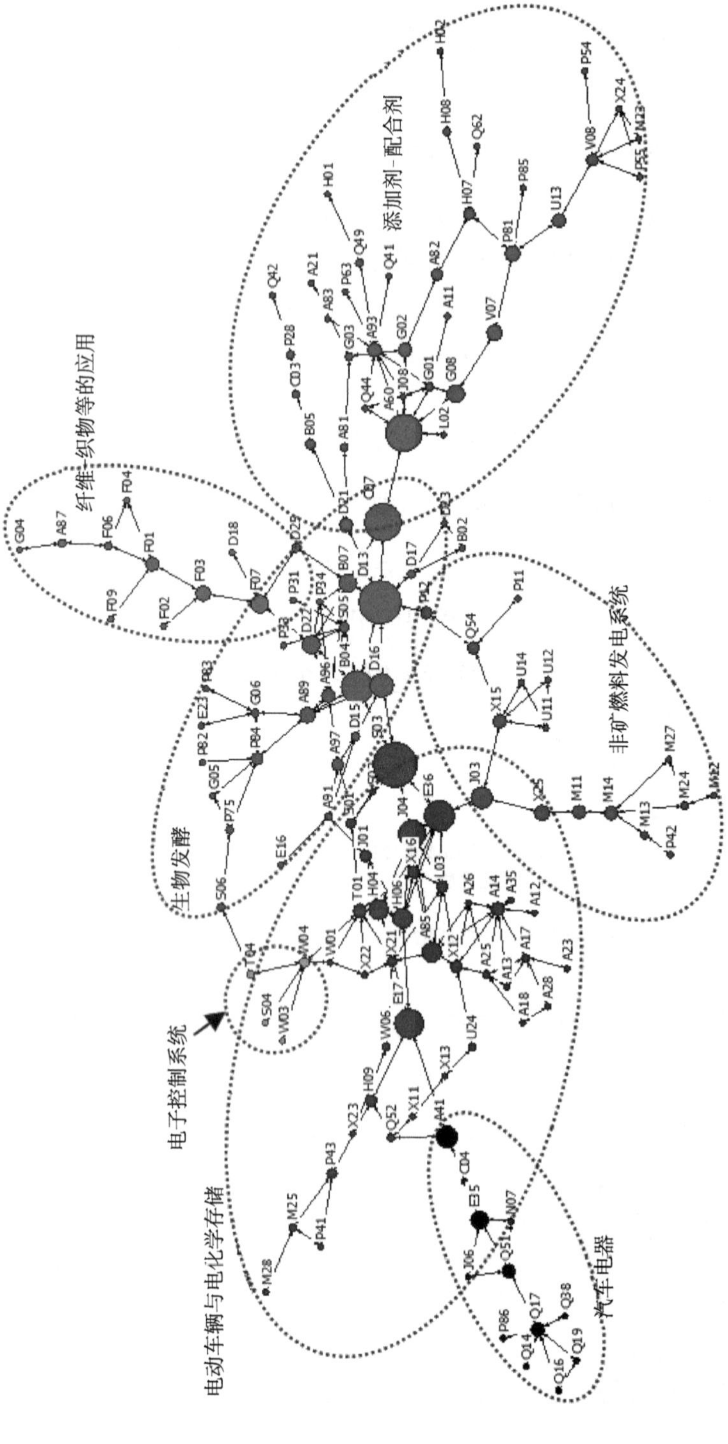

图7-3 燃料电池领域共性关键技术网络

在中介中心度高于 3.0 的 24 个共性关键技术领域中，中介中心度数值高于 10.0 的有 4 个技术领域，这 4 个技术领域分别是 S03（科学仪器，光热测定仪，12.705）、D13（粮食及处理，12.354）、A60（添加剂-配合剂，10.476）、C07（装置-剂型，10.21）。高于 5.0 的有 6 个技术领域，即 B04（未知结构的化合物，天然产品或聚合物的测试，8.602）、E36（非金属元素-半金属及其化合物，7.986）、E17（脂肪族化合物，7.532）、J04（化学/物理过程和装置，包括催化，7.237）、D16（发酵工业，5.83）、A41（单体浓缩物，5.097）。

第八章　高被引专利的共性技术测度

第一节　专利引文理论与研究假设

一、专利引文理论

专利引文是在专利文件中列出的与本专利申请相关的其他文献，一般分为专利文献和非专利文献。非专利文献包括科技期刊、论文、著作、会议文件等形式。根据引用目的不同，专利引文还可分为引用参考文献和审查对比文件。引用参考文献，是指专利发明人在完成本专利申请所述发明创造过程中参考引用过并被记述在申请文件中的文献。对于大多数国家的专利说明书，引用参考文献主要记述在专利文件的说明书部分中，通常由申请文件撰写者以文字描述方式写入“背景技术”部分。目前只有美国将引用参考文献以目录的方式刊在专利说明书扉页上的专利文献著录项目“引用参考文献”下。在美国专利说明书扉页上的“引用参考文献”项下不仅包括引用参考文献，还包括审查对比文件，并且两者混列在一起，其区别在于审查对比文件前标有星号。美国专利说明书扉页的引用参考文献按照本国专利文献、外国专利文献、非专利参考文献的顺序依次编排。

审查对比文件是指专利审查员在审查专利申请时，根据申请的权利要求等文件进行专利性检索，找到的文献称为审查对比文件。一些国家在专利说明书扉页上刊出审查对比文件，另外一些国家或组织在专利说明书中附一个列出审查对比文件的检索报告。通常只有经过实质性审查出版的专利文件的扉页上才刊出审查对比文件目录。检索报告中的审查对比文件目录与扉页上的审查对比文件目录相比，前者所提供的信息更详细。

本部分主要基于专利文献被引用情况，分析共性技术测度问题。专利文献之间的互相引用反映了技术发展过程中的继承和借鉴，常用来探测技术发展轨迹[240]、技术相互关系[241,242]、新兴技术出现[243]、技术扩散[244,245]、技术创新[246,247]、创新算法的探讨[248]等领域。著者尚未发现运用专利引文分析方法探讨共性技术测度的相关研究成果。

二、问题的提出

与中型发明创造和小型甚至微型发明创造相比，重大发明创造是否覆盖了更多的技术领域？具有更强的共性技术特征？早在 20 世纪 40 年代，苏联军方技术人员 Genrich 等就提出了“发明问题解决理论”（TRIZ），又称“创新算法”[249,250]。该理论认为，只占人类发明总量约 5%的大型发明（约 4%）和重大发明（约 1%）却利用了整个社会的、跨学科领域的新知识。《科学技术学导论》一书著者 Sergio 认为，成功的技术活动利用了多种类型的资源，并同时游走于多个领域[251]。许多技术难题的解决，不仅要在本专业内寻找答案，也要向专业外拓展，寻找其他行业和学科领域已有的、更理想的解决方案[249,250]。虽有少量研究成果探讨了重大发明创造问题[252-255]，但主要是基于概念或定性的研究，或者是通过手工方法操作的定量研究。尚未发现基于新兴科学计量学理论、方法和先进的软件工具，以及从共性技术测度角度利用大型数据库中选取的样本数据对重大发明创造共性技术特征进行定量研究的成果。

第二节　数据来源与指标选取

一、数据来源与研究方法

1. 数据来源

本部分的研究数据样本来源于 DII 数据库，检索的范围是全部 DC 技术大类（表 8-1）。由于专利的引用需要一定的周期，并且 DII 检索最高限额 10 万条数据，著者选取了 2005 年作为检索时间范围。

表 8-1　数据检索范围的全部 DC 技术大类

(A～M)	chemical sections　化学部分
A	polymers and plastics　高分子聚合物与塑料
B	pharmaceuticals　制药
C	agricultural chemicals　农用化学品
D	food，detergents，water treatment and biotechnology　食品、清洁剂、水处理和生物技术
E	general chemicals　一般化学品
F	textiles and paper making　纺织和造纸
G	printing，coating and photographic　印刷、涂料和照相
H	petroleum　石油
J	chemical engineering　化学工程
K	nucleonics，explosives and protection　原子核物理学、爆炸物和防护
L	refractories，ceramics，cement and electro (in) organics　耐火材料、陶瓷、水泥和有机物电镀

续表

(A～M)	chemical sections 化学部分
M	metallurgy 冶金
(P～Q)	engineering sections 工程部分
P	general 普通工程
Q	mechanical 机械工程
(S～X)	electrical & electronic sections 电气与电子部分
S	instrumentation, measuring and testing 仪器仪表、测量和测试
T	computing and control 计算和控制
U	emiconductors and electronic circuitry 半导体和电子电路
V	electronic components 电子元器件
W	communications 通信
X	electric power engineering 电力工程

以高被引的专利代表重大发明创造，中被引的专利代表中型发明创造，低被引的专利代表微型发明创造。高被引的专利的被引频次在 25 以上，中被引的专利被引频次为 9～10。低被引的专利，其实选取了 0 被引，即被引频次为 0。原本设想高、中、低三个被引频段各选取 5000 甚至更多的数据为样本，但测试后发现不具有操作性，绝大多数 DC 领域按被引频次由高到低排到 5000 时，往往被引频次就只有 6～7、1～2 甚至 0。最后经过反复试验，确定了高、中、低三个被引频段分别下载了 500 条专利数据为分析样本。这种情况下，尽管仍有几个 DC 领域不符合条件，但相对较多的技术领域达到了这些条件。有几个 DC 大类的专利数据超过 10 万条。为了数据准确，针对这种情况，选择该大类之下的某几个子类，例如，Q 大类超过了 10 万条，于是选择 Q1 * 或者 Q2 * 或者 Q3 * 这几个子类共计 82 627 条。样本数据选取的具体标准如表 8-2 所示。

表 8-2 样本数据选取的具体标准（2005 年）

	专利总数	第 500 个高被引的被引频次	最高被引频次	是否选中
(A～M)				
A	82 685	30	158	√
B	52 356	30	191	√
C	8 264	6	220	×
D	61 285	26	220	√
E	28 402	16	135	×
F	13 548	8	55	×
G	21 490	13	157	×
H	11 847	16	128	×
J	19 381	12	581	×
K	2 830	3	53	×
L	56 940	34	157	√
M	17 747	7	69	×

续表

	专利总数	第 500 个高被引的被引频次	最高被引频次	是否选中
(P～Q)				
P	58 966	45	206	√
Q	＞10 万	18 (Q1～Q3)	86	×
(S～X)				
S	96 838	39	191	√
T	33 535	30	167	√
U	50 938	35	184	√
V	81 623	30	184	√
W	56 949	41	226	√
X	＞10 万	29 (X11～X26)	146	√

符合样本专利数据设定条件的大类，在表 8-2 中用符号“√”表示选中；不符合的用符号“×”表示没有选中。首先考察的是高被引专利样本数据设定的条件，即前 500 个高被引的频次都高于 25。如果不符合这个条件，则直接将其排除，尽管排除的大类的中被引和低被引可能符合设定的条件。

表 8-2 显示，A～M 化学部分的 12 个大类中，只有 4 个大类 A、B、D、L 符合设定的样本数据条件，即前 500 个高被引的被引频次都超过了 25。其余 8 个大类都没有达到设定的条件，即第 500 个高被引专利数据的被引频次低于 25，它们的另一个特点是专利总数普遍偏少，低于 3 万条，有的甚至不足 1 万条。

P～Q 工程部分的 2 个大类中，P 大类符合条件；Q 大类总数虽然超过了 10 万，但第 500 个高被引专利数据的被引频次低于 25，仅为 18，不符合设定的高被引条件。

S～X 电气与电子部分的 6 个大类全部符合设定的条件。

总体来说，DC 的 20 个大类中，共有 11 个大类符合高被引专利数据样本设定的条件，这 11 个大类分别是 A、B、D、L、P、S、T、U、V、W 和 X。

检索时，数据库选择的是德温特的全部三个引文数据库，即化学（cderwent）、电气与电子（ederwent）和工程（mderwent）。数据检索和下载日期为 2013 年 4 月 17 日。

2. 研究方法

借助大型文献处理软件 Bibexcel，运用 DC 技术领域共类分析方法，对各项指标进行计算和统计，然后对各个选中的技术大类的高被引、中被引和低被引三部分进行比较分析，得出相应结论。

二、指标选取与研究假设

1. 指标1：平均技术领域分布

平均技术领域分布是指选中的11个大类的样本专利数据平均每条专利数据涉及的DC技术领域的数量，具体分为高被引专利的平均技术领域分布、中被引专利的平均技术领域分布和低被引专利的平均技术领域分布。

具体算法如下。首先，运用Bibexcel计算出A类高被引专利样本数据所涉及的DC技术领域总数；然后，用该总数除以样本数据的数量500，得到A类高被引样本专利数据的平均技术领域分布。逐个计算11个大类后，得出11个大类的平均技术领域分布。

应用同样的方法，得出11个大类的中被引和低被引专利样本数据的平均技术领域分布。

最后，将高被引、中被引和低被引专利数据的平均技术领域分布进行比较，探索共性技术与专利被引频次之间是否存在某种联系。

研究假设1：与中被引和低被引专利相比，高被引专利的平均技术领域分布更广，其共性技术特征更强。

2. 指标2：平均多技术领域比例分布

平均多技术领域比例分布是指在选中的11个大类专利样本数据中，涉及两个或两个以上DC技术领域的专利数据占全部专利数据的比例。具体分为高被引专利多技术领域比例分布、中被引专利多技术领域比例分布和低被引专利多技术领域比例分布。

具体算法如下。首先，运用Bibexcel计算出A类高被引专利样本数据中只有一个DC技术领域的专利数量；然后用总数减去这个数量，得到包括两个或两个以上技术领域的专利数量，用该数据除以样本数据总数，即可得出多技术领域的比例分布。

应用同样的方法，得出11个大类各个大类的中被引和低被引专利样本数据的多技术领域比例分布，再取其均值。

最后，将高被引、中被引和低被引专利数据的平均多技术领域比例分布进行比较，探索共性技术与专利被引频次之间是否存在某种联系。

研究假设2：与中被引和低被引专利相比，高被引专利的平均多技术领域比例分布更高，其共性技术特征更强。

3. 指标3：平均最高技术领域分布

平均最高技术领域分布是指选中的11个大类的样本专利数据，高被引专利数据、中被引专利数据和低被引专利数据中含有技术领域数量最高值的平均值。

具体算法如下。首先，运用 Bibexcel 计算出 A 类高被引专利样本数据中含有技术领域数量的最高值；应用同样的方法，得出其他 10 个大类高被引专利数据中含有技术领域数量的最高值。逐个计算 11 个大类后，得出 11 个大类的平均最高技术领域分布。

应用同样的方法，得出 11 个大类的中被引和低被引专利样本数据的平均最高技术领域分布。

最后，将高被引、中被引和低被引专利数据的平均最高技术领域分布进行比较，探索共性技术与专利被引频次之间是否存在某种联系。

研究假设 3：与中被引和低被引专利相比，高被引专利的平均最高技术领域分布数值更高，其共性技术特征更强。

4. 指标 4：平均所涉不同技术领域分布

平均所涉不同技术领域分布是指选中的 11 个大类的样本专利数据，高被引专利数据、中被引专利数据和低被引专利数据中所涉不同技术领域数量的平均值。

具体算法如下。首先，运用 Bibexcel 计算出 A 类高被引专利样本数据中所涉不同技术领域数量；应用同样的方法，得出其他 10 个大类高被引专利数据中所涉不同技术领域数量。逐个计算 11 个大类后，得出 11 个大类的平均所涉不同技术领域分布。

应用同样的方法，得出 11 个大类的中被引和低被引专利样本数据的平均所涉不同技术领域分布。

最后，将高被引、中被引和低被引专利数据的平均所涉不同技术领域分布进行比较，探索共性技术与专利被引频次之间是否存在某种联系。

研究假设 4：与中被引和低被引专利相比，高被引专利的平均所涉不同技术领域分布数值更高，其共性技术特征更强。

第三节　平均技术领域分布

一、高被引专利的平均技术领域分布

运用第八章第二节第二点的计算方法逐个计算后，得出 11 个大类 A～X 的高被引专利的平均技术领域分布，然后对数值进行降序排列，并依重新排列

后的数据绘制出图 8-1。

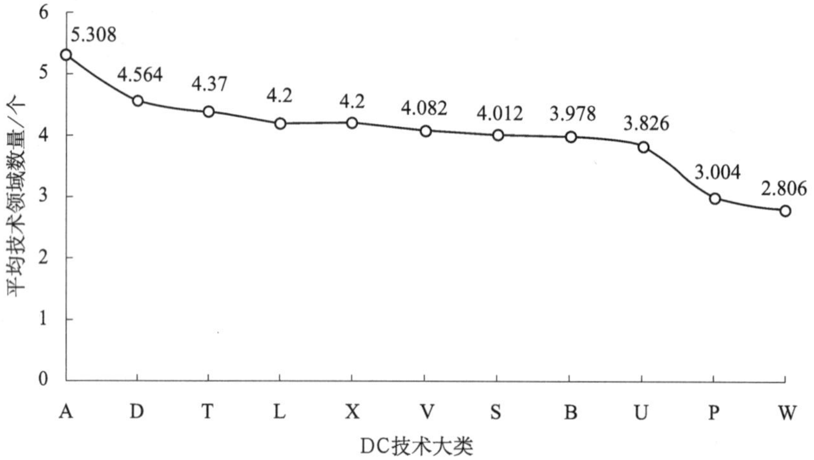

图 8-1 高被引专利的平均技术领域分布（平均 4.03）

图 8-1 显示，高被引专利的平均技术领域数值最高的是 A 大类（高分子聚合物与塑料技术领域）其平均技术领域数量为 5.308，即平均每项专利涉及 5.308 个 DC 技术领域。表明高分子材料领域涉及多个学科和技术领域。

排在第二位的是 D 大类（食品、清洁剂、水处理和生物技术领域），其平均技术领域数量为 4.564，即平均每项专利涉及 4.564 个 DC 技术领域。表明食品、清洁剂、水处理、生物技术领域的技术发展也涉及多个学科和技术领域。

平均技术领域数量超过 4.0 的，还有以下几个大类技术领域：T 大类（计算和控制技术领域，4.37）、L 大类（耐火材料、陶瓷、水泥和有机物电镀技术领域，4.20）、X 大类（电力工程技术领域，4.20）、V 大类（电子元器件技术领域，4.082）和 S 大类（仪器仪表、测量和测试技术领域，4.012）。

排在后四位的大类是 B 大类（制药技术领域，3.978）、U 大类（半导体与电子电路技术领域，3.826）、P 大类（普通工程技术领域，3.004）和 W 大类（通信技术领域，2.806）。

分析结果显示，在高被引的专利技术中，新兴的技术领域（如高分子材料和生物技术等）的平均技术领域的数值远远超过其他技术领域，说明新兴技术在发展过程中吸收了更多其他领域的技术。而发展比较成熟的制药、半导体和通信等技术领域的平均技术领域的数值比较低。

二、中被引专利的平均技术领域分布

应用同样的方法计算得到 11 个大类 A～X 的中被引专利的平均技术领域分布，然后对数值进行降序排列，并依重新排列后的数据绘制出图 8-2。

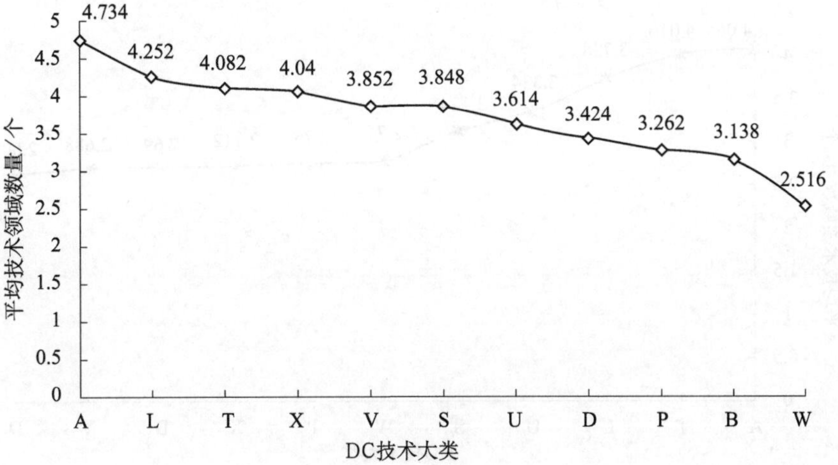

图 8-2 中被引专利的平均技术领域分布（平均 3.71）

图 8-2 显示，中被引专利的平均技术领域数值最高的仍然是 A 大类（高分子聚合物与塑料技术领域），其平均技术领域数量为 4.734，即平均每项专利涉及 4.734 个 DC 技术领域。表明中被引专利的高分子材料领域也涉及较多的学科和技术领域。

排在第二位的是 L 大类（耐火材料、陶瓷、水泥和有机物电镀技术领域），其平均技术领域数量为 4.252，即平均每项专利涉及 4.252 个 DC 技术领域。

平均技术领域数量超过 4.0 的还有以下两个大类技术领域：T 大类（计算和控制技术领域，4.082）和 X 大类（电力工程技术领域，4.04）。

排在后四位的大类是 D 大类（食品、清洁剂、水处理和生物技术领域，3.424）、P 大类（普通工程技术领域，3.262）、B 大类（制药技术领域，3.138）和 W 大类（通信技术领域，2.516）。

分析结果显示，在中被引的专利技术中，高分子材料技术领域，耐火材料、陶瓷、水泥和有机物电镀技术领域，计算和控制技术领域以及电力工程技术领域等，其平均技术领域的数值高于其他技术领域；而食品、清洁剂、水处理和生物技术领域，普通工程技术领域，制药技术领域以及通信技术领域等，其平均技术领域的数值要低一些。

三、低被引专利的平均技术领域分布

应用同样的方法计算得出 11 个大类 A～X 的低被引专利的平均技术领域分布，然后对数值进行降序排列，并依重新排列后的数据绘制出图 8-3。

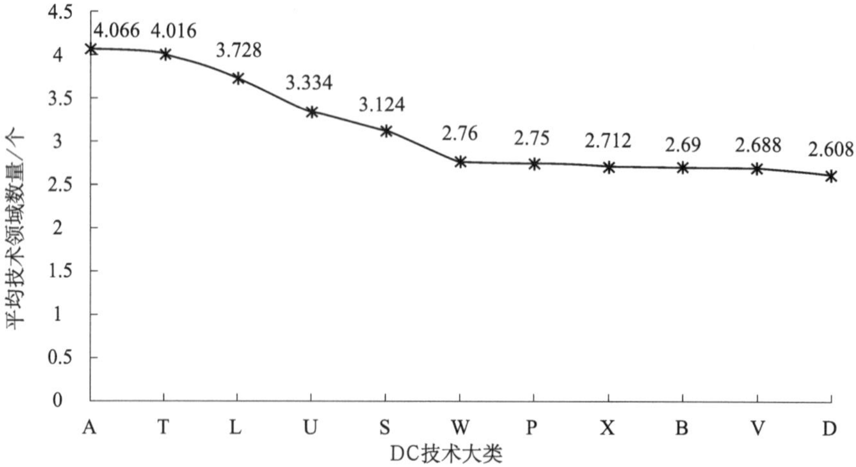

图 8-3　低被引专利的平均技术领域分布（平均 3.13）

图 8-3 显示，低被引专利的平均技术领域数值最高的仍然是 A 大类（高分子聚合物与塑料技术领域），其平均技术领域数量为 4.066，即平均每项专利涉及 4.066 个 DC 技术领域。排在第二位的是 T 大类（计算和控制技术领域），其平均技术领域数量为 4.016。其他大类的平均值都低于 4.0。

有三个大类平均值为 3.0～4.0：L 大类（耐火材料、陶瓷、水泥和有机物电镀技术领域，3.728）、U 大类（半导体和电子电路技术领域，3.334）、S 大类（仪器仪表、测量和测试技术领域，3.124）。

其他六个大类都低于 3.0，分别是 W 大类（通信技术领域，2.76）、P 大类（普通工程技术领域，2.75）、X 大类（电力工程技术领域，2.712）、B 大类（制药技术领域，2.69）、V 大类（电子元器件技术领域，2.688）和 D 大类（食品、清洁剂、水处理和生物技术领域，2.608）。

分析结果显示，在低被引的专利技术中，高分子聚合物与塑料技术领域，计算和控制技术领域，耐火材料、陶瓷、水泥和有机物电镀技术领域等，其平均技术领域的数值较高；而通信技术领域，普通工程技术领域，电力工程技术领域，制药技术领域，电子元器件技术领域，食品、清洁剂、水处理和生物技术领域等，其平均技术领域的数值要低一些。

四、高、中、低之间的比较

11个大类A～X的高被引、中被引和低被引专利的平均技术领域分布如图8-4所示。

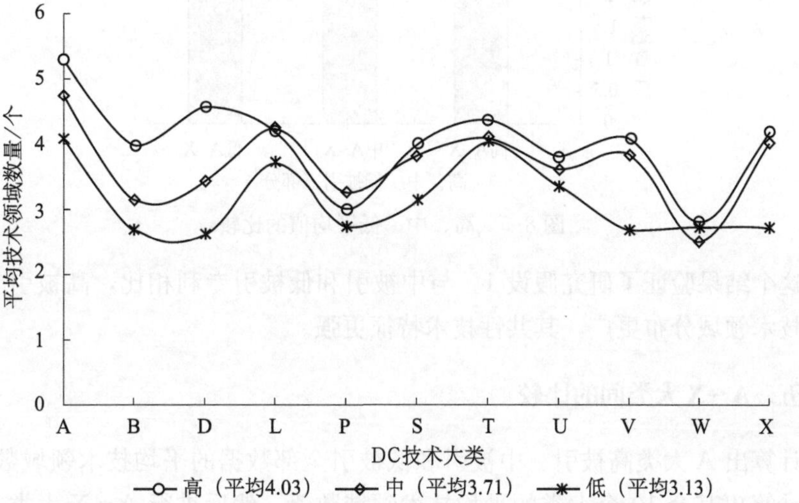

图8-4　高、中、低被引专利的平均技术领域分布

图8-4显示，11个大类A～X中，以下几个大类的高被引平均值明显大于中被引平均值，中被引平均值明显高于低被引平均值，层次比较分明。它们是A大类（高分子聚合物与塑料技术领域）、B大类（制药技术领域）和D大类（食品、清洁剂、水处理和生物技术领域）。

另外有几个大类虽然也遵循高、中、低的层次，但有的差别不是很明显。例如，P大类（普通工程技术领域）、T大类（计算和控制技术领域）和U大类（半导体和电子电路技术领域），其高、中、低的平均值非常接近；S大类（仪器仪表、测量和测试技术领域）、V大类（电子元器件技术领域）和X大类（电力工程技术领域），其高、中的平均值非常接近。

11个大类中，只有W大类的中被引和低被引的平均值颠倒了次序，即低被引的平均技术领域数量（2.76）高于中被引部分的平均技术领域数量（2.516）。

就整体平均值，高被引、中被引和低被引三部分的差别还是非常明显的（图8-5）。

图8-5显示，11个大类A～X中，高被引专利的平均技术领域数量约为4.03，中被引专利的平均技术领域数量约为3.71，低被引专利的平均技术领域数量约为3.13，层次比较明显。

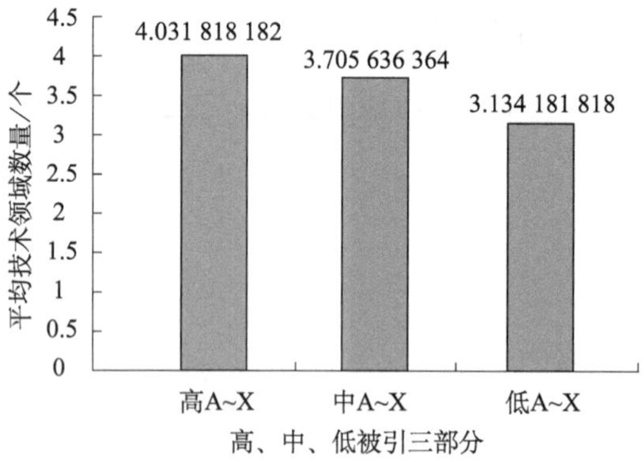

图 8-5　高、中、低平均值的比较

这个结果验证了研究假设 1：与中被引和低被引专利相比，高被引专利的平均技术领域分布更广，其共性技术特征更强。

五、A～X 大类间的比较

计算出 A 大类高被引、中被引和低被引全部数据的平均技术领域数值后，依次计算出其余 10 个大类的平均技术领域数值。然后进行 A～X 大类间的比较（图 8-6），并与全部样本专利数据的整体平均技术领域数值进行比较。

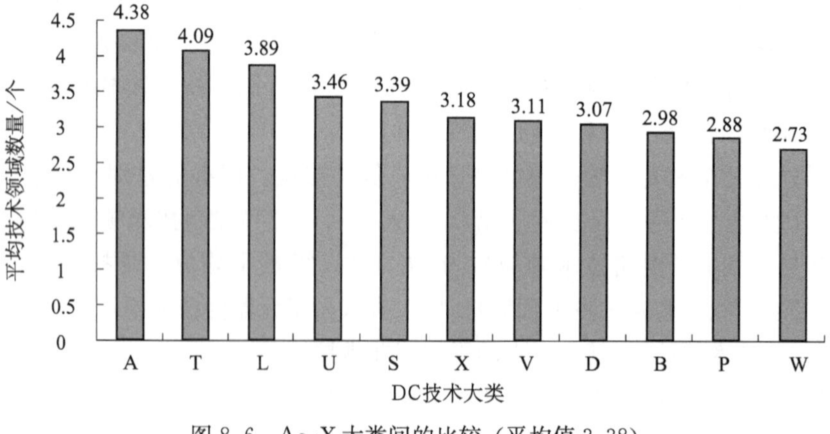

图 8-6　A～X 大类间的比较（平均值 3.38）

图 8-6 显示，11 个大类 A～X 中，以下几个技术大类的平均技术领域数值高于平均值：A 大类（高分子聚合物与塑料技术领域），其整体平均技术领域数值为 4.38，即平均每项专利涉及 4.38 个 DC 技术领域，位居第一。高于平均值的还有 T 大类（计算和控制技术领域，4.09）、L 大类（耐火材料、陶瓷、水泥和有机物电镀技术领域，3.89）、U 大类（半导体和电子电路技术领域，

3.46）和S大类（仪器仪表、测量和测试技术领域，3.39）。

低于平均值的大类技术有X大类（电力工程技术领域，3.18）、V大类（电子元器件技术领域，3.11）、D大类（食品、清洁剂、水处理和生物技术领域，3.07）、B大类（制药技术领域，2.98）、P大类（普通工程技术领域，2.88）和W大类（通信技术领域，2.73）。

第四节 平均多技术领域比例分布

一、高被引专利的平均多技术领域比例分布

应用本章第二节的计算方法逐个计算后，得到11个大类A～X的高被引专利的平均多技术领域比例分布，然后对数值进行降序排列，并依重新排列后的数据绘制出图8-7。

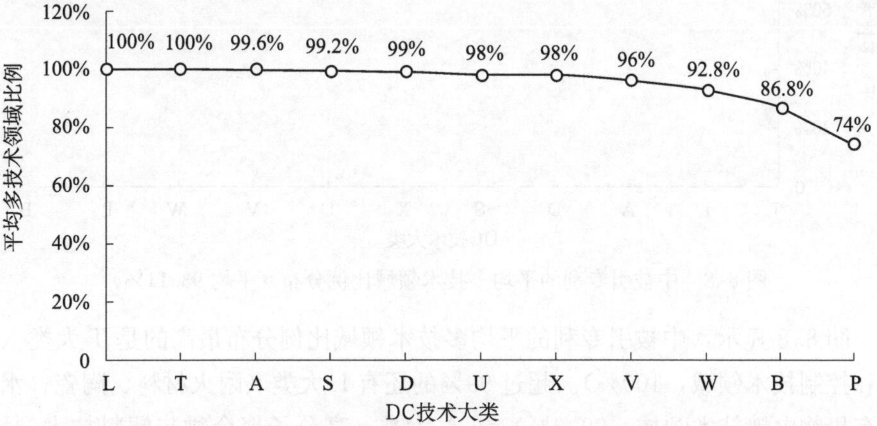

图8-7 高被引专利的平均多技术领域比例分布（平均94.85%）

图8-7显示，高被引专利的平均多技术领域比例分布最高的是L大类（耐火材料、陶瓷、水泥和有机物电镀技术领域）和T大类（计算和控制技术领域），这两个大类高被引专利全部都是涉及两个或两个以上的多技术领域，平均多技术领域比例分布皆为100%。

第二梯队的是A大类（高分子聚合物与塑料技术领域）、S大类（仪器仪表、测量和测试技术领域）和D大类（食品、清洁剂、水处理和生物技术领域），这三个大类的平均多技术领域比例全部高于或等于99%。

第三梯队的是U大类（半导体和电子电路技术领域，98%）、X大类（电

力工程技术领域，98%）、V 大类（电子元器件技术领域，96%）和 W 大类（通信技术领域，92.8%）。这四个大类的平均多技术领域比例分布为 92%～98%。

平均多技术领域比例分布相对较低的两个大类分别是 B 大类（制药技术领域，86.8%）和 P 大类（普通工程技术领域，74%）。

二、中被引专利的平均多技术领域比例分布

应用同样的方法得出 11 个大类 A～X 的中被引专利的平均多技术领域比例分布，然后对数值进行降序排列，并依重新排列后的数据绘制出图 8-8。

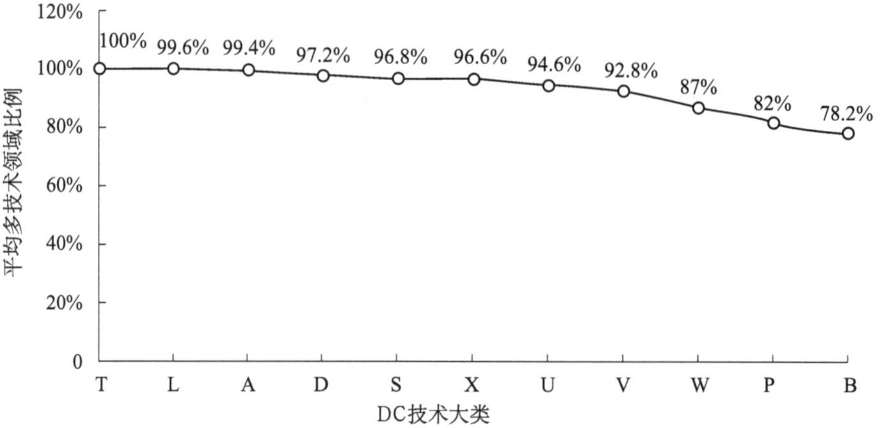

图 8-8　中被引专利的平均多技术领域比例分布（平均 93.11%）

图 8-8 显示，中被引专利的平均多技术领域比例分布最高的是 T 大类（计算和控制技术领域，100%）。超过 99%的还有 L 大类（耐火材料、陶瓷、水泥和有机物电镀技术领域，99.6%）和 A 大类（高分子聚合物与塑料技术领域，99.4%）两个大类。

第二梯队的是 D 大类（食品、清洁剂、水处理和生物技术领域，97.2%）、S 大类（仪器仪表、测量和测试技术领域，96.8%）、X 大类（电力工程技术领域，96.6%）、U 大类（半导体和电子电路技术领域，94.6%）和 V 大类（电子元器件技术领域，92.8%）。这五个大类的平均多技术领域比例分布为 92%～98%。

平均多技术领域比例分布相对较低的三个大类分别是 W 大类（通信技术领域，87%）、P 大类（普通工程技术领域，82%）和 B 大类（制药技术领域，78.2%）。

三、低被引专利的平均多技术领域比例分布

应用同样的方法得出 11 个大类 A～X 的低被引专利的平均多技术领域比例分布，然后对数值进行降序排列，并依重新排列后的数据绘制出图 8-9。

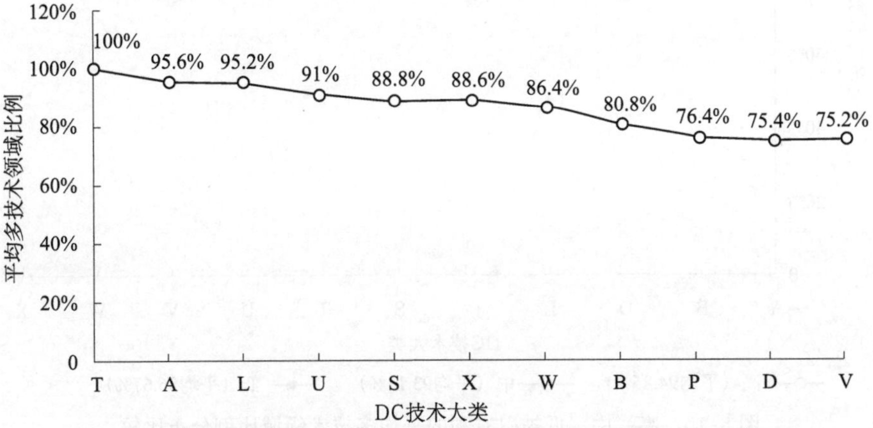

图 8-9　低被引专利的平均多技术领域比例分布（平均 86.67%）

图 8-9 显示，低被引专利的平均多技术领域比例分布最高的是 T 大类（计算和控制技术领域，100%）。超过 90%的还有 A 大类（高分子聚合物与塑料技术领域，95.6%）、L 大类（耐火材料、陶瓷、水泥和有机物电镀技术领域，95.2%）和 U 大类（半导体和电子电路技术领域，91%）三个大类。

第二梯队的是 S 大类（仪器仪表、测量和测试技术领域，88.8%）、X 大类（电力工程技术领域，88.6%）、W 大类（通信技术领域，86.4%）和 B 大类（制药技术领域，80.8%）。这四个大类的平均多技术领域比例分布为 80%～89%。

平均多技术领域比例分布相对较低的三个大类分别是 P 大类（普通工程技术领域，76.4%）、D 大类（食品、清洁剂、水处理和生物技术领域，75.4%）和 V 大类（电子元器件技术领域，75.2%）。

四、高、中、低之间的比较

11 个大类 A～X 的高被引、中被引和低被引专利的平均多技术领域比例分布如图 8-10 所示。

图 8-10 显示，11 个大类 A～X 中，高被引平均值明显大于中被引平均值，中被引平均值明显高于低被引平均值，层次比较分明的技术大类并不明显。

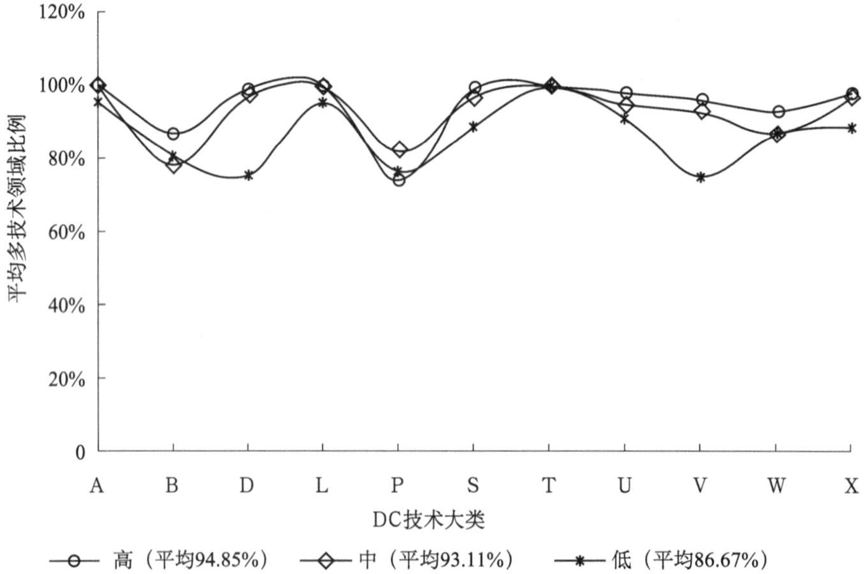

图 8-10　高、中、低被引专利的平均多技术领域比例分布比较

其中，T 大类（计算和控制技术领域）的高、中、低的平均值完全相同，皆为 100%。即其全部样本专利数据都涉及两个以上的多技术领域。

尽管有几个大类显示出高、中、低的层次，但有的差别不是很明显。例如，D 大类（食品、清洁剂、水处理、生物技术领域），高、中、低的平均值分别为 99%、97.2%和 75.4%，高被引与中被引专利平均多技术领域比例比较接近，但它们与低被引专利的平均值之间的差距比较大。S 大类（仪器仪表、测量和测试技术领域），高、中、低的平均值分别为 99.2%、96.8%和 88.8%，同样，高被引与中被引专利平均多技术领域比例比较接近，但它们与低被引专利的平均值之间的差距比较大。X 大类（电力工程技术领域）也基本属于此类。

另外有几个大类并没有高、中、低的明显层次。例如，A 大类（高分子聚合物与塑料技术领域）、B 大类（制药技术领域）、L 大类（耐火材料、陶瓷、水泥和有机物电镀技术领域）、P 大类（普通工程技术领域）和 U 大类（半导体和电子电路技术领域），它们的高、中、低平均值非常接近，差别并不明显。

11 个大类中，还有几个大类的高被引、中被引和低被引的平均值颠倒了次序。例如，B 大类（制药技术领域）的低被引的平均多技术领域比例（80.8%）高于中被引部分的平均多技术领域比例（78.2%）。P 大类（普通工程技术领域）的中被引部分的平均多技术领域比例（82%）和低被引的平均多技术领域比例（76.4%）高于该大类的高被引部分的平均多技术领域比例（74%）。

就整体平均值，高被引、中被引和低被引三部分还是比较明显的，尤其是低被引与中被引和高被引之间存在较大的差别（图 8-11）。

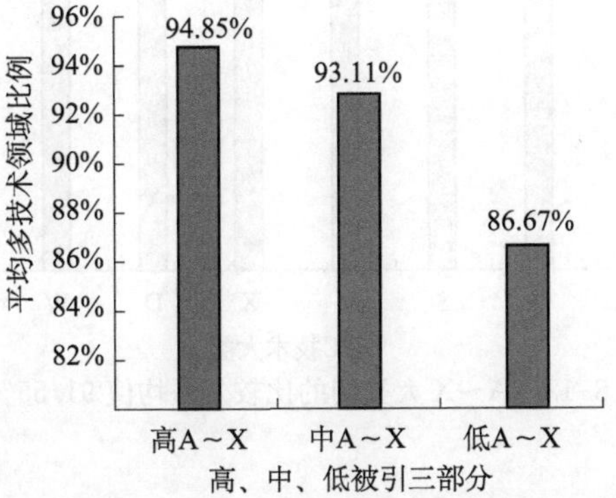

图 8-11　高、中、低平均值的比较

图 8-11 显示，11 个大类 A～X 中，高被引专利的平均多技术领域比例为 94.85%，中被引专利的平均多技术领域比例为 93.11%，低被引专利的平均多技术领域比例为 86.67%，层次还是比较明显的。

这个结果验证了研究假设 2：与中被引和低被引专利相比，高被引专利的平均多技术领域比例分布更高，其共性技术特征更强。

五、A～X 大类间的比较

计算出 A 大类高被引、中被引和低被引全部数据的平均多技术领域比例后，依次计算出其余 10 个大类的平均多技术领域比例。然后进行 A～X 大类间的比较（图 8-12），并与全部样本专利数据的整体平均多技术领域比例进行比较。

图 8-12 显示，11 个大类 A～X 中，以下几个技术大类的平均多技术领域比例高于平均值：T 大类（计算和控制技术领域，100%）、L 大类（耐火材料、陶瓷、水泥和有机物电镀技术领域，98.27%）、A 大类（高分子聚合物与塑料技术领域，98.2%）、S 大类（仪器仪表、测量和测试技术领域，94.93%）、U 大类（半导体和电子电路技术领域，94.53%）和 X 大类（电力工程技术领域，94.4%）。

低于平均值的大类技术有 D 大类（食品、清洁剂、水处理和生物技术领域，90.53%）、W 大类（通信技术领域，88.73%）、V 大类（电子元器件技术领域，88%）、B 大类（制药技术领域，81.93%）和 P 大类（普通工程技术领域，77.47%）。

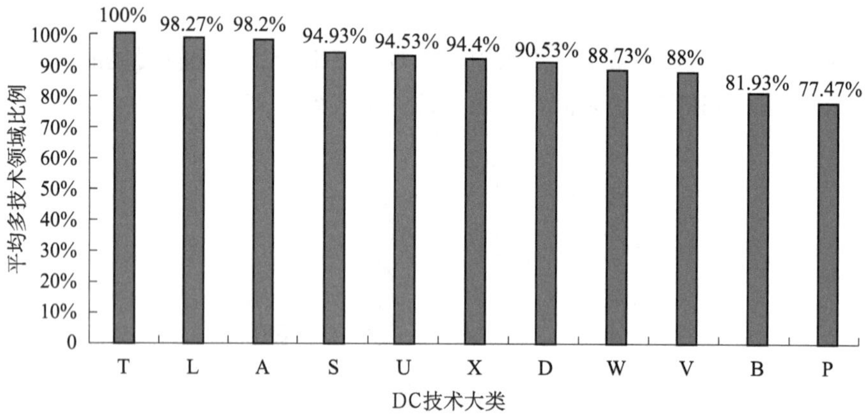

图 8-12　A～X 大类间的比较（平均值 91.55%）

第五节　最高技术领域分布

一、高被引专利的最高技术领域分布

运用第八章第二节第二点的计算方法逐个计算后，得到 11 个大类 A～X 的高被引专利的最高技术领域分布，然后对数值进行降序排列，并依重新排列后的数据绘制出图 8-13。

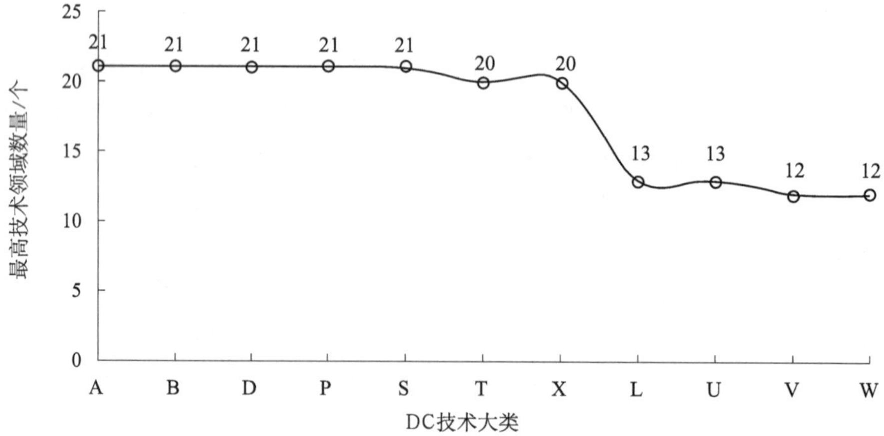

图 8-13　高被引专利的最高技术领域分布（平均 17.73）

图 8-13 显示，高被引专利的最高技术领域分布最高的是以下五个大类：A 大类（高分子聚合物与塑料技术领域）、B 大类（制药技术领域）、D 大类（食品、清洁剂、水处理和生物技术领域）、P 大类（普通工程技术领域）、S 大类

（仪器仪表、测量和测试技术领域），它们的最高技术领域数量都是 21 个 DC 技术领域。

排在第二位的是 T 大类（计算和控制技术领域）和 X 大类（电力工程技术领域），这两个大类的最高技术领域数量都是 20 个 DC 技术领域。

排在第三位的是 L 大类（耐火材料、陶瓷、水泥和有机物电镀技术领域）和 U 大类（半导体和电子电路技术领域），这两个大类的最高技术领域数量都是 13 个 DC 技术领域。

排在最后两位的是 V 大类（电子元器件技术领域）和 W 大类（通信技术领域），这两个大类的最高技术领域数量都是 12 个 DC 技术领域。

二、中被引专利的最高技术领域分布

应用同样的方法得出 11 个大类 A～X 的中被引专利的最高技术领域分布，然后对数值进行降序排列，并依重新排列后的数据绘制出图 8-14。

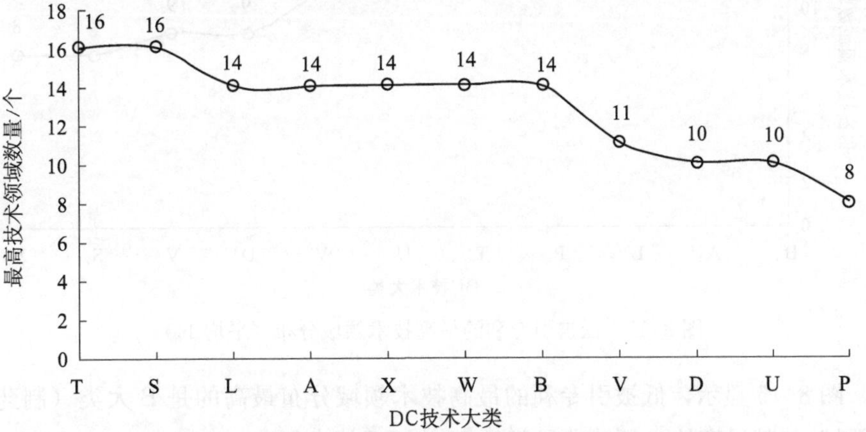

图 8-14　中被引专利的最高技术领域分布（平均 12.82）

图 8-14 显示，中被引专利的最高技术领域分布最高的是 T 大类（计算和控制技术领域）和 S 大类（仪器仪表、测量和测试技术领域），它们的最高技术领域数量都是 16 个 DC 技术领域。

排在第二位的是以下五个大类：L 大类（耐火材料、陶瓷、水泥和有机物电镀技术领域）、A 大类（高分子聚合物与塑料技术领域）、X 大类（电力工程技术领域）、W 大类（通信技术领域）和 B 大类（制药技术领域），这五个大类的最高技术领域数量都是 14 个 DC 技术领域。

排在第三位的是 V 大类（电子元器件技术领域），其最高技术领域数量都是 11 个 DC 技术领域。

排在第四位的是 D 大类（食品、清洁剂、水处理和生物技术领域）和 U 大类（半导体和电子电路技术领域），这两个大类的最高技术领域数量都是 10 个 DC 技术领域。

排在最后一位的是 P 大类（普通工程技术领域），其最高技术领域数量是 8 个 DC 技术领域。

三、低被引专利的最高技术领域分布

应用同样的方法得出 11 个大类 A～X 的低被引专利的最高技术领域分布，然后对数值进行降序排列，并依重新排列后的数据绘制出图 8-15。

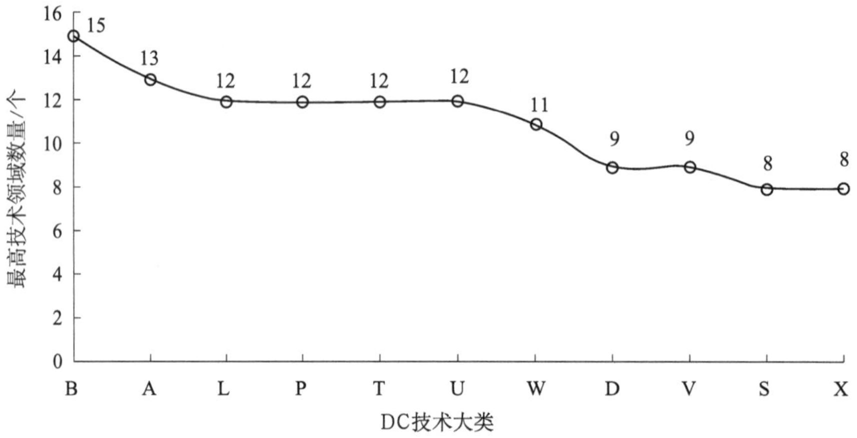

图 8-15　低被引专利的最高技术领域分布（平均 11）

图 8-15 显示，低被引专利的最高技术领域分布最高的是 B 大类（制药技术领域），其最高技术领域数量都是 15 个 DC 技术领域。

排在第二位的是 A 大类（高分子聚合物与塑料技术领域），其最高技术领域数量都是 13 个 DC 技术领域。

排在第三位的是以下四个大类：L 大类（耐火材料、陶瓷、水泥和有机物电镀技术领域）、P 大类（普通工程技术领域）、T 大类（计算和控制技术领域）和 U 大类（半导体和电子电路技术领域），这四个大类的最高技术领域数量都是 12 个 DC 技术领域。

排在第四位的是 W 大类（通信技术领域），其最高技术领域数量是 11 个 DC 技术领域。

排在第五位的是 D 大类（食品、清洁剂、水处理和生物技术领域）和 V 大类（电子元器件技术领域），这两个大类的最高技术领域数量都是9个DC技术领域。

排在最后两位的是S大类（仪器仪表、测量和测试技术领域）和X大类（电力工程技术领域），它们的最高技术领域数量都是8个DC技术领域。

四、高、中、低之间的比较

11个大类A～X的高被引、中被引和低被引专利的最高技术领域分布如图8-16所示。

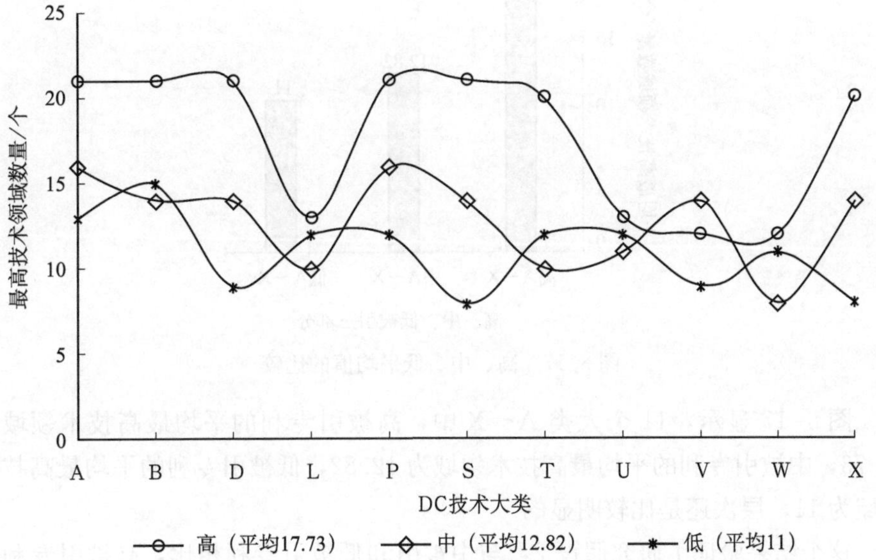

图8-16　高、中、低被引专利的最高技术领域分布比较

图8-16显示，11个大类A～X之中，高被引平均值明显大于中被引平均值，中被引平均值明显高于低被引平均值，层次比较分明的技术大类主要有A大类（高分子聚合物与塑料技术领域）、D大类（食品、清洁剂、水处理和生物技术领域）、P大类（普通工程技术领域）、S大类（仪器仪表、测量和测试技术领域）和X大类（电力工程技术领域）。

还有几个大类的高被引、中被引和低被引的平均值颠倒了次序。例如，B大类（制药技术领域）的低被引部分的最高技术领域（15）高于中被引部分的最高技术领域（14）。L大类（耐火材料、陶瓷、水泥和有机物电镀技术领域）的低被引部分的最高技术领域（12）高于该大类的中被引部分的最高技术领域（10）。T大类（计算和控制技术领域）的低被引部分的最高技术领域（12）高于该大类的中被引部分的最高技术领域（10）。U大类（半导体和电子电路技术领域）的低被引部分的最高技术领域（12）高于该大类的中被引部分的最高技术领域（11）。V 大类（电子元器件技术领域）的中被引部分的最高技术领域（14）高于该大类的高被引部分的最高技术领域（12）。W 大类（通信技术领域）的低被引部分的最高技术领域（11）高于该大类的中被引部分的最高技术领域（8）。

就整体平均值，高被引、中被引和低被引三部分还是比较明显的，尤其是高被引与中被引和低被引之间存在着较大的差别（图 8-17）。

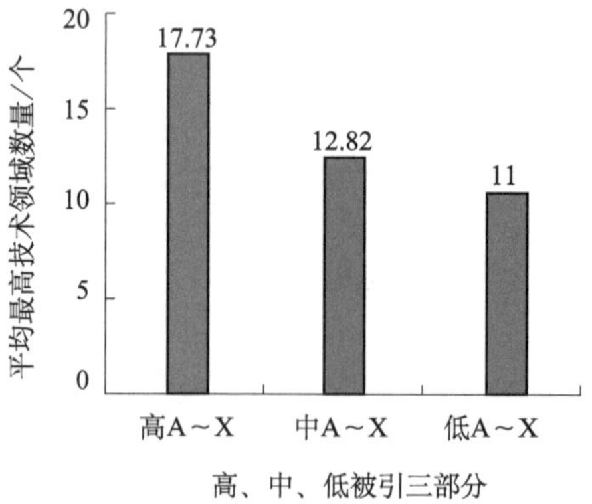

图 8-17　高、中、低平均值的比较

图 8-17 显示，11 个大类 A～X 中，高被引专利的平均最高技术领域为 17.73，中被引专利的平均最高技术领域为 12.82，低被引专利的平均最高技术领域为 11，层次还是比较明显的。

这个结果验证了研究假设 2：与中被引和低被引专利相比，高被引专利的平均最高技术领域分布数值更高，其共性技术特征更强。

五、A～X 大类间的比较

计算出 A 大类高被引、中被引和低被引全部数据的平均最高技术领域后，依次计算出其余 10 个大类的平均最高技术领域。然后进行 A～X 大类间的比较（图 8-18），并与全部样本专利数据的整体平均最高技术领域进行比较。

图 8-18 显示，11 个大类 A～X 中，以下几个技术大类的平均最高技术领域数量高于平均值：A 大类（高分子聚合物与塑料技术领域，16.67）、B 大类（制药技术领域，16.67）、P 大类（普通工程技术领域，16.33）、D 大类（食品、清洁剂、水处理和生物技术领域，14.67）；S 大类（仪器仪表、测量和测试技术领域，14.33）、T 大类（计算和控制技术领域，14）和 X 大类（电力工程技术领域，14）。

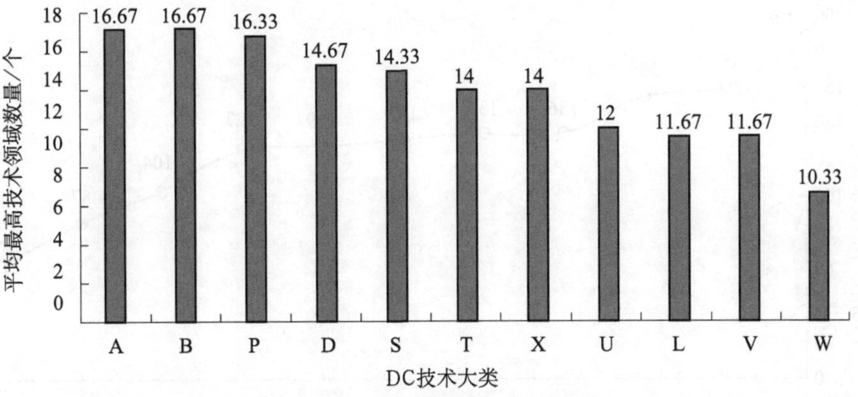

图 8-18 A～X 大类间的比较（平均值 13.85）

低于平均值的大类技术有 U 大类（半导体和电子电路技术领域，12）、L 大类（耐火材料、陶瓷、水泥和有机物电镀技术领域，11.67）、V 大类（电子元器件技术领域，11.67）和 W 大类（通信技术领域，10.33）。

第六节 平均所涉不同技术领域分布

一、高被引专利平均所涉不同技术领域分布

运用第八章第二节第二点的计算方法逐个计算后，得到 11 个大类 A～X 的高被引专利平均所涉不同技术领域分布，然后对数值进行降序排列，并依重新排列后的数据绘制出图 8-19。

图 8-19 显示，高被引专利的平均所涉不同技术领域分布最高的是 A 大类（高分子聚合物与塑料技术领域），有 188 个 DC 技术领域，说明高分子材料领域的多学科多技术领域特征非常明显。超过 150 个 DC 技术领域的，还有 X 大类（电力工程技术领域，161 个）和 D 大类（食品、清洁剂、水处理和生物技术领域，156 个）。说明电力工程技术和生物技术领域的多学科性特征也比较明显。超过平均值的还有 L 大类（耐火材料、陶瓷、水泥和有机物电镀技术领域，136 个）、V 大类（电子元器件技术领域，136 个）和 B 大类（制药技术领域，133 个）。

略低于平均值的有 T 大类（计算和控制技术领域，129 个）和 S 大类（仪器仪表、测量和测试技术领域，127 个）。排在倒数第三位和第二位的是 U 大类（半导体和电子电路技术领域，104 个）和 P 大类（普通工程技术领域，87 个）。

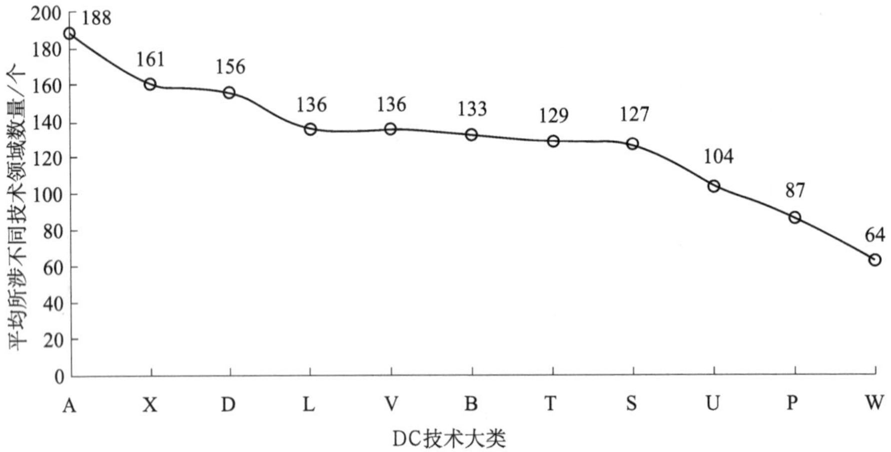

图 8-19　高被引专利平均所涉不同技术领域分布（平均 129.18）

排在最后一位的、其不同 DC 技术领域数量仅为平均值一半的，是 W 大类（通信技术领域），其所涉不同技术领域数量仅为 64 个 DC 技术领域。

二、中被引专利平均所涉不同技术领域分布

应用同样的方法得到 11 个大类 A～X 的中被引专利平均所涉不同技术领域分布，然后对数值进行降序排列，并依重新排列后的数据绘制出图 8-20。

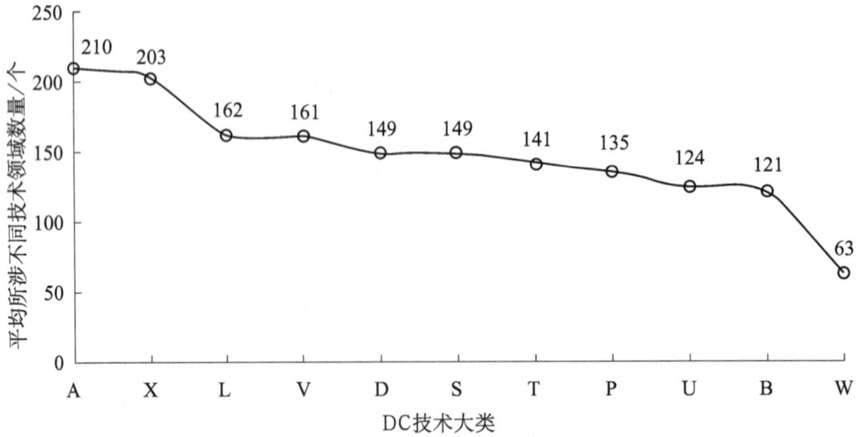

图 8-20　中被引专利平均所涉不同技术领域分布（平均 147.09）

图 8-20 显示，中被引专利的平均所涉不同技术领域分布最高的仍然是 A 大类（高分子聚合物与塑料技术领域），有 210 个 DC 技术领域。超过 200 个 DC 技术领域的，还有 X 大类（电力工程技术领域），有 203 个 DC 技术领域。

另外两个比较多的技术大类分别是 L 大类（耐火材料、陶瓷、水泥和有机物电镀技术领域，162 个）和 V 大类（电子元器件技术领域，161 个）。

超过平均值的还有 D 大类（食品、清洁剂、水处理和生物技术领域）和 S 大类（仪器仪表、测量和测试技术领域），它们都有 149 个不同的 DC 技术领域。

低于平均值的有五个大类，分别是 T 大类（计算和控制技术领域，141 个）、P 大类（普通工程技术领域，135 个）、U 大类（半导体和电子电路技术领域，124 个）、B 大类（制药技术领域，121 个），以及排在最后一位的、其不同 DC 技术领域数量不足平均值一半的 W 大类（通信技术领域），其所涉不同技术领域数量仅为 63 个 DC 技术领域。

三、低被引专利平均所涉不同技术领域分布

应用同样的方法得出 11 个大类 A～X 的低被引专利平均所涉不同技术领域分布，然后对数值进行降序排列，并依重新排列后的数据绘制出图 8-21。

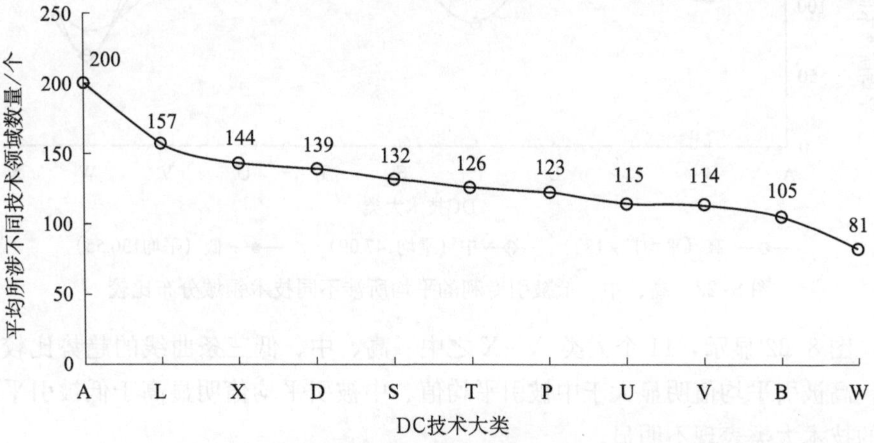

图 8-21　低被引专利平均所涉不同技术领域分布（平均 130.55）

图 8-21 显示，低被引专利的平均所涉不同技术领域分布最高的仍然是 A 大类（高分子聚合物与塑料技术领域），有 200 个 DC 技术领域。另外两个比较多的技术大类分别是 L 大类（耐火材料、陶瓷、水泥和有机物电镀技术领域，157 个）和 X 大类（电力工程技术领域，144 个）。

超过平均值的还有 D 大类（食品、清洁剂、水处理和生物技术领域，139 个）和 S 大类（仪器仪表、测量和测试技术领域，132 个）。

低于平均值的有六个大类，分别是 T 大类（计算和控制技术领域，126

个）、P 大类（普通工程技术领域，123 个）、U 大类（半导体和电子电路技术领域，115 个）、V 大类（电子元器件技术领域，114 个）、B 大类（制药技术领域，105 个），以及排在最后一位的、其不同 DC 技术领域数量远远低于平均值的 W 大类（通信技术领域），其所涉不同技术领域数量仅为 81 个 DC 技术领域。

四、高、中、低之间的比较

11 个大类 A～X 的高被引、中被引和低被引专利的平均所涉不同技术领域分布如图 8-22 所示。

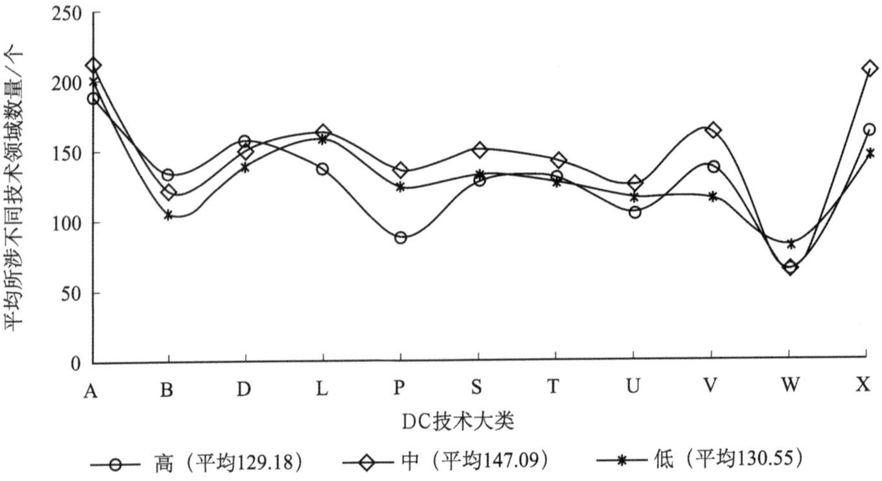

图 8-22　高、中、低被引专利的平均所涉不同技术领域分布比较

图 8-22 显示，11 个大类 A～X 之中，高、中、低三条曲线的趋势比较一致。高被引平均值明显大于中被引平均值、中被引平均值明显高于低被引平均值的技术大类表现不明显。

能够识别高、中、低层次的技术大类主要有 B 大类（制药技术领域）和 D 大类（食品、清洁剂、水处理和生物技术领域），尽管这两个大类的层次不是特别明显，但毕竟还是有高、中、低层次之分的。

其他的九个大类，都普遍存在着高被引、中被引和低被引的平均值颠倒次序的局面。A 大类（高分子聚合物与塑料技术领域），中被引（210）和低被引（200）部分的平均所涉不同技术领域高于该大类的高被引部分的平均所涉不同技术领域（188）；L 大类（耐火材料、陶瓷、水泥和有机物电镀技术领域），中被引（162）和低被引（157）部分的平均所涉不同技术领域高于该大类的高被引部分的平均所涉不同技术领域（136）；P大类（普通工程技术领域），中被引（135）和低被引（123）部分的平均所涉不同技术领域高于该大类的高被引部分的平均所涉不同技术领域（87）；S大类（仪器仪表、测量和测试技术领域），中被引（149）和低被引（132）部分的平均所涉不同技术领域高于该大类的高被引部分的平均所涉不同技术领域（127）；T大类（计算和控制技术领域），中被引（141）部分的平均所涉不同技术领域高于该大类的高被引部分的平均所涉不同技术领域（129）；U大类（半导体和电子电路技术领域），中被引（124）和低被引（115）部分的平均所涉不同技术领域高于该大类的高被引部分的平均所涉不同技术领域（104）；V大类（电子元器件技术领域），中被引（161）部分的平均所涉不同技术领域高于该大类的高被引部分的平均所涉不同技术领域（136）；W大类（通信技术领域），低被引（81）部分的平均所涉不同技术领域高于该大类的高被引部分的平均所涉不同技术领域（63）和中被引部分（63）；X大类（电力工程技术领域），中被引（203）部分的平均所涉不同技术领域高于该大类的高被引部分的平均所涉不同技术领域（161）。

图8-23显示，就整体平均值，中被引专利样本数据涉及的平均不同技术领域数量最多，为147.09个，远远高于高被引和低被引部分；低被引部分平均为130.55个，略高于高被引部分；高被引部分涉及的平均不同技术领域数量最低，为129.18个。

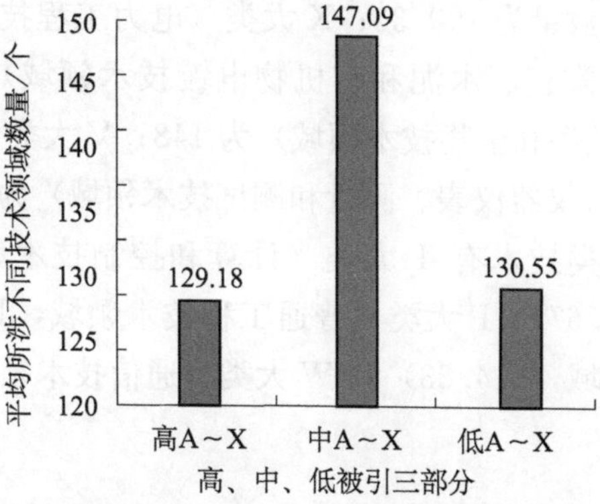

图8-23　高、中、低平均值的比较

这个结果没有验证研究假设4：与中被引和低被引专利相比，高被引专利的平均所涉不同技术领域分布数值更高，其共性技术特征更强；中被引部分远远高于低被引部分和高被引部分，高被引部分是最低的。其中原因有待于进一步考察。

五、A～X大类间的比较

计算出A大类高被引、中被引和低被引全部数据的平均所涉不同技术领域后，依次计算出其余10个大类的平均所涉不同技术领域。然后进行A～X大类间的比较（图8-24），并与全部样本专利数据的整体平均所涉不同技术领域进行比较。

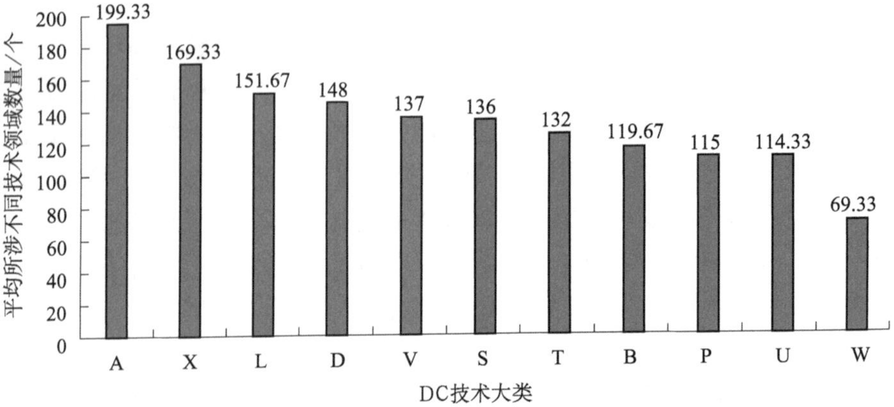

图8-24　A～X大类间的比较（平均值135.61）

图8-24显示，11个大类A～X中，以下几个技术大类的平均所涉不同技术领域数量高于平均值：A大类（高分子聚合物与塑料技术领域），其整体平均所涉不同技术领域数量为199.33；X大类（电力工程技术领域）为169.33；L大类（耐火材料、陶瓷、水泥和有机物电镀技术领域）为151.67；D大类（食品、清洁剂、水处理和生物技术领域）为148；V大类（电子元器件技术领域）为137；S大类（仪器仪表、测量和测试技术领域）为136。

低于平均值的大类技术有T大类（计算和控制技术领域，132）、B大类（制药技术领域，119.67）、P大类（普通工程技术领域，115）、U大类（半导体和电子电路技术领域，114.33）和W大类（通信技术领域，69.33）。

第九章 其他产业共性技术的测度

第一节 纳米技术

一、数据来源与研究方法

本节数据来源于 Thomson Reuters 公司开发的 DII 数据库。检索词来源于美国国家基金会给出的纳米科技 18 个关键词（表 9-1）[254,255]，并排除带 Nano 前缀但与纳米科学技术无关的 6 个主题词 NaNO3 *、NaNO2 *、Nanosomia *、Nanook *、Nanosaurus * 和 Nanogram。检索式为 TS=（（Selfassembl * OR "Self assembl * " OR "Atomic force microscop * " OR Atomic-force-microscop * OR "Scanning tunneling microscop * " OR Scanning-tunneling-microscop * OR "Atomistic simulation" OR Biomotor OR "Molecular device" OR "Molecular electronics" OR "Molecular modeling" OR "Molecular motor" OR "Molecular sensor" OR "Molecular simulation" OR "Quantum computing" OR "Quantum dot * " OR "Quantum effect * " OR Nano * ）NOT（NaNO3 * OR NaNO2 * OR Nanosomia * OR Nanook * OR Nanosaurus * OR Nanogram））。检索的时间跨度为 2000～2010 年，下载了该时间跨度内的被引频次最高的 1000 条专利文献记录，并视为全球纳米核心技术[256]。数据检索和下载时间为 2011 年 2 月 22 日。

表 9-1 美国国家基金会给出的纳米科技 18 个关键词

序号	检索词	序号	检索词
1	nano * 纳米	10	molecular device 分子器件
2	self assembl * 自组装	11	molecular electronics 分子电子学
3	self assembl * 自组装	12	molecular modeling 分子模拟
4	atomic force microscop * 原子力显微镜	13	molecular motor 分子马达
5	atomic-force-microscop * 原子力显微镜	14	molecular sensor 分子传感器
6	scanning tunneling microscop * 隧道扫描显微镜	15	molecular simulation 分子仿真
7	scanning-tunneling-microscop * 隧道扫描显微镜	16	quantum computing 量子计算
8	atomistic simulation 原子模拟	17	quantum dot * 量子点
9	biomotor 人工呼吸器	18	quantum effect * 量子效应

本节研究主要运用共现分析方法，具体地说是技术领域的共现分析方法。采用MC对2000～2010年全球纳米核心专利技术进行共现分析。MC是由德温特的专业人员为专利标引的代码，该代码可用于显示一个发明中的新颖技术特点及其应用。关于MC代码的准确性和合理性，Thomson Reuters中国办公室科学解决方案顾问、“专利信息用户组”中国分会的发起者吴正先生解释说，由德温特专业人员细分的MC代码，具有比IPC分类更长的发展历史，其准确性和合理性是值得信赖的。DII数据库中的一条专利记录，常包括多个MC技术领域。例如，题目为*Formation of magnetic alloy nanoparticles for magnetic storage device involves heating mixture of organometallic compound and metal salt solution*，*and adding flocculent*的专利文献共有14个MC技术领域代码：E05-G02、E05-L02A、E05-L02B、E05-M、E05-T、E10-B04D、E10-C04L2、E10-E04H、E10-E04L、E35-U05、E35-V、L03-B05D、T03-A01A1A和T03-A01A1E。借助多个技术领域在同一专利文献中的共现关系，运用大型文献处理软件Bibexcel[217]，就可以对样本数据的技术领域进行共现分析，本研究拟在技术领域共现分析基础上，运用SPSS软件进一步进行技术领域的相关系数分析，进而得出技术领域之间的确切相关度，以期为共性技术的测度与选择和其他相关的技术管理工作提供参考依据。

本研究选择交叉性较强的纳米技术，下载全球纳米技术领域1000个高被引的核心专利文献作为数据样本，探讨技术领域之间的相关度，以期为共性技术测度及相关的技术管理工作提供可资借鉴的思路和方法。

二、应用实例的分析

本研究将运用相关度分析的理论和方法，借助瑞典科学家Persson[259]开发的大型文献处理软件Bibexcel与SPSS分析软件，结合世界权威专利数据库DII中对专利申请技术领域分类的特征，测算全球纳米核心技术领域之间的相关度，并在此基础上探讨技术领域相关度的测算在共性技术测度与选择等相关技术管理领域的应用。分析结果显示，1000个高被引的纳米核心技术专利文献共涉及2558个不同的MC技术领域，出现的总频次为8612，平均每个专利文献记录8.612个MC代码。选取频次最高的33个技术领域，分析得出其共现矩阵。在此基础上，进一步运用SPSS软件进行相关性分析，选择Persson相关系数算法，对不同变量之间的相关度进行分析，得出表9-2所示的相关系数矩阵。

表 9-2 技术领域之间的相关系数（部分数据）

	L02-H04B	L03-G04A	U12-E01B2	U11-C01J6	E05-U02	…
U12-B03F2	1.000 00	0.363 239	0.343 546	0.180 927	0.041 513	−0.034 88
L02-H04B	0.363 239	1.000 00	0.287 872	−0.150 42	0.170 206	0.275 816
L03-G04A	0.343 546	0.287 872	1.000 00	−0.049 63	−0.033 06	0.102 764
U12-E01B2	0.180 927	−0.150 42	−0.049 63	1.000 00	0.550 252	−0.197 53
U11-C01J6	0.041 513	0.170 206	−0.033 06	0.550 252	1.000 00	0.339 425
E05-U02	−0.034 88	0.275 816	0.102 764	−0.197 53	0.339 425	1.000 00
⋮						

表 9-2 所列的技术领域之间相关系数矩阵中，如果两个技术领域之间的相关系数为正数，则表明该两个技术领域之间是正相关关系；如果为负数，则表明是负相关关系；如果为 0，则表明不相关；如果为 1，则表明是同一技术领域之间的自相关关系。表 9-2 清晰地显示出任意两个技术领域之间的正相关关系及其相关程度、负相关关系及其相关程度和自相关关系等。选取的 33 技术领域，其中每一个技术领域与其他技术领域的平均相关度如图 9-1 所示。

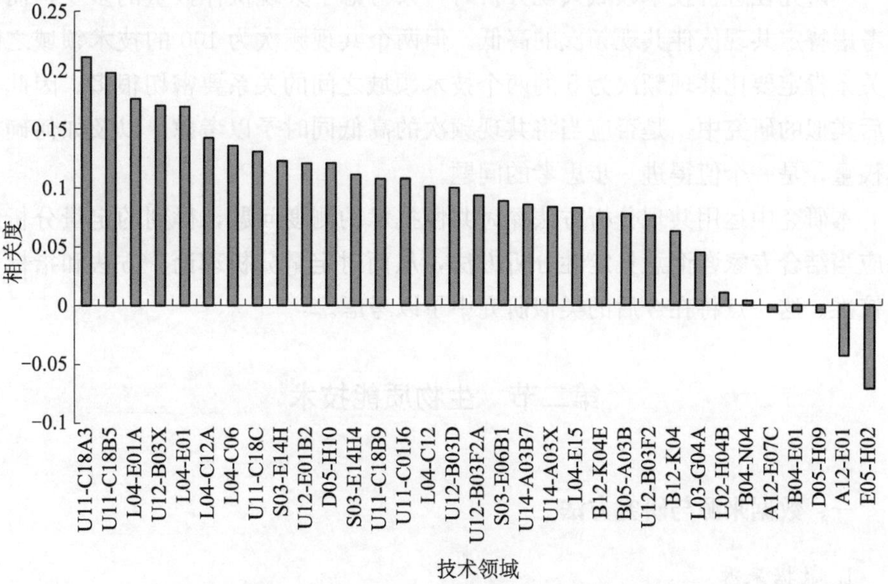

图 9-1 33 个技术领域的平均相关度

图 9-1 显示，纳米核心技术的 33 个高频技术领域之间的平均技术相关度分布于−0.0697～0.2111。其中与其他技术领域平均技术相关度最高的技术领域是 MC 代码为 U11-C18A3 的、1992 年兴起的单极型晶体管制造领域；平均技术相关度超过 0.15 的其他 4 个技术领域分别是 1992 年兴起的代码为 U11-C18B5的存储器的整体制造技术、1986 年兴起的代码为 L04-E01A 场效应

晶体管技术、1987 年兴起的代码为 U12-B03X 的设备及厚/薄膜和有机半导体器件-分立器件等技术、1986 年兴起的代码为 L04-E01 的晶体管技术。

三、结论与讨论

本研究将共现分析方法尝试应用于共性技术测度研究。基于共性技术的概念提出研究假设，结合 DII 专利数据技术分类特征，探索共性技术测度理论与方法，并以生物质能技术为应用实例进行了技术共现分析。分析结果显示，有机废物的发酵技术、通过发酵生产化学品技术、发酵工艺等最有可能是生物质能领域的共性技术。

分析中发现，频次高的技术领域，如 H09-F03（市政和农业废弃物处理技术）频次最高，为 276 次。高频次表明涉及该技术领域的专利数量很多，代表其是一个热点技术领域，但是热点技术领域并不一定是共性技术领域。共性技术领域更突显了渗透性与辐射性，共性技术领域与其他技术领域的联系更密切。

本研究在进行技术领域共现分析时，只考虑了共现伙伴数量的多少，而没有考虑特定共现伙伴共现频次的高低。但两个共现频次为 100 的技术领域之间的关系肯定要比共现频次为 5 的两个技术领域之间的关系要密切很多。因此在今后类似的研究中，是否应当将共现频次的高低同时予以考虑，以及如何确定其权重，是一个值得进一步思考的问题。

本研究中运用共现分析方法探讨共性技术的测度问题，得到的定量分析结果应当结合专家咨询意见定性分析方法，从而对定量分析理论、方法和指标进行校准。这一点将在今后的类似研究中予以考虑。

第二节　生物质能技术

一、数据来源与研究方法

1. 数据来源

本研究的数据来源于世界权威专利数据库 DII，检索策略分两步进行。第一步检索主题中含有生物质（biomass）的专利文献，共有 22 139 条专利文献记录；第二步是在此基础之上，精炼属于能源与燃料（energy & fuels）学科类别的专利数据，共有 4473 条专利文献记录；由此得到全球生物质能专利数据。由于高被引的专利代表了高质量的专利技术[258]，最终下载了被引频次最高的 1 000 条生物质能专利数据作为本研究的数据样本。数据检索的时间范围为1963年1月1日～2010年12月31日，该数据以数据库的检索时间为准，没有考虑专利申请与公布之间的时滞。数据下载日期为2011年2月3日。

2. 数据选择理由

生物质能，即以生物质为载体的能量，是太阳能以化学能形式储存在生物质中的能量形式，它直接或间接地来源于绿色植物的光合作用，可转化为常规的固态、液态和气态燃料，取之不尽、用之不竭，是一种可再生的清洁能源[258]。选择生物质能专利技术作为本研究的应用实例，主要是基于以下考虑。第一，生物质能与太阳能、风能等都属于新能源，而新能源产业是我国现阶段重点培育和发展的战略性新兴产业之一[261]；生物质能的应用技术相对成熟，而风能、地热能、太阳能得益于政策的支持，对海洋能的利用尚处于研发和验证阶段[258]。第二，生物质能是人类赖以生存的重要能源，是仅次于煤炭、石油和天然气而居于世界能源消费总量第四位的能源，在整个能源系统中占有重要地位。有关专家估计，生物质能极有可能成为未来可持续能源系统的组成部分，到2050年，采用新技术生产的各种生物质替代燃料将占全球总能耗的40％以上。第三，生物质能技术的研究与开发已成为世界重大热点研究课题之一，受到当今世界各国政府与科学家的高度关注。许多国家纷纷制定了相应的开发研究计划，如日本的阳光计划、印度的绿色能源工程、美国的能源农场计划和巴西的酒精能源计划等。国外的生物质能技术和装置多已达到商业化应用程度[262]。而对中国这样一个经济迅速发展的人口大国，21世纪将面临着经济增长和环境保护的双重压力。因此改变能源生产和消费方式，立足于现有的生物质资源，研究新型转换技术，开发利用生物质能等可再生的清洁能源资源，探索生物质能技术领域的共性技术，对节能减排，建立可持续的能源系统，促进国民经济发展和环境保护具有重大的战略意义。

3. 研究方法

领域的共现分析方

本研究中主要运用了共现分析方法，具体地说 由德温特的专业人员

法。采用MC对生物质能专利技术进行共现分 新颖技术特点及其应用。

为专利标引的代码，该代码可用于显示一个 Thomson Reuters中国办公

关于MC代码的准确性和合理性，著 分会的发起者吴正先生，吴正

室科学解决方案顾问、“专利信息 码，具有比IPC分类更长的发展

先生解释说，由德温特专业人 DI数据库中的一条专利记录，常包

历史，其准确性和合理性 *Hybrid vehicle electromagnetic clutch*

括多个MC技术领域 *with coaxial rotors connected to engine and*

motor and control

drive shafts and coupled electromagnetically for drive 的专利文献共有 12 个 MC 技术领域代码：U21-B01A、U21-B05C、X12-J01A1、X13-F02；X13-G01、X13-G03、X16-G02、X21-A01、X21-A03、X21-A04、X21-B01 和 X22-P04。借助多个技术领域在同一专利文献中的共现关系，运用大型文献处理软件 Bibexcel[215]，就可以对样本数据的技术领域进行共现分析。

二、分析结果

运用 Bibexcel 分析的结果显示，1000 个高被引的生物质能专利文献共涉及 1333 个不同的 MC 技术领域，出现的总频次为 5527，平均每个专利文献记录包括 4.15 个 MC 代码。其中出现频次最高的 30 个技术领域的 MC 代码及其频次如表 9-3 所示。

表 9-3　频次最高的 30 个技术领域的 MC 代码及其频次

序号	MC 代码	频次	序号	MC 代码	频次	序号	MC 代码	频次
1	H09-F03	276	11	D05-C	56	21	D04-B10	42
2	H09-C	174	12	H06-A	55	22	D05-C14	41
3	H06-A04	117	13	H06-B	55	23	E10-J02D	38
4	E11-M	84	14	E31-N05C	53	24	E31-A02	38
5	D05-A04A	84	15	D05-A03	52	25	A11-C07	33
6	H09-F	78	16	H09-F02	51	26	E11-Q01	33
7	E31-A01	66	17	D05-B03	51	27	H04-F02E	32
8	D05-A04	62	18	H06-B07	50	28	H04-E04	31
9	E10-E04E2	59	19	D04-A01J	45	29	D05-C13	31
10	E10-J02D1	57	20	H06-B08	45	30	E11-Q02	29

高频次的 MC 代码代表热点技术领域。进一步选取出现频次高于 15 的 61 个技术领域，分析得到这 61 个技术领域的共现矩阵（表 9-4）。

表 9-4　频次最高的 61 个技术领域的 MC 共现矩阵

	H09-F03	H09-C	H06-A04	E11-M	D05-A04A	H09-F	E31-A01	D05-A04	…
H09-F03	0	[illegible]	0	0	0	0	0	0	
H09-C	0	[illegible]	0	0	0	10	0	0	
H06-A04	0	[illegible]	[illegible]	0	0	4	0	0	
E11-M	0	0	[illegible]	0	0	3	2	0	
D05-A04A	0	0	[illegible]	0	0	3	3	0	
H09-F	0	10	[illegible]	[illegible]	3	0	0	0	
E31-A01	0	0	[illegible]	[illegible]	3	0	0	0	
D05-A04	0	0	[illegible]	[illegible]	0	0	0	0	
⋮									

表 9-4 的矩阵反映了 61 个技术领域彼此之间是否存在共现关系，以及共现的频次是多少。技术领域之间的共现频次越高，表明它们之间的关系越密切。运用 Microsoft Excel 软件中的 countif（range，criteria）函数，对表 9-4 矩阵中存在共现关系的单元格计数，并按照降序排列，得到每个 MC 技术领域的共现伙伴数量列表。这里的共现伙伴数量，是指一个 MC 技术领域与多少个其他的 MC 技术领域存在共现关系。其中共现伙伴数量最多的前 10 个技术领域如表 9-5 所示。

表 9-5　共现伙伴数量最多的前 10 个技术领域

序号	共现伙伴数量	MC 代码	技术领域
1	34	D05-A04A	有机废物的发酵技术
2	34	D05-C	通过发酵生产化学品技术
3	30	D05-A04	发酵工艺
4	28	L03-E04	生物燃料电池技术
5	27	E10-J02D	脂肪族饱和烃
6	26	E10-J02D1	甲烷/沼气生产技术
7	25	E10-E04E2	乙醇生产技术
8	25	H06-A03	制氢技术
9	25	N02	金属氧化物/无机盐/羧酸盐制造技术
10	25	J04-E04	催化剂生产技术

分析结果显示，有三个 MC 技术领域共现伙伴数量大于等于 30 个。其中排在第一位的、MC 代码为 D05-A04A 的有机废物发酵技术的共现伙伴最多，其与其他 34 个 MC 技术领域存在着共现关系；通过发酵生产化学品技术也同样有 34 个技术共现伙伴；发酵工艺有 30 个技术共现伙伴。依据共性技术的定义可以初步判定，共现伙伴最多的三个技术领域对其他产业技术的发展具有广泛的渗透性和辐射性，比较普遍地应用到其他产业技术领域中，应当属于共性技术领域。至于排在第 4～第 10 以及其后的其他技术领域，其共现伙伴数量越多，具备共性技术的特征就越强，也就越有可能是共性技术；或者可以通过历时性的跟踪分析共现伙伴逐渐增多的技术领域，就有可能成为将来的共性技术领域。

三、结论与讨论

本研究将共现分析方法尝试应用于共性技术测度研究。基于共性技术的概念提出研究假设，结合 DII 专利数据技术分类特征，探索共性技术测度理论与方法，并以生物质能技术为应用实例进行了技术共现分析。分析结果显示，有机废物的发酵技术、通过发酵生产化学品技术、发酵工艺等最有可能是生物质能领域的共性技术。

分析中发现，频次高的技术领域，如 H09-F03（市政和农业废弃物处理技术）频次最高，为 276。高频次表明涉及该技术领域的专利数量很多，代表着其是一个热点技术领域；但是热点技术领域并不一定是共性技术领域。共性技术领域更突显了渗透性与辐射性，共性技术领域与其他技术领域的联系更密切。

本研究在进行技术领域共现分析时，只考虑了共现伙伴数量的多少，而没有考虑特定共现伙伴共现频次的高低。但两个共现频次为 100 的技术领域之间的关系肯定要比共现频次为 5 的两个技术领域之间的关系要密切很多。因此在今后类似的研究中，是否应当将共现频次的高低同时予以考虑，以及如何确定其权重，是一个值得进一步思考的问题。

本研究运用共现分析方法，探讨共性技术的测度问题，得到的定量分析结果，应当结合专家咨询意见定性分析方法，从而对定量分析理论、方法和指标进行校准。这一点将在今后的类似研究中予以考虑。

第三节　全球电动汽车产业共性技术分析

电动汽车代表着汽车产业的发展方向，对全球电动汽车产业专利进行计量分析，将对我国电动汽车产业的发展具有重要意义。电动汽车产业是我国乃至全球当前发展战略性新兴产业的重要领域之一[263]。电动汽车是全球实现节能环保、发展低碳经济的重要选择。电动汽车因其具有无污染、噪声低、能源效率高、多样化、结构简单、使用维修方便等优点而成为世界各国争相发展的低碳环保绿色产业，尤其是美国、日本、中国等国都将其视为战略性新兴产业而重点加以发展。电动汽车产业也引起国内外学术界的普遍关注[264—269]，已有的研究成果主要集中在对电动汽车产业对经济发展的分析和发展趋势的探讨，多采用定性的研究方法，尚未发现运用专利计量方法对全球电动汽车产业专利进行计量分析的研究成果。

一、全球电动汽车产业发展趋势

由世界权威专利数据库 DII 检索得到，全球电动汽车产业截止 2012 年 12 月 31 日，共有 100 617 项专利申请。这些专利申请的年度分布如图 9-2 所示。

图 9-2 显示，全球电动汽车产业自 20 世纪 90 年代初至 2006 年期间呈现稳步发展的态势，2006 年专利数量达到 4139 项；自 2007 年开始，呈现快速增长

的发展势头，2009 年专利数量首次突破 10 000 项，2012 年已经达到 17 360 项；折射出全球电动汽车产业的强劲发展趋势。

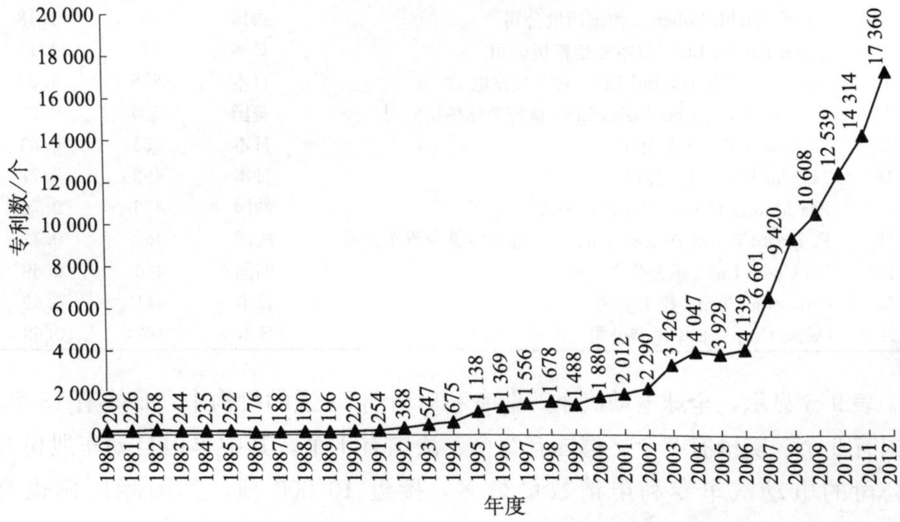

图 9-2　全球电动汽车产业专利申请的年度分布

二、全球电动汽车高产机构分析

由于 DII 检索最高 10 000 条数据的限制，本课题组选择 2008～2012 年 5 年的专利数据进行该项统计分析。2008～2012 年共有 64 214 条专利申请。其中专利申请超过 400 项的公司共有 21 个，如表 9-6 所示。

表 9-6　全球电动汽车专利高产机构分布

序号	高产机构	国别	数量	比例/%
1	Toyota Jidosha KK 丰田自动车股份有限公司	日本	9 751	15.18
2	Honda Motor Co Ltd　本田汽车公司	日本	2 247	3.50
3	Nissan Motor Co Ltd　日产汽车公司	日本	2 061	3.21
4	GM Global Technology Operations Inc　通用汽车全球技术运营股份公司	美国	1 754	2.73
5	Hyundai Motor Co Ltd　现代汽车公司	韩国	1 497	2.33
6	Nippondenso Co Ltd　日电装公司	日本	1 413	2.20
7	Toyota Motor Co Ltd　丰田汽车公司	日本	1 243	1.93
8	Matsushita Denki Sangyo KK　松下电器产业株式会社	日本	1 032	1.61
9	Daimler Ag　德国戴姆勒公司	德国	919	1.43

续表

序号	高产机构	国别	数量	比例/%
10	Sanyo Electric Co Ltd　三洋电机	日本	776	1.21
11	Bosch Gmbh Robert　德国博世公司	德国	760	1.18
12	Aisin Aw Co Ltd　日本爱信精机公司	日本	711	1.11
13	Sumitomo Electric Ind Ltd　日本住友电工	日本	658	1.02
14	Ford Global Technologies Llc　福特全球科技公司	美国	600	0.93
15	Toshiba KK　东芝公司	日本	535	0.83
16	Hitachi Ltd　日立公司	日本	493	0.77
17	Kia Motors Corp　起亚汽车公司	韩国	473	0.74
18	Peugeot Citroen Automobiles Sa　标志雪铁龙汽车公司	法国	460	0.72
19	LG Chem Ltd　乐金化学公司	韩国	446	0.69
20	Panasonic Corp　松下公司	日本	441	0.69
21	Denso Corp　日本电装公司	日本	436	0.68

表 9-6 显示，全球电动汽车产业专利申请前 21 强的机构中，日本有 13 个、韩国有 3 个、美国有 2 个、德国有 2 个、法国有 1 个。其中丰田自动车股份有限公司的电动汽车专利申请数量最多，接近 10 000 项，其国际比例也高达 15.18%。

三、电动汽车热点技术领域/主题分析

1. 热点技术领域

专利热点技术领域的分布反映了电动汽车技术研发主体的主要研发领域。由于经过德温特技术人员标引的德温特手工代码 MC 对研究专利的技术领域分布更具指导意义，所以选择德温特指南代码对全球电动汽车产业专利热点技术领域布局进行分析。

同样，选择 2008～2012 年的数据进行分析。这 5 年期间，全球电动汽车产业专利申请涉及的 DMC 技术领域共有 6 724 个，其中专利数量为 2 500 项及以上的技术领域共有 25 个（表 9-7）。

表 9-7　全球电动汽车专利热点技术领域分布

序号	DMC	热点技术领域	数量	比例/%
1	X21-A01F	electric propulsion　电力牵引	29 864	46.49
2	X21-A01D	hybrid vehicle　混合驱动汽车	22 810	35.51
3	X21-B01A	traction battery　牵引用蓄电池	14 957	23.28
4	X22-P04A	hybrid-electric　混合电能	14 355	22.35
5	T01-J07D1	vehicle microprocessor system　汽车微处理器系统	10 088	15.70
6	X21-A01J	fuel cell vehicle　燃料电池汽车	8 803	13.70
7	L03-H05	electro-（in）organic　电镀技术	8 249	12.84

续表

序号	DMC	热点技术领域	数量	比例/%
8	X21-A02A	transmission system and its control　传输系统及其控制	7 389	11.50
9	X21-B01A1	charging arrangements　装料设备	6 212	9.67
10	X16-B01	cells　电池	5 868	9.13
11	X21-A07	electric traction motor　电力牵引汽车	5 854	9.11
12	X21-A01D1	parallel hybrid vehicle　并联式混合动力汽车	5 751	8.95
13	X21-A05	safety monitoring instrumentation　安全监控仪器	5 062	7.88
14	X21-A04	traction motor speed control　牵引电动机速度控制	4 984	7.76
15	X21-A01C	electric bicycle　电动自行车	4 712	7.33
16	X21-A06	measurements　测量	4 595	7.15
17	X16-G	battery chargers　蓄电池充电机	4 351	6.77
18	X16-B01F1	lithium-based　基础锂	4 289	6.68
19	X11-U02	road vehicles　公路车辆	3 383	5.27
20	X22-F01	batteries　蓄电池	3 219	5.01
21	X21-A02	mounting of propulsion units; gearing　推进/传动装置	2 797	4.35
22	U24-H07	vehicle lv distribution network　车辆低压配电网	2 729	4.25
23	X22-G01	transmission/clutch/gear systems　变速器/离合/齿轮传动装置	2 606	4.06
24	X16-C	fuel cells and associated components　燃料电池及相关组件	2 594	4.04
25	X21-B05	power converter　电源转换器	2 500	3.89

表 9-7 显示，电力牵引是最热的技术领域，专利数量达到 29 864 项，接近 3 万项，所占比例超过了总数的 45%。混合驱动汽车专利数量为 22 810 项，超过了 2 万项，所占比例超过了 35%。所占比例超过 20%的，还有牵引用蓄电池技术和混合电能技术领域，这两个领域的专利数量分别为 14 957 项和 14 355 项。超过 1 万项的还有汽车微处理器系统技术领域，专利数量为 10 088 项。所占比例为 15.70%。所占比例超过 10%的还有燃料电池汽车（专利数量为 8803 项，比例为 13.70%）、电镀技术（专利数量为 8249 项，比例为 12.84%）、传输系统及其控制技术领域（专利数量为 7389 项，比例为 11.50%）3 个技术领域。

2. 热点技术主题发展趋势

这里主要通过对全球电动汽车产业高被引专利文献进行分析，从而探测全球电动汽车的热点技术领域发展趋势。国际权威的专利计量学家 Narin 经过研究认为，专利数量多少并不是最重要的，专利被引证指标高低才是最重要的[258]。检索并下载全球电动汽车产业 1963～2012 年期间发表的 1 000 个高被引的专利技术文献，并将其定义为核心专利技术文献，采用 CiteSpace[201,270]可视化软件，对全球电动汽车产业的核心技术发展趋势进行探测，以期为我国电动汽车产业专利技术的研发决策提供辅助支持，本部分研究也为类似的研究提供了范例。

对 1000 个核心专利文献经过处理后得出，核心专利技术文献分布的年份始于 1977 年。运用 CiteSpace 软件绘制了图 9-3 所示的全球电动汽车产业核心技术发展趋势图谱。

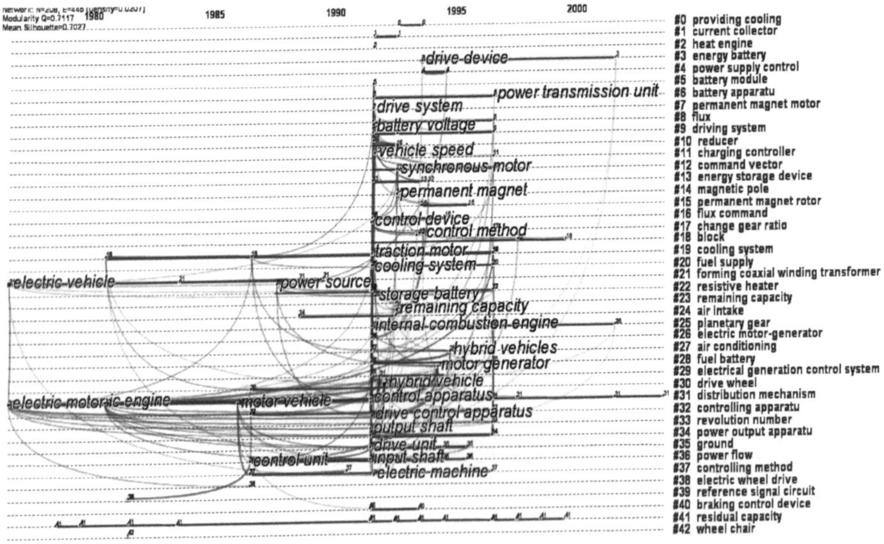

图 9-3　全球电动汽车产业核心技术发展趋势图谱

图 9-3 的左半部分显示了全球电动汽车产业核心技术主题的产生、发展和衰退的演进历程；右半部分标示出每一水平线上的聚类标签。从核心技术主题看，出现于 20 世纪 70 年代末的两个核心主题词分别是电动汽车（electric vehicle）和电动发动机（electric motoric engine）。产生于 20 世纪 80 年代中期的核心技术主题主要有电源（power source）和控制部件（control unit）等。绝大多数的核心技术主题出现于 20 世纪 90 年代以后，这些核心技术主题主要包括驱动系统（drive system）、电池电压（battery voltage）、车速（vehicle speed）、牵引电动机（traction motor）、冷却系统（cooling system）、蓄电池（storage battery）、保持容量（remaining capacity）、内燃发动机（internal combustion engine）、驱动控制装置（drive control apparatus）、输出轴（output shaft）、输入轴（input shaft）、电动发动机（motor generator）、同步电动机（synchronous motor）、永久磁铁（permanent magnet）、混合动力车辆（hybrid vehicles）和动力传输装置（power transmission unit）等技术领域。

其中网络节点中心性高于 0.1 的，视为关键节点[271]，其所代表的核心技术主题也是核心中的关键。这些技术主题的中心性、突增值（burst）和频次如

表 9-8 所示。该表显示出内燃机、电动机、混合动力汽车、控制系统、电源、蓄电池、永久磁铁、高压电池等是全球电动汽车产业的一些热点核心技术主题，它们的兴起、发展和持续时间各不相同。

表 9-8　全球电动汽车技术中心性数值

核心技术主题	中心性	突增值	频次
electric vehicle　电动汽车	0.26	12.07	139
internal combustion engine　内燃机	0.23	0	24
electric motor　电动机	0.22	3.54	63
hybrid vehicle　混合动力汽车	0.21	9.1	119
control system　控制系统	0.14	0	32
power source　电源	0.12	0	9
storage battery　蓄电池	0.1	0	8
permanent magnet　永久磁铁	0.1	0	7
high voltage battery　高压电池	0.1	0	3

中心性高、频次也高的混合动力汽车、电动机等是全球电动汽车产业核心技术主题中的热点领域。中心性比较高、但频次不太高的技术主题（如高压电池、永久磁铁、电源等）可能成为下一步电动汽车产业发展的重点核心技术主题。

四、电动汽车主要学科分布

2008～2012 年，全球电动汽车产业专利申请涉及的学科领域如表 9-9 所示。

表 9-9　全球电动汽车专利学科分布

序号	热点技术领域	数量	比例/%
1	engineering　工程学	63 570	98.96
2	transportation　运输	63 570	98.96
3	energy & fuels　能源与燃料	33 288	51.82
4	instruments & instrumentation　仪器仪表	23 061	35.90
5	computer science　计算机科学	12 393	19.29
6	chemistry　化学	12 144	18.90
7	polymer science　高分子科学	6 078	9.46
8	communication　通信	2 940	4.58
9	metallurgy & metallurgical engineering　冶金学与冶金工程	789	1.23
10	general & internal medicine　内科医学	678	1.06
11	construction & building technology　建筑工程学	676	1.05
12	materials science　材料科学	166	0.26
13	imaging science & photographic technology　影像学与摄影工艺	100	0.16

续表

序号	热点技术领域	数量	比例/%
14	agriculture 农学	94	0.15
15	sport sciences 运动科学	90	0.14
16	optics 光学	25	0.04
17	water resources 水资源	25	0.04
18	pharmacology & pharmacy 药理学与药剂学	22	0.03
19	mining & mineral processing 采矿与矿物加工	17	0.03
20	biotechnology & applied microbiology 生物技术与应用微生物学	12	0.02
21	food science & technology 食品科学技术	6	0.01
22	nuclear science & technology 核科学技术	5	0.01

表 9-9 显示，几乎 99%的专利都涉及工程和运输两个学科领域。除此之外，最多的学科领域是能源与燃料，共有 33 288 项专利，占总数的 51.82%。然后是仪器仪表学科领域，共有 23 061 项专利，所占比例为 35.90%。超过 10%的，还有计算机科学领域，专利数量为 12 393 项，所占比例为 19.29%。化学学科专利数量为 12 144 项，所占比例为 18.90%。

五、电动汽车产业共性技术分析

选择全球电动汽车（electrical vehicles）领域的典型企业日本丰田自动车股份有限公司（Toyota Jidosha KK，以下简称丰田公司）为应用实例，下载了在 DII 数据库中于 2010～2012 年发表的专利数据 5 506 条，运用社会网络分析软件和网络中心性指标，对其进行共性技术的测度。数据检索和下载日期为 2013 年 5 月 21 日。

由于经过德温特技术人员标引的德温特指南代码，对研究专利的技术领域分布更具指导意义，所以在此选择德温特指南代码对丰田公司专利技术领域分布进行分析。通过运用瑞典科学计量学家 Persson 开发的大型文献处理软件 Bibexcel，对丰田公司电动汽车 5 506 条专利文献的德温特指南代码进行处理，得到这些专利文献共涉及 1 656 个不同的技术领域，依据的频次高低将其排序，然后选取出现频次 60 次以上的 75 个技术领域，并进一步分析得到该 75 个技术领域的共现矩阵，运用社会网络分析软件 Ucinet 绘制出丰田公司电动汽车技术网络图谱（图 9-4）。

网络的中心性分析是社会网络分析的一项重要内容。中心度分析包括度中心度（简称中心度）、中介中心度（简称中介度）、亲近中心度（简称亲近度）和特征向量中心度（简称特征向量度）四项指标。节点的程度中心性（degree centrality）是指一个节点与其他节点关系数量的总和[130]。在本部分的研究中，网络节点代表不同的技术领域。节点的中心性越高，说明该节点代表的技术领

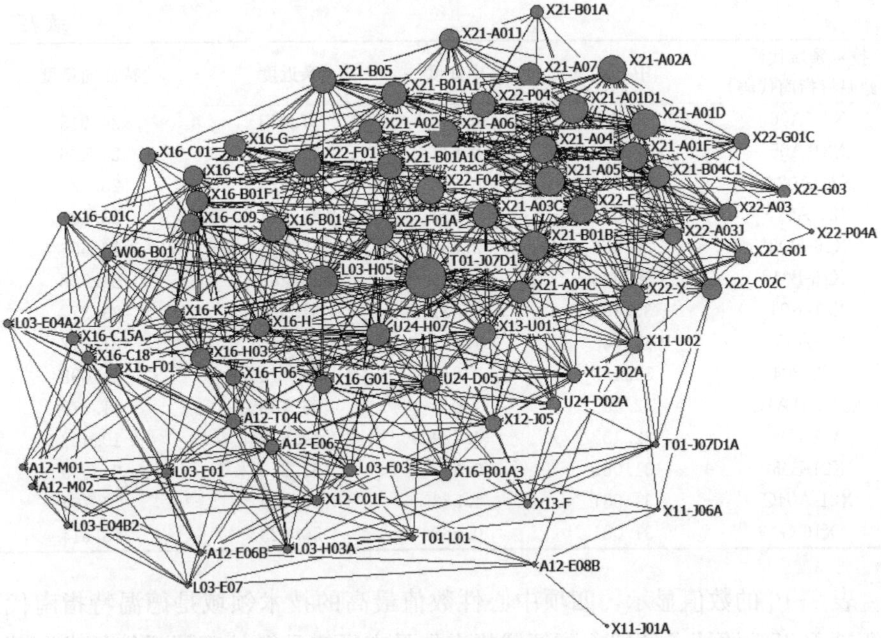

图 9-4　丰田公司电动汽车技术网络图谱（2010～2012 年）

图中的技术大类代表技术领域如下：X 代表电力工程（electric power engineering）、T 代表计算和控制技术（computing and control）、L 代表玻璃-陶瓷-电镀技术（glass，ceramics，electro（in）organics）、U 代表半导体和电子电路技术（semiconductors and electronic circuitry）。

域与其他技术领域存在着普遍的共类现象，该节点代表的技术领域可能就是一个共性技术领域。

对图 9-5 中 75 个节点代表的不同技术领域中心性进行测度后，得到中心度高于 30 的 25 个技术领域的四项中心性数值（表 9-10）。

表 9-10　丰田公司电动汽车技术中心性数值

技术领域代码（德温特指南代码）	中心度	中介度	亲近度	特征向量度
T01-J07D1	68.919	11.813	75.51	35.666
L03-H05	51.351	4.794	66.667	27.102
X21-B01B	40.541	2.183	60.656	25.187
X21-A01D	40.541	1.985	56.489	24.773
X22-X	39.189	7.189	61.667	21.365
X21-A01D1	39.189	0.883	56.061	24.69
X22-F01	37.838	2.982	61.157	23.142
U24-H07	37.838	2.57	60.656	20.186
X22-F04	36.486	1.699	60.656	23.694
X22-F01A	36.486	2.599	59.2	23.127
X22-F	36.486	1.167	56.489	23.457

续表

技术领域代码（德温特指南代码）	中心度	中介度	亲近度	特征向量度
X21-A06	36.486	0.873	57.813	24.913
X21-A05	36.486	0.611	57.813	24.496
X21-A02A	36.486	0.646	55.224	23.52
X21-A01F	36.486	0.657	55.224	23.634
X16-H03	36.486	2.651	59.2	16.506
X16-B01	36.486	1.489	58.268	21.728
X21-A04	35.135	0.531	57.364	23.37
X21-A03C	35.135	1.451	57.813	21.517
X22-P04	32.432	0.912	54.412	21.098
X21-B01A1C	32.432	1.046	56.489	21.279
A12-E06	32.432	4.729	59.677	10.492
X21-B05	31.081	0.822	54.815	21.079
X21-A04C	31.081	1.583	56.489	17.764
X16-G	31.081	0.968	56.923	18.614

表 9-10 的数值显示，四项中心性数值最高的技术领域是德温特指南代码为 T01-J07D1 的技术领域，该领域代表的是交通工具微处理器系统技术，英文为 vehicle microprocessor system。

进一步分析发现，在选定的 75 个高频技术领域中，交通工具微处理器系统技术与其他 51 个技术领域（即超过 2/3 的技术领域）之间存在着共类关系（图 9-5）。

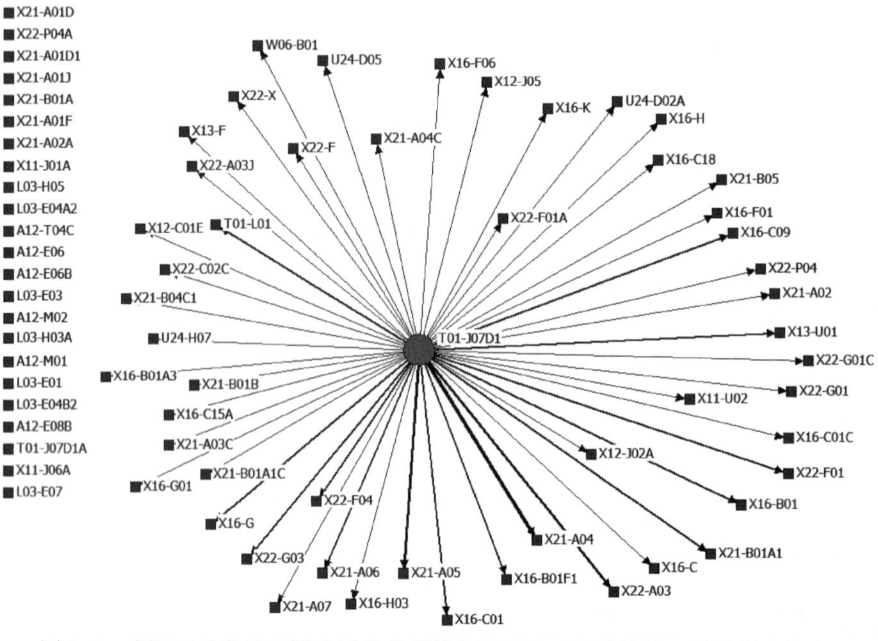

图 9-5 交通工具微处理器系统技术领域共类图谱（连线越粗，共类强度越高）

在对 2011 年全球航空航天领域技术网络的分析中发现，T01-J07D1A（即交通工具微处理器系统技术）也是航空航天领域中与其他技术领域共类机会最多的一个技术领域，该技术领域与 80 个技术领域中的 42 个技术领域存在共类关系[272]。

六、结论与讨论

通过对全球电动汽车产业专利计量分析和共性技术分析，发现专利技术高产机构主要集中在日本。热点技术领域主要集中在电力牵引、混合驱动汽车、牵引用蓄电池、混合电能、混合动力汽车、引电机转速控制等技术领域。电动汽车代表着汽车产业的发展方向，我国政府对其发展也高度重视。2010 年 6 月，财政部等多部委联合发布《关于开展私人购买新能源汽车补贴试点的通知》，明确了对私人购买新能源汽车的具体补贴方案；国家电网在 2010 年工作会议上提出，要紧密跟踪电动汽车发展趋势，大规模建设电动汽车充电站，此举将大力推动电动汽车产业的发展；国务院于 2010 年 10 月发布的关于加快培育和发展战略性新兴产业的决定中，将电动汽车等新能源汽车产业作为国家重点发展的战略性新兴产业，并明确要求各级人民政府要抓紧制订实施方案和具体落实措施，加大支持力度，加快将战略性新兴产业培育成为先导产业和支柱产业，为我国现代化建设作出新的贡献。运用新兴的、能够反映某一主题随着时间序列变化而演进的趋势的信息可视化软件 CiteSpace，对全球电动汽车产业的热点技术主题的发展趋势进行图谱分析的结果显示，全球电动汽车产业的核心技术主题开始出现于 20 世纪 70 年代末，经过 20 世纪 80 年代中期的发展后，绝大多数的核心技术主题出现于 20 世纪 90 年代以后。这些核心技术主题主要包括电动发动机、电源、控制部件、驱动系统、电池电压、车速、牵引电动机、冷却系统、蓄电池、保持容量、内燃发动机、驱动控制装置、电动发动机、同步电动机、永久磁铁、混合动力车辆、动力传输装置等技术领域；其中混合动力汽车、电动机等是全球电动汽车产业核心技术主题中的热点领域。

第四节　竞争对手波音与空客的技术网络与共性技术

在科学技术全球化时代，公司为了争取竞争中的主动权和优势地位，会密切关注竞争对手的技术布局和发展重点。所谓“知己知彼，百战不殆”。已有的利用专利数据进行全球竞争对手的分析研究成果主要如下。McGahan 和 Silverman[273]认为，公司可以从分析竞争对手的专利活动中获益。MacPherson[274]检验了中国新兴产业和国际有贸易潜力的商业航空航天产业的关系，提出中国将成为国际商用飞机的一个新的竞争者，并在21世纪20年代挑战波音公司和空客公司，竞争大中型客机市场。Coyne和Horn[273]提出掌握竞争对手情报是决策的一个重要组成部分。尽管有一些关于公司技术分析的研究[274-279]，甚至有一些关于波音公司[280-286]或空客公司[287-290]，以及波音与空客的比较研究[291,292]，尚未发现关于全球竞争对手波音公司与空客公司技术网络的比较研究成果。

关于共性技术的识别，著者曾经探讨过一些相关理论和方法[40,48]。但本研究拟尝试另外一种方法进行识别——比较两个公司之间的技术网络与技术领域。本书中的技术网络是指技术领域网络，即不同技术分类因在专利文献中存在共现关系而形成的网络。自20世纪70年代以来，社会网络分析方法（SNA）逐渐成为科学计量学领域的一个有特色的研究方法[110]，并广泛应用于科学家合作网络分析[111-114]、科学文献共被引网络分析[78,115-120]、科学研究主题词共现分析[121-126]等领域。SNA应用于技术网络的研究成果却并不多见。已有的相关研究成果主要集中于技术主体网络活动对商业战略的影响[127]、跨国公司对中国科学技术网络发展的作用探讨[128]和全球化时代的技术网络分析[129]等领域。其中涉及的技术网络概念多是指公司或科研主体之间的合作网络，而非本书中的技术网络。

本研究中的关键共性技术，是指既属于波音公司与空客公司的共性技术，同时又属于波音公司或空客公司关键技术的技术领域。目前对关键共性技术的研究主要是应用一些定性方法进行的[295-297]，尚未发现有关定量的研究成果。

专利文献认为是含有丰富技术信息的科研成果产出形式[102,212-216]，是进行技术发展分析研究的比较合适的数据来源。本研究拟运用波音公司与空客公司2011年之前的全部专利数据，在绘制这两个公司技术网络的基础之上进一步分析其共性技术子网络、共性技术领域和关键共性技术领域。

一、数据来源与研究方法

1. 数据检索与处理

本研究中的专利数据样本来源于DII数据库。检索并下载了专利权人名称中含有波音公司（Boeing）和空客公司（Airbus）的全部专利数据，分别为10 122条记录和4 792条记录。检索时间跨度为1963～2011年，实际上波音公司的第一条专利数据出现在1966年，空客公司第一条专利数据出现在1980年。数据下载日期为2012年6月9日。运用CiteSpace软件的数据转换功能[201]，将从 DII 下载的专利数据转换为 Web of Science 数据格式。Bibexcel[203]和 Ucinet[298]软件用来处理转换后的专利数据。

2. 技术网络

选用 DC 代码作为专利技术领域的分类代码，进行技术共类分析。运用技术领域分类代码的共现分析方法，即共类分析方法，并采用 Jaccard 系数计算方法[40]，获得技术共类矩阵。得到技术共类 Jaccard 系数矩阵后，运用 Ucinet 软件包的绘图工具 Netdraw 绘制波音与空客公司的技术网络，并进一步运用 Girvan-Newman[205]算法探测两个公司的技术子网络。

二、技术网络

1. 波音公司技术网络

运用大型文献处理软件 Bibexcel 对波音公司 10 122 条专利数据的 DC 进行分析，得到这些专利数据共涉及 267 个不同的 DC 技术领域，出现的总频次为 24 249，平均每条专利数据有 2.40 个 DC 技术分类代码。267 个 DC 技术分类全部选中用来进行技术共类分析，然后计算出 Jaccard 系数，形成标准化的技术共类矩阵。运用 Ucinet 软件包的网络绘制工具 Netdraw，通过不断调整阈值并将 Jaccard 系数矩阵转换为（0，1）矩阵。当阈值为 0.05 时，网络呈现出比较清晰的结构状态。选取最大的连通组网络并将其视为波音公司的技术网络来进行分析（图 9-6）。

进一步运用 Girvan-Newman 算法来探测图 9-6 中的技术子网络。最大的子网络是航空涂料-抛光剂-高分子缩聚物，该子网络包含的技术领域最多，位于图 9-6 的中下偏右部分；其他几个较大子网络有单烯烃-聚乙烯、非矿物燃料发电系统-电镀技术、工业电气设备-分层产品、航空器零部件和光热测量仪器；此外，还有制冷、光敏组件和气体等分离技术三个较小的子网络。

2. 空客公司技术网络

运用与波音公司技术网络绘制同样的方法，得到空客公司清晰的最大连通组技术网络（图 9-7）。空客公司 4 792 条专利数据共涉及 216 个不同的 DC 技术领域，出现的总频次为 10 466，平均每条专利数据有 2.18 个 DC 技术分类代码。

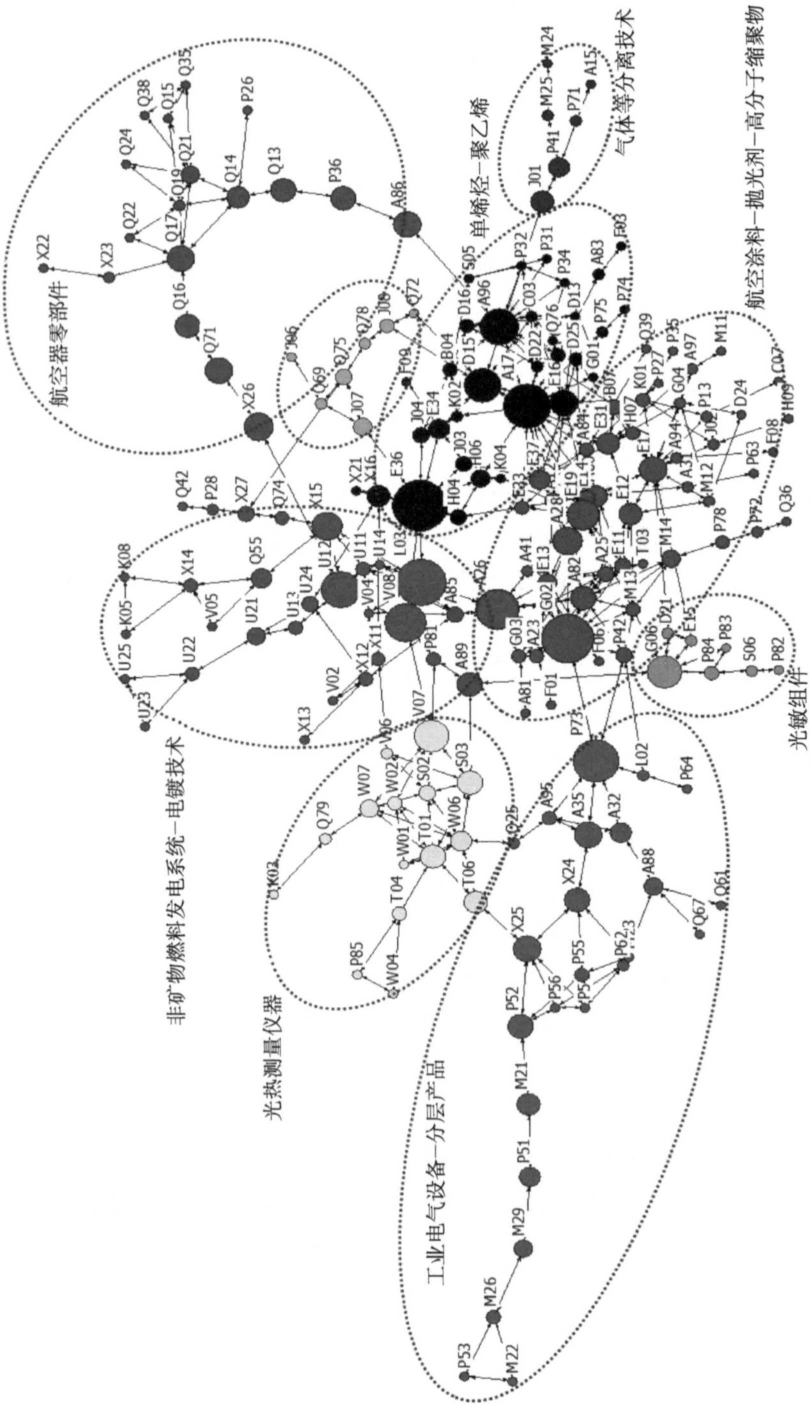

图9-6　波音公司技术网络（1966~2011年，阈值=0=0.05）

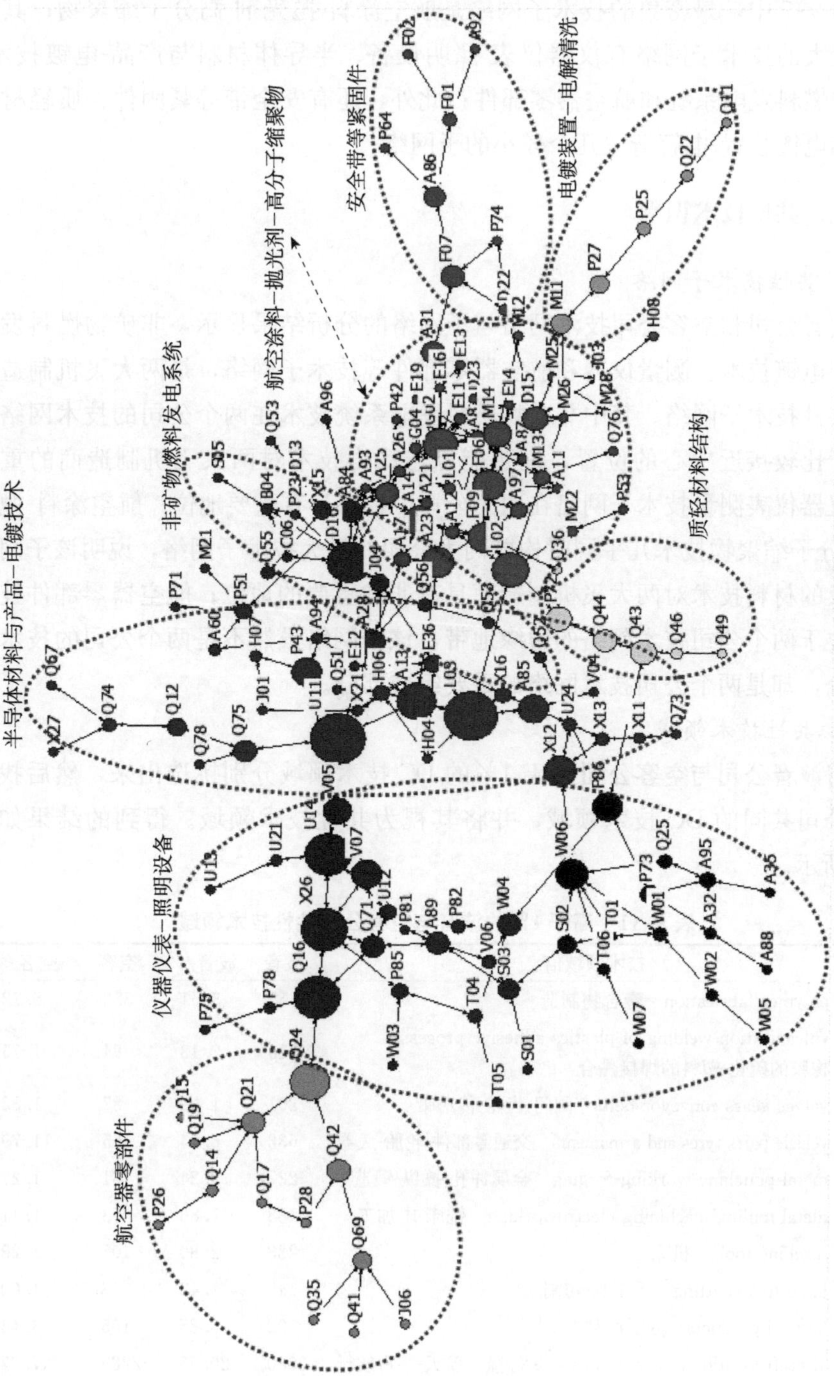

图9-7　空客公司技术网络(1980~2011年，阈值=0.05)

图 9-7 中，最密集的技术子网络是航空涂料-抛光剂-高分子缩聚物；其他几个较大的技术子网络有仪器仪表-照明设备、半导体材料与产品-电镀技术、非矿物燃料发电系统和航空器零部件；此外，还有安全带等紧固件、质轻材料结构和电镀装置-电解清洗几个较小的子网络。

三、共性技术识别

1. 共性技术子网络

波音公司和空客公司技术网络与子网络的分析结果显示，非矿物燃料发电系统、电镀技术、测量仪器和航空器零部件等技术子网络，是两大飞机制造公司的共性技术子网络。其中非矿物燃料发电系统技术在两个公司的技术网络中都处于比较接近中心的位置，说明能源与动力技术对两大飞机制造商的重要性；仪器仪表测量技术子网络在两个公司中也都具有重要地位；航空涂料-抛光剂-高分子缩聚物技术几乎同时构成两大公司的最大技术子网络，说明该子网络所涉及的材料技术对两大飞机制造商具有非常重要的地位；航空器零部件技术同时位于两个公司技术网络的边缘地带，该子网络虽然不是两个公司的技术核心部分，却是两个公司技术网络的重要组成部分。

2. 共性技术领域

将波音公司与空客公司高于 1%的 DC 技术领域分别挑选出来，然后找出两个公司共同的 DC 技术领域，并将其视为共性技术领域。得到的结果如表 9-11所示。

表 9-11　高于 1%的波音与空客公司共性技术领域

DC	技术领域信息	波音	波音/%	空客	空客/%
A32	polymer fabrication　聚合物制造	355	3.51	322	6.72
A35	vulcanisation-welding of plastics-adhesive processes 橡胶的硫化-塑料的焊接黏合	216	2.13	84	1.75
A88	valves-gears-conveyor belts　阀门-齿轮-传送带	201	1.99	87	1.82
A95	vehicle parts-tyres and armaments　交通零部件-轮胎-武器	632	6.24	565	11.79
P52	metal punching-working-forging　金属冲孔-操纵-锻造	227	2.24	61	1.27
P54	metal milling-machining-electroworking　铣床-电加工	188	1.86	53	1.11
P56	machine tools　机床	283	2.80	107	2.23
P62	hand tools-cutting　手工具-切割	145	1.43	48	1.00
P73	layered products　分层产品	592	5.85	165	3.44
Q25	aircraft-aviation-cosmonautics　飞机-航空航天-宇宙航行	2080	20.55	2289	47.77
Q52	combustion engines-gas turbines　内燃机-燃气轮机	134	1.32	159	3.32

续表

DC	技术领域信息	波音	波音/%	空客	空客/%
Q61	securing machine parts together 紧固件	135	1.33	128	2.67
S01	electrical instruments including 电工仪器仪表	182	1.80	57	1.19
S02	engineering instrumentation 工程记录-测试仪器	876	8.65	356	7.43
S03	scientific instrumentation 科学仪器	611	6.04	111	2.32
T01	digital computers 数字计算机	1916	18.93	619	12.92
T04	computer peripheral equipment 计算机外围设备	194	1.92	48	1.00
T06	process and machine control 特殊加工的机床控制	516	5.10	226	4.72
V04	printed circuits and connectors 印刷电路板与连接器	271	2.68	97	2.02
W01	telephone and data transmission systems 电话与数据传输系统	441	4.36	133	2.78
W02	Broadcasting-radio and line transmission systems 广播与线路传输	848	8.38	75	1.57
W04	audio/video recording and systems 音频/视频记录和系统	174	1.72	51	1.06
W05	alarms-signalling-telemetry and telecontrol 报警信号遥测和遥控	173	1.71	87	1.82
W06	aviation-marine and radar systems 航海和航空雷达系统	3116	30.78	1737	36.25
W07	electrical military equipment and weapons 电气军事装备和武器	441	4.36	60	1.25
X12	power distribution/components/converters 配电/组件/转换器	179	1.77	124	2.59
X25	industrial electric equipment 工业电气设备	511	5.05	99	2.07

注 第三列和第四列分别为波音公司专利数量和比例；第五列和第六列分别为空客公司专利数量和比例。

表9-11中共列出了27个共性技术领域。第一列是按照字母顺序排列的技术领域DC代码，第二列是技术领域的中英文信息描述，第三列和第四列分别是波音公司的专利数量与比例，第五列和第六列分别是空客公司的专利数量与比例。其中，同时超过两个公司专利总量比例5%的共性技术领域有5个，分别是W06（航海和航空雷达系统技术），波音公司比例为30.78%，空客公司比例为36.25%；Q25（飞机-航空航天-宇宙航行技术），波音公司比例为20.55%，空客公司比例为47.77%；T01（数字计算机技术），波音公司比例为18.93%，空客公司比例为12.92%；A95（交通零部件-轮胎-武器技术），波音公司比例为6.24%，空客公司比例为11.79%；S02（工程记录-测试仪器技术），波音公司比例为8.65%，空客公司比例为7.43%。

3. 关键共性技术领域

著者曾探讨过关键技术的识别方法[299]，在此，本课题组想进一步探讨关键共性技术的识别问题。将关键技术识别方法与共性技术识别方法结合起来，如果一项技术领域既是关键技术领域，同时又是共性技术领域，则可以将其视为关键共性技术领域。首先，第九章第四节第三点中析出了高于1%的波音-空客公司共性技术领域（表9-11）；然后运用中介度指标识别波音公司（表9-12）和空客公司（表9-12）前30个关键技术领域；最后，检验前两步骤数据的重合度，即有多少个共性技术领域同时也是关键技术领域，这些技术领域就是关键共性技术领域，在表9-12中以斜粗体字标明。由于选择的共性技术领域和关键技术领域都有一定的比例或条件，所以这里测度的波音公司与空客公司的关键共性技术领域是前1%共性技术领域和前30个关键技术领域（双标准）的交叉融合，而非全部技术领域。

表9-12 波音公司关键共性技术领域（斜粗体字标明的技术领域）

DC	技术领域信息	中介度
E36	non-metallic elements and their compounds 非金属元素及其化合物	9.221
G02	inks-paints-polishes 油墨-涂料-上光剂	8.767
L03	electro-(in)organic-chemical features of electrical devices 电镀-电气设备的有机化学特征	8.502
A17	unsubstituted aliphatic mono-olefins-polyethylene 未取代的脂肪族单烯烃-聚乙烯	7.799
P73	***layered products 分层产品***	***7.541***
A26	other condensation polymers-silicone polymers 其他缩聚物，有机硅聚合物	6.831
V08	lasers and masers 激光和微波激射器	6.643
A96	medical-dental-veterinary-cosmetic 医疗-牙科-兽医-化妆品	6.048
U12	discrete devices e. g. leds-photovoltaic cells 分立器件（如太阳能光伏电池）	5.823
D15	treating water-industrial waste and sewage 废水与污水处理	5.714
V07	fibre-optics and light control 光纤和光控	5.141
G06	photosensitive compositions and bases-photographic processes 光敏组件与摄影技术	4.903
E19	organic compounds general-unknown structure-mixtures 未知的化合物结构的混合物	4.519
X26	lighting-discharge-incandescent and electric arc lamps 照明放电的白炽灯和电弧灯	4.133
X15	non-fossil fuel power generating systems 非化石燃料发电系统	3.958
A28	condensation polymers in general 一般的缩聚物	3.935
E17	other aliphatic 其他脂肪族	3.898
A86	fancy goods-games-sports-toys 新奇商品-游戏-运动-玩具	3.869
X25	industrial electric equipment 工业电气设备	3.788
E16	aliphatic 脂肪族化合物	3.715
Q71	lighting 照明设备	3.679
Q17	vehicle parts-fittings-servicing 汽车零件配件服务	3.546
A35	***Vulcanisation-welding of plastics-adhesive processes 橡胶的硫化-塑料的焊接黏合***	***3.537***
P36	sports-games-toys 运动-游戏-玩具	3.415
S03	***scientific instrumentation 科学仪器***	***3.379***
X24	electric welding 电焊	3.272
Q16	vehicle lighting-signalling 交通工具照明-信号传输	3.267
T01	***digital computers 数字计算机***	***3.259***
P52	***metal punching-working-forging 金属冲孔-操纵-锻造***	***3.253***
A82	*coatings-impregnations-polishes* 涂料-浸渍剂-上光剂	3.102

表 9-12 显示，对波音公司既属于前 1%的共性技术领域，同时又属于前 30 个关键技术领域的关键共性技术领域只有 5 个。它们分别是 P73（分层产品技术）、A35（橡胶的硫化-塑料的焊接黏合技术）、S03（科学仪器）、T01（数字计算机）、P52（金属冲孔-操纵-锻造）。

表 9-13 显示，对空客公司既属于前 1%的共性技术领域，同时又属于前 30 个关键技术领域的关键共性技术领域只有 2 个。它们分别是 W06（航海和航空雷达系统）和 X12（配电/组件/转换器）。

表 9-13 空客公司关键共性技术领域（斜粗体字标明的技术领域）

DC	技术领域信息	中介度
U11	semiconductor materials and processes 半导体材料与工艺	11.281
L03	electro-(in)organic-chemical features of electrical devices 电镀-电气设备中的有机化学特征	10.589
Q16	vehicle lighting-signalling 交通工具照明-信号传输	9.197
X26	lighting-discharge-incandescent and electric arc lamps 照明-放电-白炽灯和电弧灯	8.914
U14	memories-film and hybrid circuits-digital memories 记忆胶片和混合电路的记忆存储	8.905
D16	fermentation industry 发酵工业	8.188
Q24	ships 船（宇宙飞船）	7.534
A13	aromatic mono-olefins-including polystyrene 芳族单烯烃，包括聚苯乙烯	7.21
L02	refractories-ceramics-cement 耐火材料-陶瓷-水泥	6.967
G02	inks-paints-polishes 油墨-涂料-上光剂	5.93
W06	***aviation-marine and radar systems 航海和航空雷达系统***	***5.814***
X12	***power distribution/components/converters 配电/组件/转换器***	***5.705***
F09	paper-making production of cellulose-chemical treatment of wood 造纸生产纤维素的化学处理的木材	5.648
A14	other substituted mono-olefins-pvc-ptfe 其他取代的单烯烃-聚氯乙烯-聚四氟乙烯	5.574
F06	chemical-type treatment of textiles 纺织品的化学处理	5.523
A23	polyamides-polyesters-polycarbonates-alkyds 聚酰胺-聚酯-聚碳酸酯-醇酸树脂	5.387
A85	electrical applications 电器应用	5.296
P43	sorting-cleaning-waste disposal 废物分类-清除装置	5.27
P86	musical instruments-acoustics 器乐音响效果	4.981
V07	fibre-optics and light control 光纤和光控	4.895
V05	valves-discharge tubes and crts 阀门排放管和阴极射线管	4.57
A28	condensation polymers in general 一般的缩聚物	4.544
M14	other chemical surface treatments 其他化学表面处理	4.482
Q43	general building constructions 综合建筑结构	3.892
D15	treating water-industrial waste and sewage 废水与污水处理	3.878
P72	working paper 工作文件	3.725
A31	preliminary processes 初步流程	3.651
F07	other textile applications-clothing design-accessories-fasteners 其他纺织品的应用，服装设计-配件-紧固件	3.518
Q44	structural elements 结构元素	3.446
Q71	lighting 照明设备	3.372

四、主要结论与可能的推广应用

1. 主要结论

分析全球两大竞争最激烈的飞机制造公司的技术网络结构，对识别共性技术子网络、共性技术领域和关键共性技术领域等具有比较重要的理论意义和实践意义。通过本书的研究分析，得到如下的主要结论。

波音公司和空客公司技术网络分析结果显示，波音公司的技术网络主要由以下技术子网络构成：航空涂料-抛光剂-高分子缩聚物、单烯烃-聚乙烯、非矿物燃料发电系统-电镀技术、工业电气设备-分层产品、航空器零部件和光热测量仪器。空客公司的技术网络主要由以下技术子网络构成：航空涂料-抛光剂-高分子缩聚物、仪器仪表-照明设备、半导体材料与产品-电镀技术、非矿物燃料发电系统和航空器零部件。

波音公司和空客公司的技术子网络比较分析结果显示，非矿物燃料发电系统、电镀技术、测量仪器、航空器零部件等技术子网络是两大公司的共性技术子网络。

波音公司和空客公司超过1%的技术领域中，共有27个共性技术领域。其中，同时超过两个公司专利总量比例5%的共性技术领域有5个，分别是航海和航空雷达系统技术、飞机-航空航天-宇宙航行技术、数字计算机技术、交通零部件-轮胎-武器技术和工程记录-测试仪器技术。

关键共性技术领域分析结果显示，对波音公司，既属于前1%的共性技术领域，同时又属于前30个关键技术领域的关键共性技术领域只有5个。它们分别是分层产品技术、橡胶的硫化-塑料的焊接黏合技术、科学仪器、数字计算机和金属冲孔-操纵-锻造。对空客公司，符合同一标准条件的关键共性技术领域只有航海和航空雷达系统和配电/组件/转换器2个。

2. 可能的推广应用

本研究中竞争对手技术网络绘制与比较分析的方法，可以应用于其他产业领域竞争对手技术结构的比较分析中。这种比较分析对整体上认识和把握竞争对手的技术网络结构布局、技术领域之间的相互关系具有重要的理论和实践意义。

共性技术子网络和共性技术领域的分析可以帮助有竞争关系的公司了解其与竞争对手之间相同的技术结构和技术领域，密切关注竞争对手共性技术的发展趋势，寻找机会增加彼此共性技术部分的交流与共享。

将关键技术的测度方法与共性技术的测度方法结合起来，识别关键共性技术是本研究的一个较新尝试。该方法可以应用到许多产业领域的关键共性技术测度研究中。

第五节 图形用户界面关键技术与共性技术分析

从20世纪初人类飞上蓝天以来的100年期间，特别是分子生物学革命以来的半个世纪里，整个世界进入现代科学技术与发展进步更加迅猛的新时代。人类视野进一步向物质世界的宏观和微观两极拓展，破解了生命的奥秘和遗传的密码，一系列高技术变革改变了整个世界面貌，数字信息通信技术的发展，使人类的指头可以随时指点江山，瞬息尽收天下奇闻[300]。如何能在高技术突飞猛进发展的时代，瞬间把握一个技术领域的关键技术与共性技术？本书尝试运用高技术带来的先进科研手段进行尝试。

关键技术是符合国家发展战略目标、能够显著提升产业竞争力、培育新的经济技术增长点、具有集成和带动作用特点的一类技术[53,57]。国内外学者对关键技术的基本理论[53,158]、发展状况[158]、关键技术发展路线图[163]、关键技术的自主创新[159]、关键技术的计量和挖掘[160,161]，以及某些具体领域的关键技术[162−164]等进行了一些相关的研究。共性技术又称产业共性技术[9]，是指在很多产业领域内已经或未来可能被普遍应用，其研发成果可共享并对整个产业或多个产业及其企业产生深度影响的技术[5,9,10,14,16,139,140]。国内外学术界关于共性技术的研究成果，主要集中于政府在共性技术开发中的作用[5,16,19]、共性技术与创新体系[24]、共性技术平台建设[29]、共性技术外部性[4,34]、共性技术商业化与共性技术测度等主要领域[35]。

图形用户界面，又称图形用户接口（graphical user interface，GUI），作为一个随着电子信息技术发展而产生的一个新兴技术领域，是指采用图形方式显示的计算机操作环境用户接口。与早期计算机使用的命令行界面相比，图形界面对于用户更为简便易用。GUI的广泛应用是当今计算机发展的重大成就之一，它极大地方便了非专业用户的使用，人们从此不再需要死记硬背大量的命令，取而代之的是可以通过窗口、菜单、按键等方式来方便地进行操作。GUI具有以下几个方面的准则：减少用户的认知负担、保持界面的一致性、满足不同目标用户的创意需求、用户界面友好性、图标识别平衡性、图标功能的一致性、建立界面与用户的互动交流。GUI主要应用于以下领域：手机通信移动产品、电脑操作平台、软件产品、个人数字助理（personal digital assistant，PDA）产品、数码产品、车载系统产品、智能家电产品、游戏产品、产品的在线推广等。

已有的关于关键技术和共性技术的研究成果，多采用定性研究方法，定量研究成果相对较少。已有的关于图形用户界面主题的研究成果，主要是技术层面的研究[301—303]。在本研究中，著者将采用网络中心性指标[304]，对新兴技术领域 GUI 技术的关键技术与共性技术进行分析，并在定量分析基础之上提出我国相关知识产权保护（intellectual property right，IPR）战略对策。

本书研究的数据来源于世界权威专利数据库 DII，下载并分析了以图形用户界面为主题的全球 1989～2011 年发表的全部 16 564 条专利文献数据。刘则渊认为，一图胜万言[305]，科学知识图谱与信息可视化广泛地应用于科学技术前沿研究[306—308]。采用信息可视化方法对高技术前沿进行探测分析，应成为信息时代科学研究的重要技术手段之一。本书的具体研究方法与指标主要运用社会网络及其中心性分析方法、中介中心度、多重测量中心度指标和信息可视化技术手段。

一、全球 GUI 专利技术发展趋势与主要创新主体

1. 全球 GUI 专利技术发展趋势

统计全球 GUI 专利数据的年度分布（图 9-8），有利于把握这一新兴技术领域的发展态势，洞察该领域创新活动的趋势与特点。

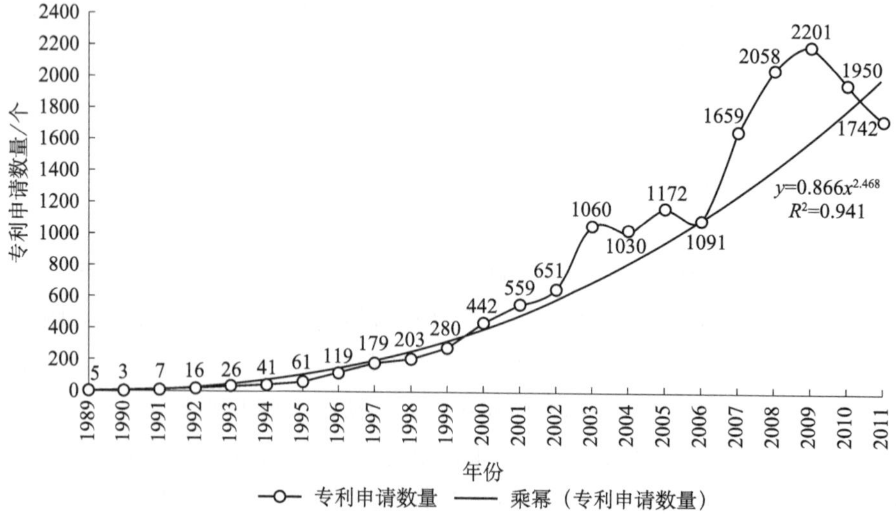

图 9-8 全球 GUI 专利发展趋势

在 DII 数据库中，GUI 专利数据开始出现的年份是 1989 年，5 条；1995 年之前的增长速度比较缓慢；1996 年之后，开始出现快速增长的发展趋势；2009 年，全球 GUI 专利申请量已经达到 2201 条；2010 年与 2011 年的统计数

量下降，是某些专利申请尚未公开所致，并非申报量下降，这两年的具体统计数字需到 2013 年方能得到更加准确的数字。1989～2011 年的发展趋势呈现出比较接近乘幂的增长态势，拟合度 R^2 为 0.941；待 2010 年与 2011 年的数字尽收 DII，乘幂态势应该更加明显。

2. 全球 GUI 主要创新主体及其影响力

分析全球 GUI 主要创新主体的专利产出与被引频次，有利于把握主要创新主体的创新活跃程度及其在本技术领域的影响力。专利作为技术创新活动的主要产出，常用作技术发展趋势的测度指标[214-216]。专利的被引频次则常用来测度专利的质量和影响力[309-314]。在此选择专利数量高于 100 的 22 位创新主体并将其视为全球 GUI 技术的主要创新主体，同时检索出这些创新主体的被引频次作为衡量其技术影响力指标（表 9-14）。

表 9-14 专利数量高于 100 的 22 位创新主体及其被引频次

公司代码	公司名称	专利数量	国际比例/%	被引频次
1 IBMC	IBM Corp 美国 IBM 公司	1491	9.00	3243 (1)
2 MICT	Microsoft Corp 美国微软公司	784	4.73	1706 (2)
3 APPY	Apple Computer INC 美国苹果电脑公司	420	2.54	939 (5)
4 SONY	Sony Corp 日本索尼公司	332	2.00	995 (3)
5 CANO	Canon KK 日本佳能株式会社	250	1.51	651 (10)
6 SSAP	SAP AG 德国思爱普集团	237	1.43	114 (21)
7 SMSU	Samsung Electronics CO LTD 韩国三星电子公司	203	1.23	337 (17)
8 AMTT	AT&T CORP 美国电话电报公司	202	1.22	804 (8)
9 HEWP	Hewlett-Packard CO LTD 美国惠普公司	177	1.07	924 (6)
10 TOKE	TOSHIBA KK 日本东芝公司	147	0.89	517 (12)
11 RIMR	RES IN MOTION LTD 加拿大黑莓公司	145	0.88	100 (22)
12 XERO	Xerox Corp 美国施乐公司	131	0.79	795 (9)
13 NIDE	NEC Corp 日本电气公司	127	0.77	440 (14)
14 SIEI	Siemens AG 德国西门子公司	122	0.74	435 (15)
15 MATU	Matsushita Denki Sangyo KK 日本松下电器	120	0.72	500 (13)
16 VEZN	Verizon Patent&Licensing INC 美国威瑞森专利许可公司	116	0.70	224 (20)
17 RICO	Ricoh KK 日本理光	115	0.69	274 (19)
18 OYNO	Nokia Corp 芬兰诺基亚公司	110	0.66	386 (16)
19 SUNM	Sun Microsystems INC 美国太阳微系统公司	109	0.66	985 (4)
20 ORAC	Oracle Int Corp 美国甲骨文国际公司	108	0.65	325 (18)
21 PHIG	Konink Philips Electronics NV 荷兰皇家飞利浦电子公司	105	0.63	576 (11)
22 HITA	Hitachi LTD 日本日立公司	103	0.62	862 (7)

注 被引频次的检索时间范围是 1989～2011 年，限于 DII 中的 GUI 技术主题范围。第一列的数字是按照专利数量进行的排序；最后一列括号内的数字是按照被引频次排序的。

在 22 强公司中，美国有 9 个、日本有 7 个、德国有 2 个、荷兰有 1 个、芬兰有 1 个、加拿大有 1 个、韩国有 1 个。被引频次最高的公司是美国的 IBM 公司，排在第二位的是美国的微软公司，排在第三位的是日本索尼公司，排在第四位的是美国太阳微系统公司，排在第五位的是美国苹果电脑公司。影响力最强的前5位公司中，有4个是美国的公司。从GUI技术的历史发展来看，加拿大Three Rivers公司、美国的施乐公司、苹果公司、IBM公司、微软公司和太阳微系统公司等对GUI的发展都起到了决定性作用。1980年，加拿大Three Rivers公司首次推出Perq图形工作站；1981年，施乐公司推出了Alto的继承者Star，Alto曾首次使用了窗口设计；1984年，苹果公司推出Macintosh；1986年，首款用于Unix的窗口系统X Window System发布；1988年，IBM发布OS/2 1.10标准版演示管理器（Presentation Manager），这是第一种支持Intel计算机的稳定的图形界面；1992年，微软公司发布Windows 3.1，增加了多媒体支持；1995年，微软的Windows 95发布，其视窗操作系统的外观基本定型；1996年，微软发布Bob，此软件具有动画助手和有趣的图片；1996年，IBM发布了OS/2 Warp 4，它的交互界面得到显著改善，至今仍有不少ATM机运行这样的系统；1997年，KDE和GNOME两大开源桌面项目启动；1997年，苹果公司发布Mac OS 8，这个系统具有三维外观并提供了Spring-Loaded Folder功能；2000年，苹果公司漂亮的Aqua，也就是Mac OS X系统的默认外观，可以让用户更轻松地使用计算机；2001年，微软发布Windows XP，实现桌面功能的整合；2003年，Mac OS X v10.3提供了一键单击访问任何已打开窗口的功能；2003年，Sun公司的Java桌面系统为Gnome桌面添加了和Mac类似的效果；2006年，微软发布了Windows Vista，对此前其视窗操作系统的外观进行了较大的修改。由此可见，表9-14中被引频次高的公司基本上都是对GUI技术发展起到过关键作用的公司。

二、GUI关键技术分析

采用社会网络的中介中心度作为测度关键技术的指标。依据中介中心度的相关理论和计算方法绘制中介中心度技术网络，识别关键技术。

图9-9中介中心度的技术网络中显示，1989～2011年的GUI技术主要包括7个子网络。其中最大的子网络是数字计算机界面与程序控制和信号传输领域，第二个较大的子网络是科学仪器、电工仪表和电子医疗器械领域，第三个子网络是数字存储器与混合电路领域，第四个子网络是汽车电子控制仪器，第五个子网络是航空航海声波定位仪和激光定位器，第六个子网络是精炼工程仪表，第七个子网络是处理与机床控制仪表。

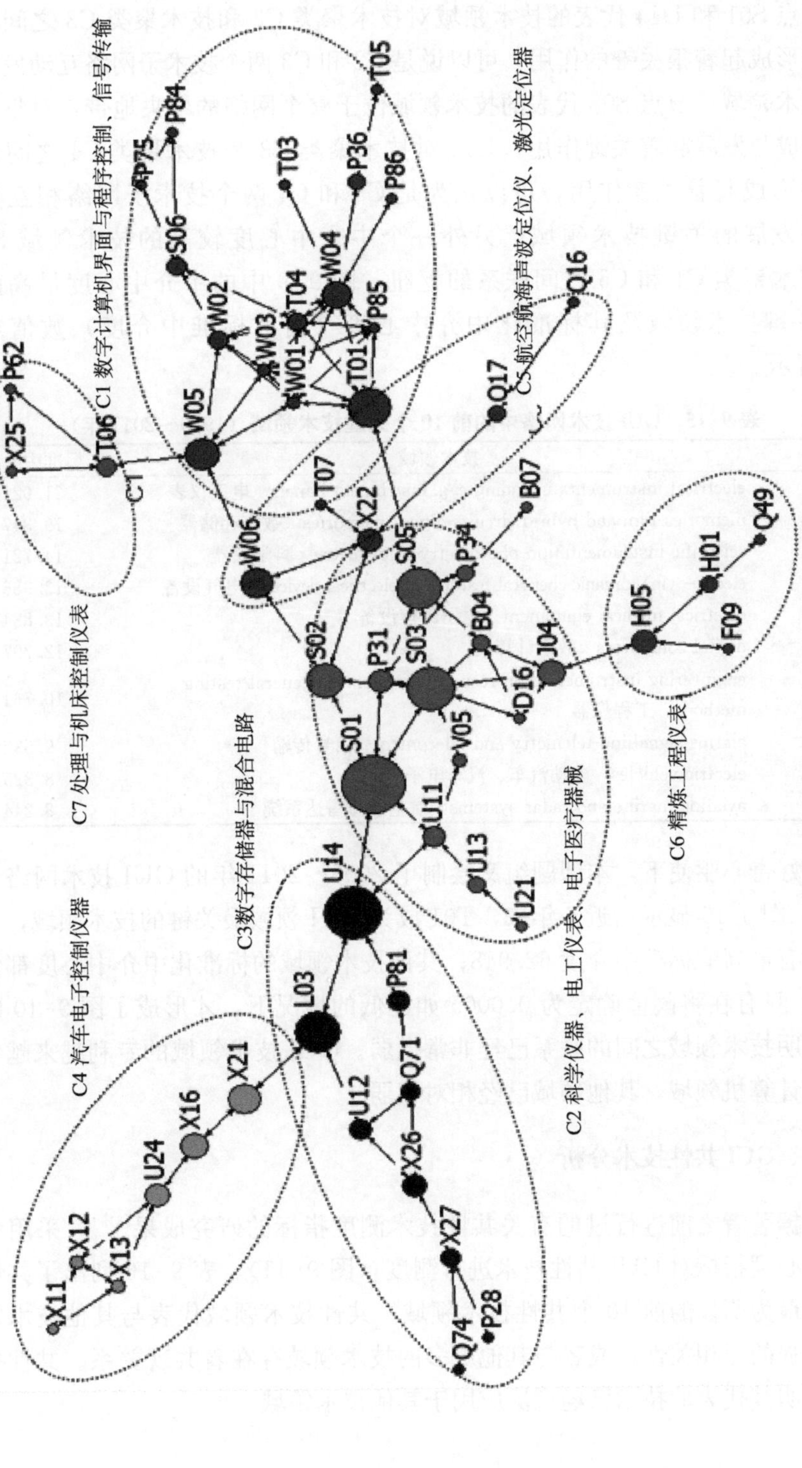

图9-9 GUI中介中心度技术网络（1989~2011年，阈值=0.04）

节点 S01 和 U14 代表的技术领域对技术聚类 C2 和技术聚类 C3 之间的技术网络形成起着很关键的作用，可以说是 C2 和 C3 两个技术子网络互动发展的关键技术领域；节点 S03 代表的技术领域位于整个网络的中央地带，对整体网络的形成与发展起着关键作用；L03 对技术聚类 C3 和技术聚类 C4 之间的技术网络形成起着关键作用，可以认为是 C3 和 C4 两个技术子网络相互连接和互动发展的关键技术领域；另外一个中介中心度较高的技术领域 S05，则是技术聚类 C1 和 C5 之间联系的枢纽。图 9-9 中的中介中心度最高的前 10 个关键技术领域及其标准化中介中心度（简称标准中介度）数值如表 9-15所示。

表 9-15　GUI 技术网络中的前 10 个关键技术领域（1989～2011 年）

代码	技术领域	标准中介度
S01	electrical instruments including e. g. instrument panels　电工仪表	21.021
U14	memories-film and hybrid circuits-digital memories　数字存储器	19.347
S03	scientific instrumentation-photometry-calorimetry　科学仪器	14.721
L03	electro- (in) organic-chemical features of electrical devices　电气设备	13.986
S05	electrical medical equipment　电子医疗设备	13.884
T01	digital computers　数字计算机	12.797
S02	engineering instrumentation-recording equipment-general testing methods　工程仪器	10.761
W05	alarms-signalling-telemetry and telecontrol　信号传输	9.532
X21	electric vehicles　电动汽车、汽车电子	8.325
W06	aviation-marine and radar systems　航空航海雷达系统	8.244

在好奇心驱使下，本课题组又绘制了 2006～2011 年的 GUI 技术网络（图 9-10）。图 9-10 显示，近 6 年来，T01 成为 GUI 领域最关键的技术领域，在网络中具有最高的标准中介度 62.948；其他技术领域的标准化中介中心度都低于 5.000。只有在将阈值确定为 0.0005 如此低的情况下，才形成了图 9-10 的网络，说明技术领域之间的联系已经非常微弱。GUI 技术领域的专利越来越集中于数字计算机领域，其他领域已经相对很弱。

三、GUI 共性技术分析

依据著者之前进行过的有关共性技术测度指标的研究成果[315]，采用多重测量中心度指标对 GUI 共性技术进行测度（图 9-11）。表 9-16 列出了共性技术特征最为明显的前 10 个共性技术领域。共性技术领域代表与其他技术领域具有更强的正相关性，或者与其他更多的技术领域存在着共现关系。共性技术领域表明其代表的技术已经广泛应用于其他技术领域。

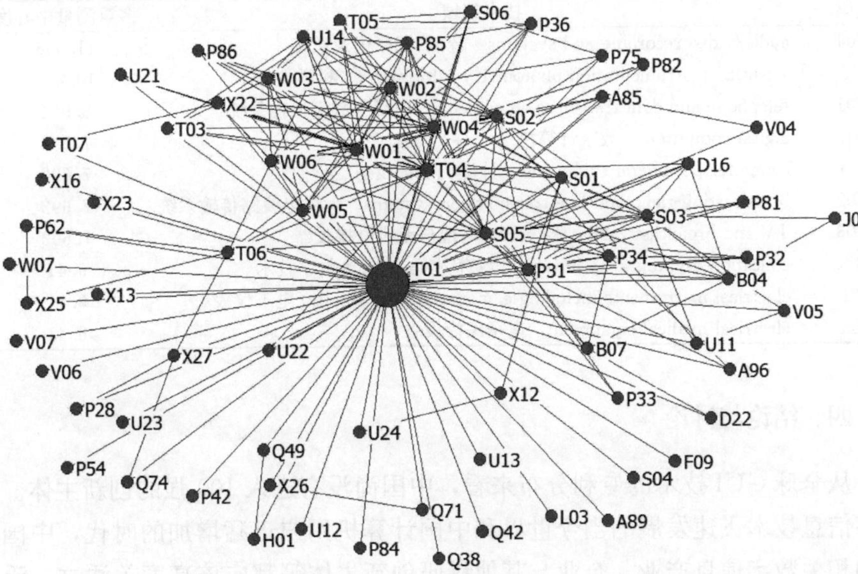

图 9-10　GUI 技术网络（2006～2011 年，阈值＝0.0005）

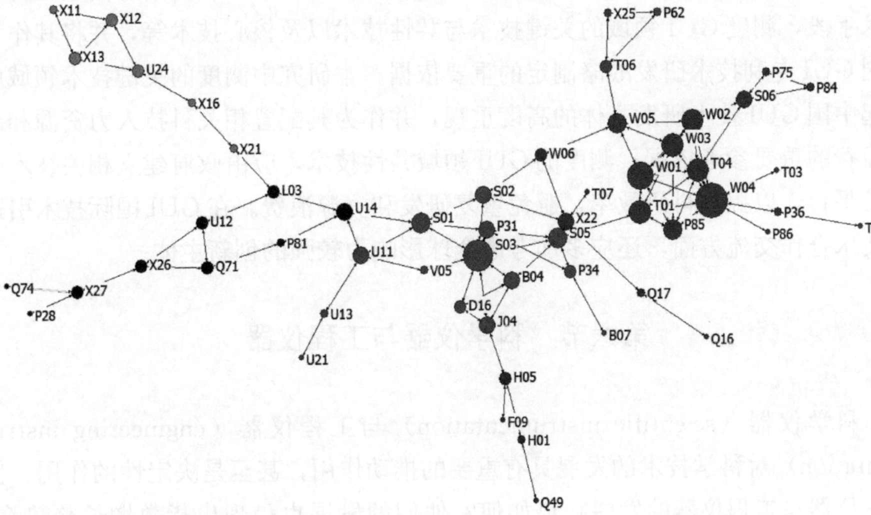

图 9-11　GUI 多重测量中心度技术网络（1989～2011 年，阈值＝0.04）

表 9-16　GUI 技术网络中的前 10 个共性技术领域（1989～2011 年）

代码	技术领域	多重测量中心度
W04	audio/video recording and systems　音频/视频记录系统	11.538
S03	scientific instrumentation-photometry-calorimetry　科学仪器	10.256
W01	telephone and data transmission systems　电话与数字传输系统	8.974
T01	digital computers　数字计算机	7.692
T04	computer peripheral equipment　计算机外部设备	7.692
W02	broadcasting-radio and line transmission systems　无线电线路传输系统	7.692
W03	TV and broadcast radio receivers　电视与无线电接收器	7.692
P85	education-cryptography-adverts　教育-密码-广告等数字技术	6.41
S01	electrical instruments including e. g. instrument panels　电工仪表	6.41
S05	electrical medical equipment　电子医疗设备	6.41

四、结论与讨论

从全球 GUI 技术的专利分布来看，中国尚没有进入 100 强的创新主体。在数字信息技术飞速发展的当今世界和中国计算机用户迅猛增加的时代，中国政府和相关数字信息产业、企业与其他科研创新主体等都应该高度关注这一重要的新兴高技术领域的创新发展，加强 GUI 相关专利技术的研发强度与知识产权（intellectual property right，IPR）保护。全面分析全球 GUI 专利技术的发展趋势、密切关注 GUI 技术的发展动态，并利用新兴科学知识图谱等信息可视化技术手段，测度 GUI 领域的关键技术与共性技术以及核心技术等，并将其作为中国 GUI 专利技术研发战略制定的重要依据。本研究中测度的关键技术领域应引起中国 GUI 技术研发主体的高度重视，并作为其配置相关科技人力资源和研发经费的重要参考依据；测度的 GUI 领域共性技术，应由政府建立相关技术的研发平台，以提高科研效率，避免重复研发和资源浪费。在 GUI 国际技术引进与技术合作交流方面，还应多加考虑全球影响力较强的创新主体。

第六节　科学仪器与工程仪器

科学仪器（scientific instrumentation）与工程仪器（engineering instrumentation）对科学技术的发展具有重要的推动作用，甚至是决定性的作用。但科学仪器与工程仪器的发展趋势如何？他们的发展也呈现出指数增长趋势么？科学仪器与工程仪器的发展阶段如何？科学仪器与工程仪器的网络结构如何？科学仪器与工程仪器在发展趋势、发展阶段和网络结构方面存在哪些相似性与区别？目前尚未发现相关的研究成果探讨以上这些问题。本书拟对这系列问题进行探讨，期望能够得到一个关于科学仪器与工程仪器发展趋势与特征的概貌。

科学仪器与工程仪器都包含于实验设备中。科学仪器主要应用于科学研究领域，工程仪器主要应用于工程实践领域。在世界专利数据库 DII 中，科学仪器与工程仪器是仪器设备-测量-测试（instrumentation-measuring-testing）技术大类之下的两个并行的子领域。

已有的研究成果主要是与科学仪器有关的，几乎没有与工程仪器相关的。与科学仪器相关的研究成果，主要包括以下几个方面。首先，关于科学仪器创新的决定性因素。Hippel[316]以 111 个科学仪器创新案例为数据样本，试图分析在这些科学仪器商业化成功的案例中，是仪器使用者还是生产者发挥了决定性作用。分析结果表明，大约 80%的成功案例是仪器的使用者因使用新的科学仪器而带来了显著的成功，而非仪器的生产者。Bergen 和 Pearson[317]探讨了科学仪器产业的项目管理与创新问题。其次，关于科学仪器使用者与科学仪器生产者的创新研究。Riggs 和 Vonhippel[318]分析了 64 个创新案例，结果发现科学程度高的创新活动主要是由仪器的使用者完成的；而商业程度高的创新活动主要是由仪器的生产者完成的。还有一些其他的关于科学仪器的研究成果，如对美国—英国—西德科学仪器产业发展的分析[319]；科学仪器在科学研究中的关键作用[320]；科学仪器发展与科学进步的关系[321]等。

已有的研究成果主要是利用比较小的数据样本，探讨科学仪器创新发展的决定性因素和仪器的使用者与仪器的生产者在创新活动中的差异等。尚未发现关于科学仪器发展趋势、发展阶段和网络结构等相关研究成果。

本研究拟运用层次聚类分析方法和专利计量与信息可视化中的技术网络结构分析方法，对以上提出的科学仪器和工程仪器的发展概况进行探讨。本研究的专利数据样本来源于 DII 数据库。专利数据认为是具有丰富的技术含量和知识产权的最重要的科学技术研究重要成果形式之一[214−216]，并且也是常用来分析技术和产业发展的比较合适的数据来源。

一、文献评述

1. 关于科学仪器与工程仪器的发展趋势

普赖斯的科学指数增长规律提出之后，指数增长规律在科学计量学领域得到了广泛的关注和探讨，尤其是在科学有关的发展趋势和发展规律研究领域。Leydesdorff 和 Zhou[322]认为，在中国和韩国，不仅科学出版物，而且引证率也呈现出指数增长趋势，尽管有些时滞。有的研究成果还修正了普赖斯的指数增长规律[323]。但科学仪器与工程仪器的发展呈现出何种趋势？也是指数增长趋势么？或其他趋势？目前尚未发现相关研究成果探讨此问题。

2. 关于科学仪器与工程仪器的发展阶段

阶段划分通常是文献计量学研究工作的前提和基础。均等划分方法[112]和视觉观察方法[324]等常用来划分文献计量的阶段。本研究将运用 SPSS 软件中的系统聚类分析[212,213]方法，探索科学仪器和工程仪器的发展阶段。

3. 关于科学仪器与工程仪器的网络结构

SNA 既是社会学研究领域的一种重要理论与方法，同时还是研究现实社会网络结构的一种重要技术手段[117]。自 20 世纪 70 年代以来，SNA 已经成为科学计量学领域的一个普遍应用的、有特色的研究方法[110]，广泛应用于科学计量学及其相关研究中，如科学家合作网络[111—114]、科学文献共被引网络[78,115—120]、科学主题词共现[121—126]等。但是，SNA 应用于技术网络分析的研究成果却很少。已有的相关研究成果主要集中于技术主体网络的活动对商业战略的影响[127]、芬兰高技术产业网络分析[325]、跨国公司对中国科学技术网络发展的作用[128]和全球化时代的技术网络特点[129]等。已有研究中技术网络的概念，多是指公司或其他科研主体之间的合作网络，而非本研究中的技术网络。本研究中的技术网络，是指不同技术分类因在专利文献中存在共类关系而形成的网络。本课题组尚未发现关于科学仪器与工程仪器的网络结构的相关研究成果。

二、数据与方法

1. 数据来源于数据格式转换

本研究的专利数据样本来自 DII。该专利数据库创建于 1948 年，目前是汤森路透集团的一项重要产品，是全球最大的专利文献数据库，每周以数万条的速度在不断更新，DII 包括三个引文数据库，即化学（cderwent）、电气与电子（ederwent）和工程（mderwent），收录的数据年限自 1963 年至今。本研究中的专利数据是已经出版的专利申请，而非授权专利。由于 DII 收录的专利数据常与主要国家的专利公开时间之间存在着八个月左右的时滞，所以在以下的网络结构等有关分析中，选取了 2011 年的、比较完整年份的专利数据。

DII 中的每一条专利文献都被标引了三种不同的分类代码，即国际专利分类 IPC 代码、DC 代码和 MC 代码。本书选择 DC 代码进行检索，确定工程仪器（engineering instrumentation）和科学仪器（scientific instrumentation）的专利数据样本范围。检索结果显示，全球 1963～2011 年科学仪器专利数据共有766 122条，工程仪器专利数据共有 657 365 条。数据检索日期为 2012 年 9

月9日。

由于很多数据处理的科研软件初始设计都是针对 Web of Science 数据格式的，所以借助 CiteSpace 软件的数据转换功能[201]，将 DII 专利数据转换为 Web of Science 的数据格式[202]。然后采用 Bibexcel[203] 和 Ucinet[298] 等软件处理转换后的专利数据。

2. 发展阶段划分方法

发展阶段的划分，通常是科学计量学研究工作的基础和前提。运用 SPSS 软件划分发展阶段时，首先需要选择变量。三个变量往往是最低标准。这些变量应该始终执行同一标准，并且每个变量都随着时间的推移而持续变化。例如，当划分科学仪器的发展阶段时，不同年份、不同年份的不同专利申请数量是两个比较合适的变量，但如何确定第三个变量不是很容易。经过与其他变量比对后，最后确定不同年份的 DC 数量作为第三个变量。主要原因是与 IPC 和 MC 相比，DC 执行的是同一标准，而 IPC 和 MC 执行的是层次分类标准，不同级别的分类代码可能同时出现在同一专利文献的技术分类中。

选定三个变量后，就可以利用 SPSS 的系统聚类分析功能，选择组间平均距离法（between-groups linkage）和欧几里得距离（squared Euclidean distance），然后确定一个解决方案的范畴（比如，选择3～8个聚类进行聚类分析），这样就可以得到几种可能的解决方案，最终选取一个最佳方案即可通过系统聚类分析功能完成阶段划分工作。

3. 网络结构可视化方法

依据《太阳能技术网络绘制与演进》一文中详细阐述的方法和步骤[324,325]，就可以分别绘制出科学仪器和工程仪器的技术网络结构，并且对其网络结构进行比较分析。

三、分析与结果

1. 科学仪器与工程仪器发展趋势的比较

1963～2011年期间，共有766 122条科学仪器的专利数据，和657 365条工程仪器的专利数据。科学仪器与工程仪器的发展趋势如图9-12所示。

图9-12显示，科学仪器与工程仪器的发展趋势非常相似。二者都呈现出随着时间的推移，明显上升的增长趋势，并且在发展过程中伴随着轻微的波动。没有呈现出假设中的指数增长规律，而是呈现出多项式增长趋势，具有较好的拟合优度，分别为0.941和0.940。

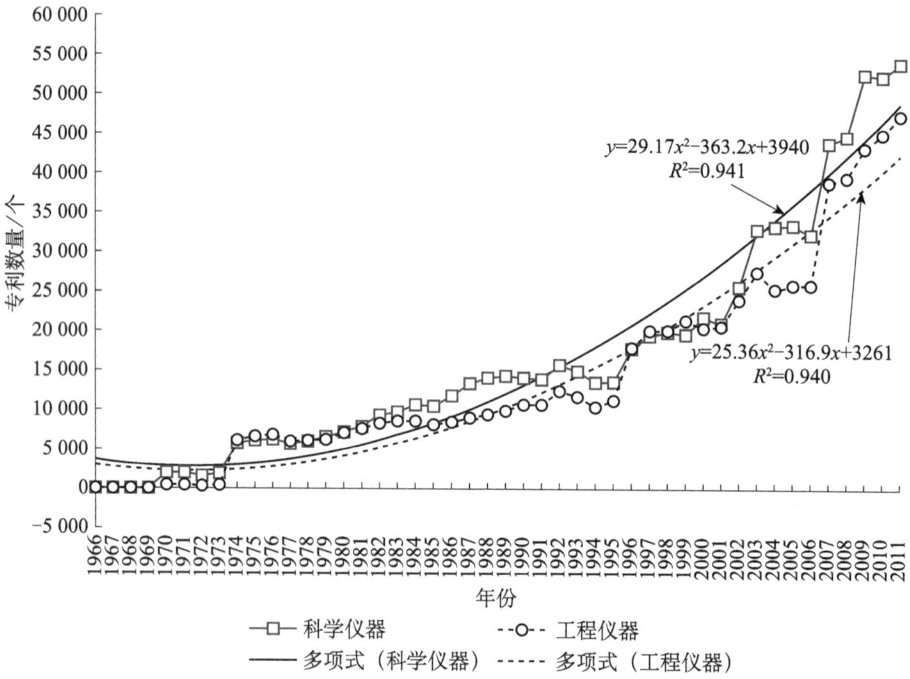

图 9-12　科学仪器与工程仪器的发展趋势（1966～2011 年）

2. 科学仪器与工程仪器发展阶段的比较

依据选定的三个不同变量，即不同出版年、不同出版年的不同专利数量和不同年份的 DC 技术领域数量，运用 SPSS 软件的系统聚类分析功能将 1963～2011 年划分为四个阶段。第Ⅰ阶段：1963～1973 年，为萌芽阶段，该阶段发展速度较慢；第Ⅱ阶段：1974～1995 年，为持续增长阶段，该阶段的发展速度比较持续稳定；第Ⅲ阶段：1996～2006 年，为快速增长阶段，该阶段专利申请以比以前更快的速度增长；第Ⅳ阶段：高速增长阶段，该阶段的增长速度又上了一个新台阶，尤其 2006～2007 年，无论科学仪器还是工程仪器，2007 年都比 2006 年增加了 10 000 多条专利申请量。

本课题组在这里分别进行了科学仪器和工程仪器的聚类阶段划分，但令人震惊的另一个发现是，二者的发展阶段竟然完全一致。因此，二者的发展阶段划分合并到同一个图中（图 9-13）。

3. 科学仪器与工程仪器的网络结构比较

（1）科学仪器的网络结构（2011 年）。由于全部数据数额巨大，难以全部下载和处理，本课题组选取了 2011 年度科学仪器和工程仪器的专利数据作为绘制并分析网络结构的数据来源。

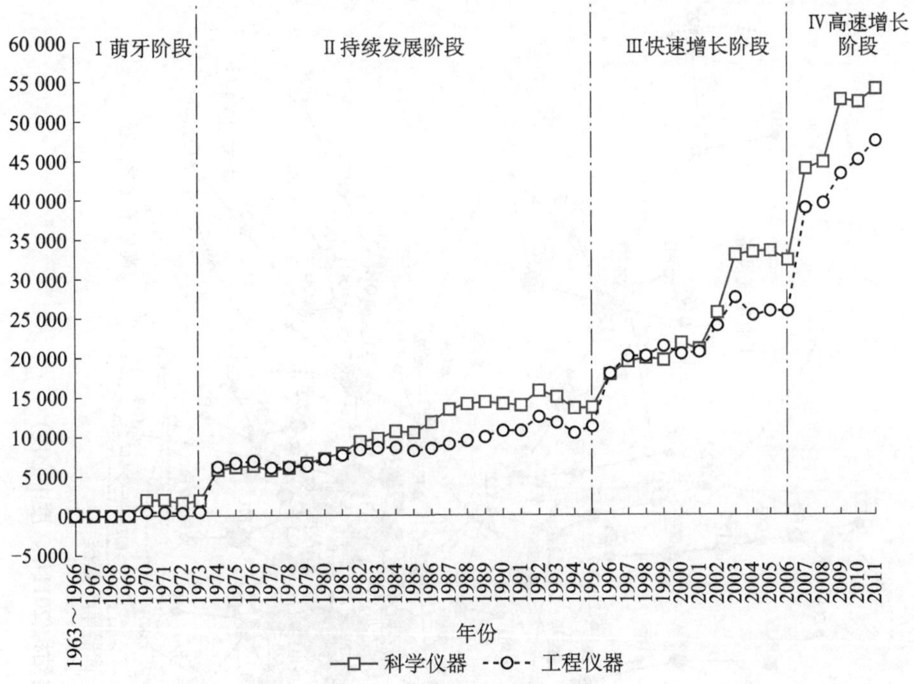

图 9-13 科学仪器与工程仪器的发展阶段划分（1963～2011 年）

2011 年，共有 54 098 条科学仪器专利数据。通过运用大型文献处理软件 Bibexcel[215]，对这些专利数据的 DC 技术领域进行分析，得到这些专利数据共涉及 278 个不同的 DC 技术领域，这些不同技术领域在样本数据中出现的总频次为 160 306，平均每条专利数据有接近 3 个（2.96 个）DC 技术分类代码。选中全部 278 个 DC 技术分类来进行技术共类分析，然后计算出 Jaccard 系数，得到标准化的技术共类矩阵。运用 Ucinet 软件包的网络绘图工具 Netdraw，通过不断调整阈值控制网络节点数量，并将 Jaccard 系数矩阵转换为（0，1）矩阵，当阈值为 0.03 时，网络呈现出比较清晰的状态。在此选取最大的连通组网络来进行分析（图 9-14），图中网络节点大小由度中心度的值大小决定。

Girvan-Newman 算法用来进一步探测图 9-14 中的技术子网络[326]。子网络划分之后，就可以从图 9-14 中观察到科学仪器的技术网络结构。电气和电子是图 9-14 中的最大子网络，该子网络包含的技术领域最多，位于图 9-14 的左半部分；第二大子网络是高分子化学仪器，位居网络的右部偏下部分，也集聚了大量技术领域；此外，还有几个相对较大的技术子网络，分别是工业电气设备、电子照相与摄影、无机化学品、建筑和工程；几个较小的子网络分布在周边，包括药品和农业化学品、武器弹药-爆破、电焊。

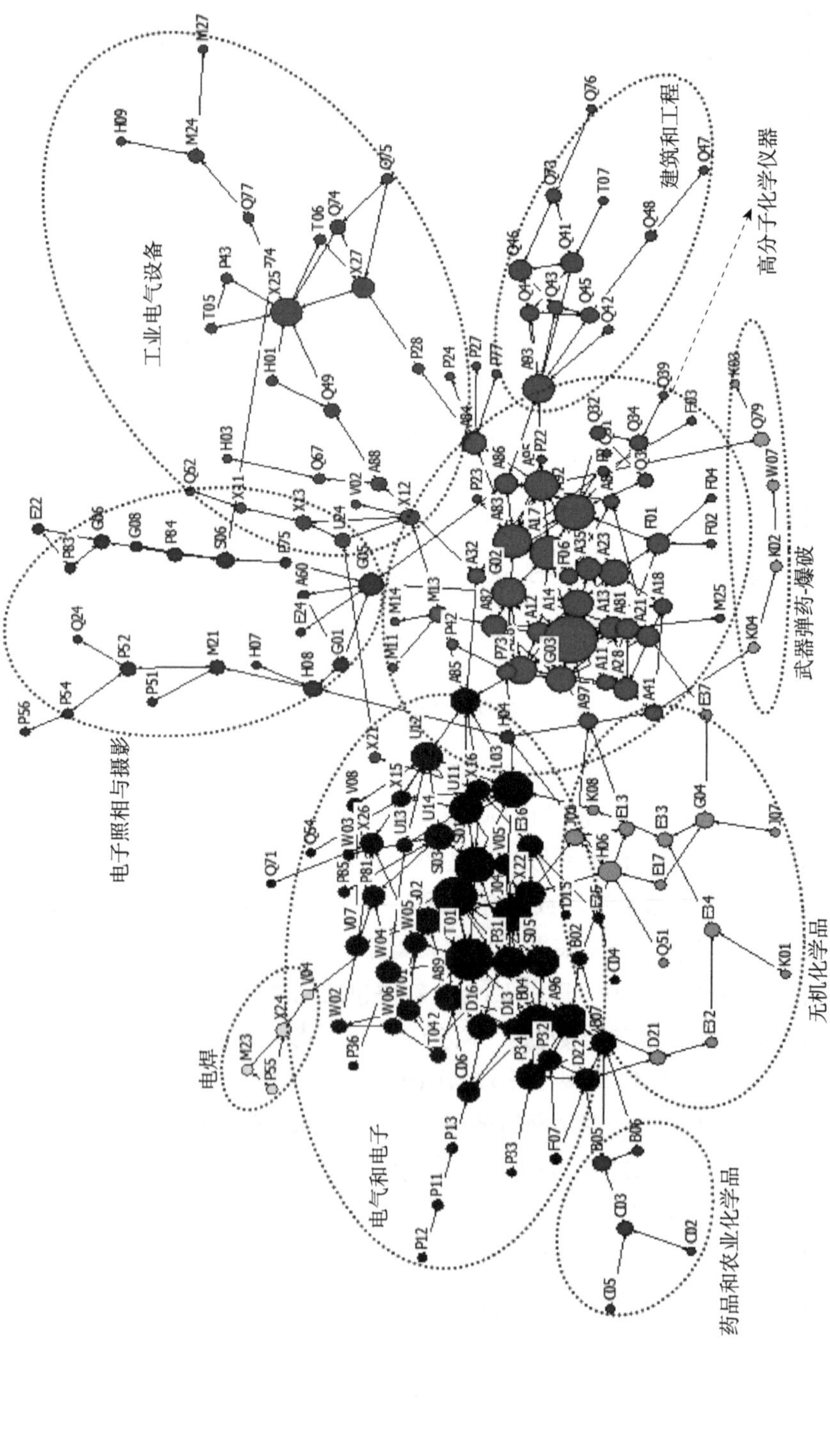

图9-14　科学仪器网络结构(2011年，度中心度)

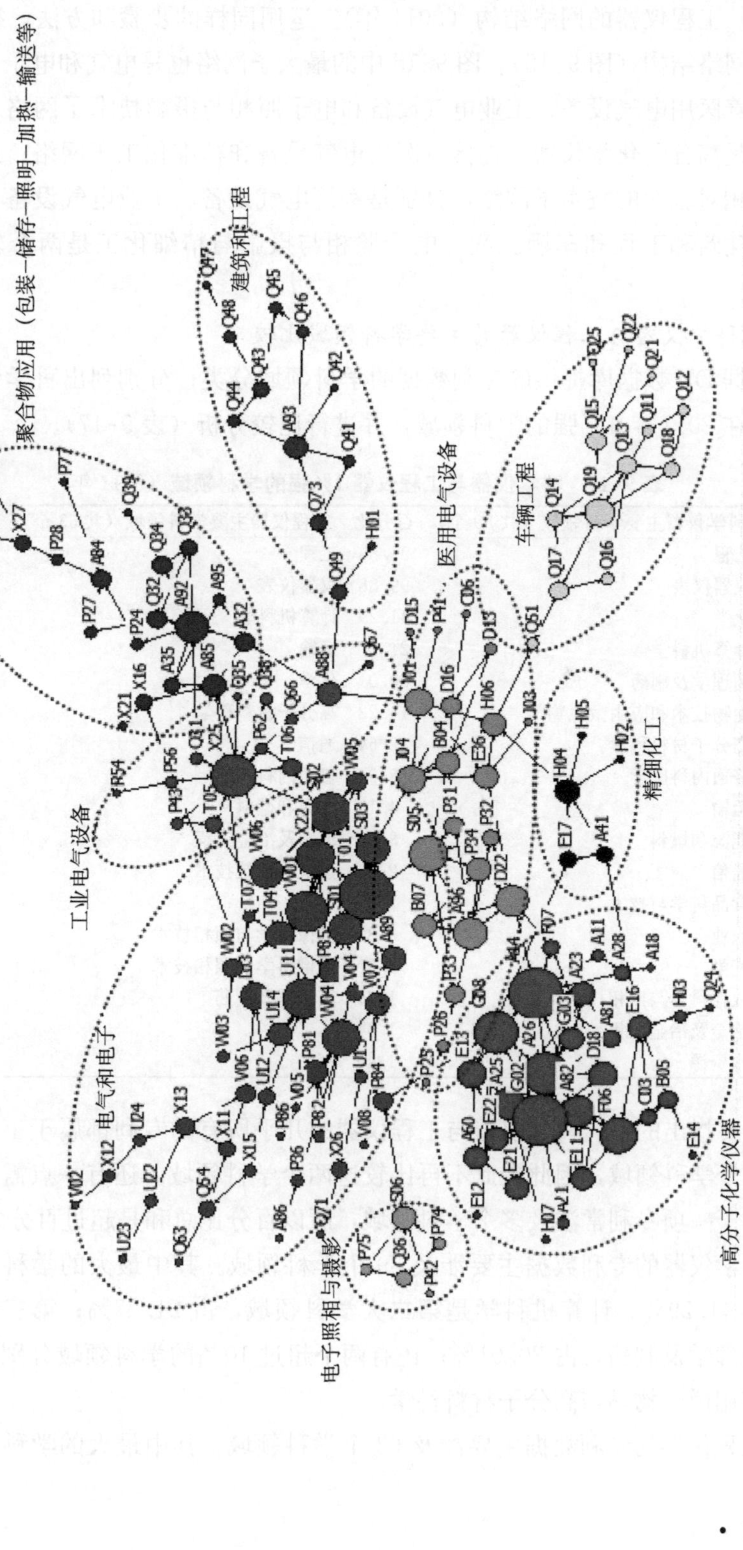

图9-15　工程仪器网络结构（2011年，度中心度）

(2) 工程仪器的网络结构(2011 年)。运用同样的步骤和方法,得到工程仪器的网络结构(图 9-15)。图 9-15 中的最大子网络也是电气和电子,该子网络连接着医用电气设备、工业电气设备和电子照相与摄影技术子网络;第二大子网络是高分子化学仪器,连接着医用电气设备和精细化工子网络;此外,还有几个相对较大的技术子网络,分别是医用电气设备、工业电气设备、聚合物应用、建筑和工程和车辆工程。电子照相与摄影与精细化工是两个较小的子网络。

4. 科学仪器与工程仪器的主要学科领域比较

依据 DII 数据库提供的专利数据的学科领域分类,分别列出科学仪器和工程仪器在 2011 年 1%强的学科领域,并进行比较分析(表 9-17)。

表 9-17 科学仪器与工程仪器 1%强的学科领域(2011 年)

排序	科学仪器主要学科领域(共 89 个)	百分比	工程仪器主要学科领域(共 63 个)	百分比/%
*	工程	99.88	工程	99.92
*	仪器仪表	99.88	仪器仪表	99.92
1	化学	41.29	计算机科学	25.75
2	计算机科学	21.27	运输	16.79
3	药理学及制药	20.01	化学	13.05
4	生物技术和应用微生物学	14.22	高分子材料科学	7.00
5	高分子材料科学	12.64	通信	4.25
6	普通内科医学	8.94	普通内科医学	4.02
7	运输	4.18	能源和燃料	3.64
8	能源和燃料	3.96	冶金及冶金工程	2.33
9	通信	2.59	建筑与建筑技术	1.98
10	食品科学与技术	2.39	光学	1.93
11	农业	2.31	成像科学与照相技术	1.43
12	光学	1.90	成像科学与照相技术	1.27
13	成像科学与照相技术	1.76	药理学及制药	1.11
14	冶金及冶金工程	1.64		
15	水资源	1.40		

需要指出的是,科学仪器与工程仪器的几乎所有的专利都属于工程和仪器仪表两个学科领域,因此在此不再比较这两个学科领域。还有一点需要指出的是,由于一项专利常涉及多个学科领域,所以百分比总和是超过百分之百的。

科学仪器的专利数据主要涉及 89 个学科领域。其中最大的学科领域是化学,占 41.29%;计算机科学是第二大学科领域,占 21.27%;第三大学科领域是药理学及制药,占 20.01%;还有两个超过 10%的学科领域分别是生物技术和应用微生物学与高分子材料科学。

工程仪器的专利数据主要涉及 63 个学科领域。其中最大的学科领域是计算机科学，占 25.75%；第二大学科领域是运输，占 16.79%；第三大学科领域是化学，占 13.05%；最后是高分子材料科学和通信，但这两个学科领域都没有超过 10%。

5. 科学仪器与工程仪器的重叠比例比较

有一些实验仪器同时应用于科学研究领域和工程技术领域，这样在 DII 专利数据库中，相关的专利数据就会同时属于科学仪器范畴和工程仪器范畴，即出现科学仪器与工程仪器重叠现象。比较科学仪器与工程仪器的重叠现象，可以帮助定量地理解二者之间谁对谁的依赖更大一些。图 9-16 显示了二者重叠比例的发展趋势。

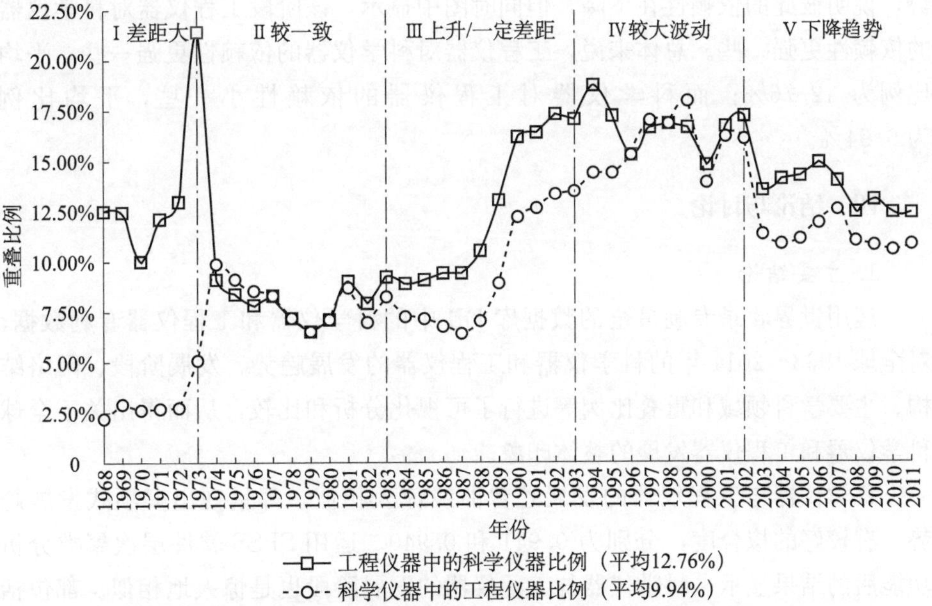

图 9-16　科学仪器与工程仪器重叠比例的发展趋势（1968～2011 年）

需要指出的是，1967 年之前，当科学仪器和工程仪器专利数量都很少时候，二者之间没有重叠现象发生；1968 年之后，随着二者专利数量的增多，开始出现重叠现象。因此，在此分析二者的重叠现象发展趋势区间为 1968～2011 年。

本课题组逐年检索了工程仪器中科学仪器的比例和科学仪器中工程仪器的比例，然后绘制了图 9-16 中的两条曲线。之后，选取了不同年份、不同年份科学仪器中工程仪器的比例和不同年份工程仪器中科学仪器的比例这三个变量，采用 SPSS 层次聚类分析方法，划分了发展阶段。如图 9-16 显示，共分为五个阶段。第Ⅰ阶段：1968～1973年，为差距大阶段，在这个阶段，工程仪器中科学仪器的比例远远高于科学仪器中工程仪器的比例，说明很大比例的工程仪器来自科学仪器，工程仪器对科学仪器的依赖性更强。第Ⅱ阶段：1974～1983年，为比较一致阶段，该阶段两条曲线呈现出非常高的一致性。第Ⅲ阶段：1984～1993年，为上升并存在一定差距阶段。该阶段的两条曲线都呈现出明显的上升发展趋势，说明彼此的依赖性都在增加；同时，二者之间存在着较大的差距，说明工程仪器对科学仪器的依赖性更强一些。第Ⅳ阶段：1994～2002年，为较大波动阶段。两条曲线在该阶段的波动都比较大。第Ⅴ阶段：2003～2011年，为下降趋势阶段。两条曲线在该阶段都呈现出下降的发展趋势，说明彼此的依赖性在下降，但同时图中显示，该阶段工程仪器对科学仪器的依赖性更强一些。总体来说，工程仪器对科学仪器的依赖性更强一些，平均比例为12.76%；而科学仪器对工程仪器的依赖性小一些，平均比例为9.94%。

四、结论与讨论

1. 主要结论

运用世界收录专利最全的数据库DII中的科学仪器和工程仪器专利数据，对全球1963～2011年的科学仪器和工程仪器的发展趋势、发展阶段、网络结构、主要学科领域和重叠比例等进行了可视化分析和比较，从而得出关于全球科学仪器和工程仪器发展的整体印象。

科学仪器与工程仪器的发展趋势曲线惊人相似，都呈现出多项式发展趋势，有较好的拟合度，分别为0.941和0.940。运用SPSS软件层次聚类分析功能后的结果显示，科学仪器与工程仪器的发展阶段也是惊人地相似。都包括萌芽阶段、持续发展阶段、快速增长阶段和高速增长阶段四个阶段。

科学仪器与工程仪器网络结构的共同点是，电气与电子子网络同时是二者的最大技术子网络。不同点是科学仪器技术网络中，有几个与化学工程相关的技术子网络和工业电气设备、药理学和制药，以及建筑工程等几个其他子网络。而工程仪器的技术网络中，除了最大的电气与电子子网络，还包括高分子化学仪器和医用电气设备、聚合物应用、工业电气设备和车辆工程等几个子网络。

科学仪器和工程仪器主要学科领域的比较分析显示，科学仪器所涉及的学科领域要多于工程仪器所涉及的学科领域。化学学科是科学仪器最大的学科领域，比例高达41.29%；而计算机科学是工程仪器最大的学科领域，比例为

25.75%。科学仪器与工程仪器的重叠比例发展趋势显示，工程仪器对科学仪器的依赖性更强一些。

2. 简短讨论

与假设的科学指数增长规律不同，科学仪器和工程仪器发展曲线都呈现出多项式发展趋势，伴随着较大的波动。其原因是什么，以及对科学技术的发展发生着什么样的影响，还有待于下一步深入研究。是什么影响科学仪器和工程仪器的发展阶段？不同的发展阶段导致科学技术发展呈现什么特征？相关的问题需要进一步进行探索。本书仅可视化分析了2011年的科学仪器和工程仪器网络结构。从较长历史发展角度看，二者是如何演进的？在不同的发展阶段，二者的网络结构分别呈现出什么状态？类似的问题尚需进行大量的研究工作。关于科学仪器和工程仪器的重叠比例分析，也是需要更多时间和精力进行深入细致研究的。本书的研究发现，有利于本课题组了解科学仪器和工程仪器的发展规律、二者的关系，以及二者对科学技术发展的影响等。

主要参考文献

［1］乔治·泰奇．研究与开发政策的经济学［M］．苏竣，柏杰，译．北京：清华大学出版社，2003.

［2］梅述恩，聂鸣，黄永明．美国先进技术计划（ATP）的研究开发机制及启示［J］．科学管理研究，2007，(1)：117-120.

［3］吴晓隽，罗楚．从 ATP 计划到 TIP 计划看美国产业技术研发政策的变化及启示［J］．科技管理研究，2011，(13)：18-22，17.

［4］Tassey G. The disaggregated technology production function：a new model of university and corporate research［J］. Research Policy，2005，34 (3)：287-303.

［5］Belanger B C，Uriano G A，Kammer R G. The advanced technology program—a new role for nist in accelerating the development of commercially important technologies［J］. Journal of Research of the National Institute of Standards and Technology，1991，96 (5)：605-611.

［6］Hewes J D. Investing in new ideas，new technologies and new markets：The advanced technology program. Abstracts of Papers of the American Chemical Society，2000，220：U416.

［7］Twiss B C. Technology in frastructure and competitive positon-Tassey，G［J］. R & D Management，1993，23 (3)：268-269.

［8］Stolpe M. Technology in frastructure and competitive position - Tassey，G［J］. Weltwirtschaftliches Archiv-Review of World Economics，1996，132 (1)：190-192.

［9］李纪珍．产业共性技术：概念、分类与制度供给［J］．中国科技论坛，2006，(3)：45-47，55.

［10］李纪珍．产业共性技术供给体系［M］．北京：中国金融出版社，2004.

［11］徐冠华．关于实施科教兴国战略的若干问题思考［J］．中国软科学，1999，(1)：8-17.

［12］Groenewegen P. Stimulating hot technologies—interorganizational networks in dutch ceramic research［J］. R & D Management，1992，22 (4)：293-305.

［13］黄鲁成，宗喆．产业共性技术分类创新模式研究［J］．中国管理信息化，2011，(13)：50-52.

［14］马名杰．政府支持共性技术研究的一般规律与组织［J］．中国制造业信息化，2005，(7)：14-16.

［15］Hemphill T A. Pharmaceutical patent expropriation and technology strategy：strategic options to compulsory licensing [J]. Technology Analysis & Strategic Management, 2010, 22 (1): 19-41.

[16] 吴建南，李怀祖．政府在发展基础设施的技术——共性技术和基础技术中的作用 [J]. 科技导报，1998，(12)：28-31.

[17] 胡小江．政府参与共性技术研发必要性的理论分析 [J]. 今日科技，2004，(11)：21，24，25.

[18] Li J Z. Double failures of the supply system of industrial generic technology [C]. Management Sciences and Global Strategies in the 21st Century. Maaco: Macao University Science Technology, 2004: 1642-1646.

[19] 李纪珍．产业共性技术发展的政府作用研究 [J]. 技术经济，2005，(9)：19-22.

[20] 孙鳌．政府在产业集群共性技术供给中的作用 [J]. 南方经济，2005，(5)：40-42.

[21] 张振刚，景诗龙．我国产业集群共性技术创新平台模式比较研究——基于政府作用的视角 [J]. 科技进步与对策，2008，(7)：79-82.

[22] Chiang J T. High-technology targeting: its modes' strategies and paradigms [J]. Technology in Society, 1998, 20 (1): 1-23.

[23] Andersen M M. Silent innovation: corporate strategizing in early nanotechnology evolution [J]. Journal of Technology Transfer, 2012, 36 (6): 680-696.

[24] 陈玉瑞，鲍健强，项浙学．整合科技资源　构建浙江共性技术科技创新体系 [J]. 今日科技，2003，(6)：10-13，15.

[25] 鲍健强，胡平，陈玉瑞，等．共性技术（GT）与区域性科技创新体系研究 [J]. 浙江工业大学学报（社会科学版），2004，(1)：1-6，12.

[26] 操龙灿，杨善林．产业共性技术创新体系建设的研究 [J]. 中国软科学，2005，(11)：77-82.

[27] 罗芳，王琦．产业集群的涌现性与产业集群共性技术创新体系研究 [J]．现代情报，2006，(11)：178-180.

[28] Li S N, Li Y, Yao M, et al. Technology platforms for cluster innovations in biomedical textile industry [C]. Textile Bioengineering and Informatics Symposium Proceedings, Vols 1 and 2. Hong Kong Sar: Textile Bioengineering & Informatics Society Ltd, 2012: 253-266.

[29] 薛捷，张振刚．基于"官产学研"合作的产业共性技术创新平台研究 [J]. 工业技术经济，2006，(12)：109-112.

[30] 薛捷，张振刚．国外产业共性技术创新平台建设的经验分析及其对我国的启示 [J]. 科学学与科学技术管理，2006，(12)：87-92.

[31] 沈金虎．构建共性技术服务平台　助推中小企业自主创新 [J]. 中国科技投资，2006，(12)：28，29.

[32] 夏若江，吴宇茜，谢威炜．基于共性技术的产业集群合作创新机制研究——佛山产业

集群合作创新平台的建设及其启示 [J]. 科技管理研究，2007，(6)：205-207.
[33] Tann J，Platts A E，Stein J. The roles of independent research and technology organizations in the United Kingdom's technology transfer mechanism to SMEs [J]. Technology Analysis & Strategic Management，2002，14 (2)：241-249.
[34] Zhang M L，Song X Z. Division of labor，transaction and generic technology supply of industrial cluster [C]. Lan H. 2009 International Conference on Management Science & Engineering. New York：IEEE，2009：1747-1753.
[35] Maine E，Garnsey E. Commercializing generic technology：the case of advanced materials ventures [J]. Research Policy，2006，35 (3)：375-393.
[36] Dayasindhu N，Chandrashekar S. Indian remote sensing program：a national system of innovation [J]. Technological Forecasting and Social Change，2005，72 (3)：287-299.
[37] 陈静，唐五湘 . 共性技术的特性和失灵现象分析 [J]. 科学学与科学技术管理，2007，(12)：5-8.
[38] 任丽，沙凯 . 我国共性技术筛选标准研究 [J]. 北京机械工业学院学报. 2006，(3)：74-76.
[39] 郭晓琳 . 产业共性技术创新体系及共享机制研究 [D]. 武汉：华中科技大学，2006.
[40] 栾春娟 . 战略性新兴产业共性技术测度指标实证研究 [J]. 中国科技论坛，2012，(6)：73-77.
[41] 袁思达 . 技术预见德尔菲调查中共性技术课题识别研究 [J]. 科学学与科学技术管理，2009，(10)：21-26.
[42] 魏永莲，唐五湘 . 共性技术筛选指标体系及模型研究 [J]. 科技管理研究，2009，(4)：46-48.
[43] 陈玲玲，唐五湘，周飞跃 . 决策论数学模型在共性技术立项决策中的应用 [J]. 科技进步与对策，2009，26 (19)：164-167.
[44] 邹樵 . 共性技术扩散机理与政府行为 [M]. 武汉：华中科技大学出版社，2015.
[45] 马亮 . 产业共性技术开发组织形式比较及选择研究 [D]. 兰州：兰州理工大学，2008.
[46] 虞锡君 . 产业集群内关键共性技术的选择——以浙江为例 [J]. 科研管理，2006，(1)：80-84.
[47] Keenan M. Identifying emerging generic technologies at the national level：the UK experience [J]. Journal of Forecasting. 2003，22 (2-3)：129-160.
[48] 栾春娟 . 战略性新兴产业共性技术测度指标研究 [J]. 科学学与科学技术管理，2012，(2)：11-16.
[49] 张俊祥，李振兴，程家瑜 . 我国民生科技三大重点发展关键技术和路线图研究 [J]. 中国科技论坛，2009，(7)：40-42.

[50] 李建玲，李纪珍．产业共性技术与关键技术的比较研究——基于北京市科委资助科研项目的统计［J］．技术经济，2009，(6)：11-17，66．

[51] 程家瑜，张俊祥．关于国家关键技术的几点讨论［J］．中国科技论坛，2008，(2)：9-11，21．

[52] 杨起全．我国重点高新技术领域技术预见与关键技术选择研究实施方案［J］．世界科学，2003，(4)：38-40．

[53] 万劲波，崔志明，浦根祥．技术预见、关键技术选择与产业发展［J］．科学学研究，2003，(1)：41-46．

[54] 崔志明，万劲波，浦根祥，等．技术预见与国家关键技术选择应遵循的基本原则［J］．科学学与科学技术管理，2002，(12)：9-12．

[55] 钱纪明．官产学研联盟对产业共性关键技术研发的作用［J］．今日科技，2007，(5)：11，12．

[56] 孙涛涛，金碧辉．关键技术挖掘与企业技术竞争情报——以 DVD 激光头技术为例［J］．图书情报工作，2008，(5)：129-132．

[57] 李祖平，刘炜彬．突破核心技术　集成创新资源　浙江省重大科技专项实施成效显著——访浙江省科技厅厅长蒋泰维［J］．今日科技，2009，(7)：6-9．

[58] 马俊如．核心技术与核心竞争力——探讨企业为核心的产学研结合［J］．中国软科学，2005，(7)：4-6．

[59] 赵志耘，黄军英．从研究论文看中国核心技术能力——《中国科技评估报告》介绍［J］．中国软科学，2006，(4)：159-160．

[60] 技术预测与国家关键技术选择研究组．未来 10 年我国可能实现产业跨越式发展的重大核心技术［J］．中国科技论坛，2004，(2)：9-12．

[61] 李军，谷兴荣．核心技术带动一般技术以实现跨越式发展［J］．科学学研究，2002，(3)：239-243．

[62] 吴巧君，崔信行．10 大平台投资 19 亿——围绕八大支柱产业实现共性核心技术突破．天津日报，2009-09-04．

[63] 栾春娟，王续琨，刘则渊．基于《德温特》数据库的核心技术确认方法［J］．科学学与科学技术管理，2008，(6)：32-34．

[64] Kroeger P. Analyzing Grammar：An Introduction［M］．Cambridge：Cambridge University Press，1957．

[65] Southworth F C. The marathi verbal sequences and their cooccurr-ences［J］．Language，1961，37 (2)：201-208．

[66] Harris Z S. Co-occurrence and transformation in linguistic structure［J］．Language，1957，33 (3)：283-340．

[67] Hossain M D，Moon J，Kang H G，et al. Mapping the dynamics of knowledge base of innovations of R&D in bangladesh：triple helix perspective［J］．Scientometrics，2012，

90 (1): 57-83.

[68] Almeida P, Hohberger J, Parada P. Individual scientific collaborations and firm-level innovation [J]. Industrial and Corporate Change, 2011, 20 (6): 1571-1599.

[69] Klitkou A, Nygaard S, Meyer M. Tracking techno-science networks: a case study of fuel cells and related hydrogen technology R&D in Norway [J]. Scientometrics, 2007, 70 (2): 491-518.

[70] Meyer M, Persson O. Nanotechnology interdisciplinarity, patterns of collaboration and differences in application [J]. Scientometrics, 1998, 42 (2): 195-205.

[71] Hsieh W H, Chiu W T, Lee Y S, et al. Bibliometric analysis of patent ductus arteriosus treatments [J]. Scientometrics, 2004, 60 (2): 105-115.

[72] Meyer M. Knowledge integrators or weak links? an exploratory comparison of patenting researchers with their non-inventing peers in nano-science and technology [J]. Scientometrics, 2006, 68 (3): 545-560.

[73] Small H G. Co-citation model of a scientific specialty-longitudinal-study of collagen research [J] . Social Studies of Science, 1977, 7 (2): 139-166.

[74] Small H. Co-citation context analysis and the structure of paradigms [J]. Journal of Documentation, 1980, 36 (3): 183-196.

[75] Ding Y, Chowdhury G G, Foo S. Journal as markers of intellectual space: journal co-citation analysis of information retrieval area, 1987—1997 [J]. Scientometrics, 2000, 47 (1): 55-73.

[76] Chen C M. Visualising semantic spaces and author co-citation networks in digital libraries [J]. Information Processing & Management, 1999, 35 (3): 401-420.

[77] Ding Y, Yan E J, Frazho A, et al. Pagerank for ranking authors in co-citation networks [J]. Journal of the American Society for Information Science and Technology, 2009, 60 (11): 2229-2243.

[78] Wang X W, Zhang X, Xu S M. Patent co-citation networks of fortune 500 companies [J]. Scientometrics, 2011, 88 (3): 761-770.

[79] Shen Y C, Chang S H, Lin G T R, et al. A hybrid selection model for emerging technology [J]. Technological Forecasting and Social Change, 2010, 77 (1): 151-166.

[80] Chang C K N, Breitzman A. Using patents prospectively to identify emerging, high-impact technological clusters [J]. Research Evaluation, 2009, 18 (5): 357-364.

[81] Rokaya M, Atlam E, Fuketa M, et al. Ranking of field association terms using co-word analysis [J]. Information Processing & Management, 2008, 44 (2): 738-755.

[82] Bhattacharya S, Basu P K. Mapping a research area at the micro level using co-word analysis [J]. Scientometrics, 1998, 43 (3): 359-372.

[83] Leydesdorff L. Words and co-words as indicators of intellectual organization [J]. Re-

search Policy，1989，18（4）：209-223.

［84］Ding Y，Chowdhury G G，Foo S. Bibliometric cartography of information retrieval research by using co-word analysis［J］. Information Processing & Management，2001，37（6）：817-842.

［85］Lee B，Jeong Y I. Mapping Korea's national R&D domain of robot technology by using the co-word analysis［J］. Scientometric，2008，77（1）：3-19.

［86］Rip A，Courtial J P. Co-word maps of biotechnology—an example of cognitive scientometrics［J］. Scientometrics，1984，6（6）：381-400.

［87］An X Y，Wu Q Q. Co-word analysis of the trends in stem cells field based on subject heading weighting［J］. Scientometrics，2011，88（1）：133-144.

［88］Spasser M A. Mapping the terrain of pharmacy：co-classification analysis of the international pharmaceutical abstracts database［J］. Scientometrics，1997，39（1）：77-97.

［89］Tijssen R J W. A quantitative assessment of interdisciplinary structures in science and technology-co-classification analysis of energy research［J］. Research Policy，1992，21（1）：27-44.

［90］de Moura A M M，Caregnato S E. Co-classification between articles and patents：a study of the interaction between S & T on Brazilian Biotech［J］. Informacao & Sociedade-Estudos，2010，20（2）：119-132.

［91］Joo S H，Kim Y. Measuring relatedness between technological fields［J］. Scientometrics，2010，83（2）：435-454.

［92］Leydesdorff L. Patent classifications as indicators of intellectual organization［J］. Journal of the American Society for Information Science and Technology，2008，59（10）：1582-1597.

［93］Breschi S，Lissoni F，Malerba F. Knowledge-relatedness in firm technological diversification［J］. Research Policy，2003，32（1）：69-87.

［94］Scherer F M. Inter-industry technologyflows in the United States［J］. Research Policy，1982，11（4）：227 - 245.

［95］Jaffe A B. Technological opportunity and spillovers of research-and-development—evidence from firms patents，profits and market value［J］. American Economic Review，1986，76（5）：984-1001.

［96］Jaffe A B. Characterizing the technological position of firms，with application to quantifying technological opportunity and research spillovers［J］. Research Policy，1989，18（2）：87-97.

［97］Griliches Z. Issues in assessing the contribution of research and development to productivity growth. http：//www.nber.org/chapters/c8340.pdf［2014-9-12］.

［98］Jaffe A B. Technological opportunity and spillovers of R&D：evidence from firms' patents, profits and market value [J]. American Economic Review, 1986, 76 (5): 984-999.

[99] 蔡虹，孙顺成，陈蓉. 我国与主要创新型国家/地区技术相似度的测算分析 [J]. 西安交通大学学报（社会科学版），2009，29（5）：1-6.

[100] 张曦，王贤文，刘则渊，等. 基于专利计量的企业技术相似性网络测度研究 [J]. 情报杂志，2011，(1)：90-93.

[101] 王贤文，刘则渊，侯海燕. 基于专利共被引的企业技术发展与技术竞争分析：以世界500强中的工业企业为例 [J]. 科研管理，2010，(4)：127-138.

[102] 杨志萍，陈云伟，方曙. 中国科学院与国外研究机构的发明专利技术相关性比较分析 [J]. 科技管理研究，2010，(12)：215-218.

[103] Lam Y L J, Cistone P J. School structure and technological diversification [J]. Educational Technology, 1973, 13 (8): 52-55.

[104] Garcia-Vega M. Does technological diversification promote innovation? an empirical analysis for European firms [J]. Research Policy, 2006, 35 (2): 230-246.

[105] Leten B, Belderbos R, Van Looy B. Technological diversification, coherence and performance of firms [J]. Journal of Product Innovation Management, 2007, 24 (6): 567-579.

[106] Chen Y S, Chang K C. Using the entropy-based patent measure to explore the influences of related and unrelated technological diversification upon technological competences and firm performance [J]. Scientometrics, 2012, 90 (3): 825-841.

[107] Mowery D C, Oxley J E, Silverman B S. Technological overlap and interfirm cooperation: implications for the resource-based view of the firm [J]. Research Policy, 1998, 27 (5): 507-523.

[108] Jaffe A, Trajtenberg M. International knowledge flows: evidence from patent citations [J]. Economics of Innovation and New Technology, 1999, 8 (1/2): 105-163.

[109] Griliches Z. Issues in assessing the contribution of research and development to productivity growth [J]. Bell Journal of Economics, 1979, 10 (1): 92-116.

[110] Yan E J, Ding Y. Applying centrality measures to impact analysis: a coauthorship network analysis [J]. Journal of the American Society for Information Science and Technology, 2009, 60 (10): 2107-2118.

[111] Leydesdorff L, Wagner C S. International collaboration in science and the formation of a core group [J]. Journal of Informetrics, 2008, 2 (4): 317-325.

[112] Hou H, Kretschmer H, Liu Z. The structure of scientific collaboration networks in scientometrics [J]. Scientometrics, 2008, 75 (2): 189-202.

[113] Wagner C S, Leydesdorff L. Network structure, self-organization and the growth of international collaboration in science [J]. Research Policy, 2005, 34 (10): 1608-

1618.

[114] Kretschmer H, Aguillo I F. Visibility of collaboration on the Web [J]. Scientometrics, 2004, 61 (3): 405-426.

[115] Leydesdorff L. How are new citation-based journal indicators adding to the bibliometric toolbox? [J]. Journal of the American Society for Information Science and Technology, 2009, 60 (7): 1327-1336.

[116] Johnson B, Oppenheim C. How socially connected are citers to those that they cite? [J]. Journal of Documentation, 2007, 63 (5): 609-637.

[117] Otte E, Rousseau R. Social network analysis: a powerful strategy, also for the information sciences [J]. Journal of Information Science, 2002, 28 (6): 441-453.

[118] Wouters P, Leydesdorff L. Has price dream come true—is scientometrics a hard science [J]. Scientometrics, 1994, 31 (2): 193-222.

[119] Chen C M, Chen Y, Horowitz M, et al. Towards an explanatory and computational theory of scientific discovery [J]. Journal of Informetrics, 2009, 3 (3): 191-209.

[120] Marion L S, Garfield E, Hargens L L, et al. Social network analysis and citation network analysis: complementary approaches to the study of scientific communication [C]. Asist 2003: Proceedings of the 66th Asist Annual Meeting, 2003, (40): 486, 487.

[121] Leydesdorff L, Vaughan L. Co-occurrence matrices and their applications in information science: extending ACA to the Web environment [J]. Journal of the American Society for Information Science and Technology, 2006, 57 (12): 1616-1628.

[122] Jeong S, Kim H G. Intellectual structure of biomedical informatics reflected in scholarly events [J]. Scientometrics, 2010, 85 (2): 541-551.

[123] Leydesdorff L. Should co-occurrence data be normalized? a rejoinder [J]. Journal of the American Society for Information Science and Technology, 2007, 58 (14): 2411-2413.

[124] Waltman L, Van Eck N J. Some comments on the question whether co-occurrence data should be normalized [J]. Journal of the American Society for Information Science and Technology, 2007, 58 (11): 1701-1703.

[125] Morris T. Visualizing the structure of medical informatics using term co-occurrence analysis: II. INSPEC perspective [C]. Asist 2001: Proceedings of the 64th Asist Annual Meeting, 2001, (38): 489-497.

[126] Small H G. Relationship between citation indexing and word indexing—study of co-occurrences of title words and cited references [J]. Proceedings of the American Society for Information Science, 1973, (10): 217-218.

[127] Gemunden H G, Heydebreck P. The influence of business strategies on technological network

activities [J]. Research Policy，1995，24 (6)：831-849.

[128] Hennemann S. The role of transnational corporations in the chinese science and technology network [J]. Erdkunde，2011，65 (1)：71-83.

[129] Nam Y，Barnett G A. Globalization of technology：network analysis of global patents and trademarks [J]. Technological Forecasting and Social Change，2011，78 (8)：1471-1485.

[130] 罗家德．社会网分析讲义 [M]. 北京：社会科学文献出版社，2005.

[131] Freeman L C. Centrality in social networks：conceptual clarification [J]. Social Networks，1979，(1)：215-239.

[132] Burt R S. Structure holes：the social structure of competition [M]. Cambridge：Harvard University Press，1992.

[133] 中华人民共和国中央人民政府网站．让科技引领中国可持续发展．http：//www.gov.cn/ldhd/2009-11/23/content_1471208.htm [2009-11-23].

[134] 中国科学院网站．在国家科学技术奖励大会上的讲话．http：//www.cas.cn/xw/zyxw/ttxw/201001/t20100112_2724734.shtml [2010-01-11].

[135] 栾春娟，王贤文，侯海燕．国内外共性技术及其测度研究综述 [J]. 科学学与科学技术管理，2011，(2)：56-62.

[136] Denoeud F，Vergnaud G. Identification of polymorphic tandem repeats by direct comparison of genome sequence from different bacterial strains：a web-based resource [J]. Bmc Bioinformatics，2004，(5)：12.

[137] Boonham N，Glover R，Tomlinson J，et al. Exploiting generic platform technologies for the detection and identification of plant pathogens [J]. European Journal of Plant Pathology，2008，121 (3)：355-363.

[138] Kuwahara T. Technology forecasting activities in Japan [J]. Technological Forecasting and Social Change，1999，60 (1)：5-14.

[139] Besselink G A J，Schasfoort R B M，Bergveld P. Modification of ISFETs with a monolayer of latex beads for specific detection of proteins [J]. Biosensors & Bioelectronics，2003，18 (9)：1109-1114.

[140] 吴贵生，李纪珍．产业共性技术供给体系研究 [J]. 科学技术与工程，2003，(4)：379-380.

[141] 张树良，冷伏海．基于文献知识发现的应用进展研究 [J]. 情报学报，2006，(6)：700-712.

[142] Frydrychowicz A，Bley T A，Dittrich S，et al. Visualization of vascular hemodynamics in a case of a large patent ductus arteriosus using flow sensitive 3D CMR at 3T [J]. Journal of Cardiovascular Magnetic Resonance，2007，9 (3)：585-587.

[143] Suh J H，Park S C. A new visualization method for patent map：application to ubiqui-

tous computing technology [C]. Advanced Data Mining and Applications. Berlin: Springer-Verlag, 2006: 566-573.

[144] 栾春娟. 基于专利计量与可视化手段的技术前沿探测——以波音公司为例 [J]. 情报理论与实践, 2009, (8): 68-71.

[145] 栾春娟, 侯海燕. 通讯、计算-控制技术共生现象及其成因和启示 [C]. 第五届社会网与关系管理学术研讨会, 2009.

[146] SPSS. http://spss.en.softonic.com/ [2013-10-21].

[147] Lorenzo-Seva U, Ferrando P J. Tetra-com: a comprehensive SPSS program for estimating the tetrachoric correlation [J]. Behavior Research Methods, 2012, 44 (4): 1191-1196.

[148] Weaver B, Dubois S. SPSS macros to compare any two fitted values from a regression model [J]. Behavior Research Methods, 2012, 44 (4): 1175-1190.

[149] 柳再义. 也谈查全率查准率问题 [J]. 情报学刊, 1990, (1): 12, 13, 26.

[150] 时中一. 用专利分析技术-产业-政策之间关系的方法 (上) [J]. 情报理论与实践, 1989, (3): 16-19.

[151] 杨传瑞, 邬能灿. 文献相关性判断及相关度测定管见 [J]. 情报学刊, 1992, (3): 187-189, 233.

[152] Sanford I L. Hilbert space theoretic methods in the study of correlation measures [J]. Communications in Mathematical Physics, 1974, (37): 41-62.

[153] Makino J. Productivity of research groups—relation between citation analysis and reputation within research communities-Comments on theories of citation? [J]. Scientometrics, 1998, 43 (1): 87-93.

[154] Yitzhaki M. Relation of the title length of a journal article to the length of the article [J]. Scientometrics, 2002, 54 (3): 435-447.

[155] Leydesdorff L. On the normalization and visualization of author co-citation data: salton's cosine versus the Jaccard index [J]. Journal of the American Society for Information Science and Technology, 2008, 59 (1): 77-85.

[156] 国家中长期科学和技术发展规划纲要 (2006—2020 年). http://www.gov.cn/jrzg/2006-02/09/content_183787.htm [2013-3-10].

[157] Ahlqvist T. From information society to biosociety? on societal waves, developing key technologies and new professions [J]. Technological Forecasting and Social Change, 2005, 72 (5): 501-519.

[158] 程家瑜, 张俊祥. 我国重点高技术领域关键技术发展水平分析 [J]. 中国科技论坛, 2007, (1): 13-16.

[159] 胡望斌, 张玉利. 我国基于技术受限的国家关键技术自主创新投资价值模型研究 [J]. 科学学与科学技术管理, 2008, 29 (12): 63-69.

[160] 黄鲁成，李剑. 新产品产业化过程中关键技术的文献计量分析 [J]. 科技进步与对策，2010，27（14）：114-117.

[161] 孙涛涛，金碧辉. 关键技术挖掘与企业技术竞争情报——以 DVD 激光头技术为例 [J]. 图书情报工作，2008，(5)：68-72.

[162] 李航，陈后金. 物联网的关键技术及其应用前景 [J]. 中国科技论坛，2011，(1)：81-85.

[163] 李剑，黄鲁成，常金平. 基于技术路线图的太阳能电池产业化过程中关键技术的研究 [J]. 中国科技论坛，2010，(2)：67-71，125.

[164] 宁森，邹秀萍，叶文虎. 中国农业可持续发展的科技支撑体系及其关键技术 [J]. 中国科技论坛，2008，(10)：102-106.

[165] Cockroft C J，Owen A D. The economics of hydrogen fuel cell buses [J]. Economic Record，2007，83（263）：359-370.

[166] 刘爱东，刘亚伟. 大中型工业企业核心技术竞争力与 R&D 投入的实证研究 [J]. 科技进步与对策，2008，25（4）：67-69.

[167] Ding Z H，Wu A H. An analysis of the competitive ability based on core technology and product—a case study on one of video monitoring corporations in China [C]. 1st International Conference on Information Management，Innovation Management and Industrial Engineering，2008，(19-21)：33-36.

[168] Fan J M，Hou G M，Wang Z H. Study on risk governance of core technology integration in high-tech enterprises [C]. International Conference on Risk and Reliability Management，2008，(10-12)：447-452.

[169] 全裕吉，陈益云. 从非核心技术创新到核心技术创新：中小企业创新的一种战略 [J]. 科学管理研究，2003，21（3）：5-8，27.

[170] Wu S C，Chen H Y. Recognizing the core technology capabilities for companies through patent co-citations [C]. Helander M. IEEE International Conference on Industrial Engineering and Engineering Management，2007：2081-2085.

[171] 石惠，甘仞初. 高技术企业核心技术能力的寿命周期研究 [J]. 科技进步与对策，2006，23（7）：20-22.

[172] Gong Y，Zhang X M，Tang Q M. Obtaining core competence on account of core technology—according to foreign experiences [C]. Lan H. 12th International Conference on Management Science and Engineering，2005：1114-1119.

[173] Deng Z J，Li T，Li Y. Core technology study and design of the wireless remote monitor and control system [C]. Li G. International Conference on Informational Technology and Environmental System Science，2008：1259-1264.

[174] 吴添祖，陈利华. 跨国并购获取核心技术——中国企业核心竞争力的培育模式 [J]. 科学学与科学技术管理，2006，27（4）：139-143.

[175] 陈传明，朱华桂．基于掌控核心技术的外资战略调整［J］．南京社会科学，2003，(11)：1-7.

[176] Yang Q F，Feng B，Nie G H，et al. Comparative study on E-business recommender system and its core technology［C］. 6th Wuhan International Conference on E-Business，2007：1018-1025.

[177] Luan C J，Yue C. Measuring Generic Technology via co-technology analysis & SNA［C］. Ed Noyons P. 13th International Conference of the International Society for Scientometrics & Informetrics，2011：1028-1038.

[178] 栾春娟，王续琨，刘则渊．基于《德温特》数据库的核心技术确认方法［J］．科学学与科学技术管理．2008，(6)：32-34.

[179] 栾春娟，曾国屏．基于SNA核心技术领域测度研究［J］．图书情报工作，2011，(6)：33-35，52.

[180] 栾春娟，曾国屏．基于SNA核心技术领域测度研究［J］．图书情报工作，2011，55 (6)：33-36，52.

[181] 刘军．社会网络分析导论［M］．北京：社会科学文献出版社，2004.

[182] Hyper-edges and multi-dimensional. http：//www. sscnet. ucla. edu/soc/faculty/bonacich/textbook. htm［2007-12-22］.

[183] Martins F R，Pereira E B，Silva S A B，et al. Solar energy scenarios in Brazil，part one：resource assessment［J］. Energy Policy，2008，36 (8)：2853-2864.

[184] Fthenakis V，Mason J E，Zweibel K. The technical，geographical and economic feasibility for solar energy to supply the energy needs of the US［J］. Energy Policy，2009，37 (2)：387-399.

[185] Munda G，Russi D. Social multicriteria evaluation of conflict over rural electrification and solar energy in Spain［J］. Environment and Planning C-Government and Policy，2008，26 (4)：712-727.

[186] Li Z S，Zhang G Q，Li D M，et al. Application and development of solar energy in building industry and its prospects in China［J］. Energy Policy，2007，35 (8)：4121-4127.

[187] Faiman D，Raviv D，Rosenstreich R. Using solar energy to arrest the increasing rate of fossil-fuel consumption：the southwestern states of the USA as case studies［J］. Energy Policy，2007，35 (1)：567-576.

[188] "十二五"国家战略性新兴产业发展规划．http：//www. gov. cn/ldhd/2012-05/30/content_2148928. htm［2012-06-16］.

[189] Singh R K，Lund D B，Buelow F H. Application of solar-energy in food-processing，effect of collector type and hot water storage volume on economic-feasibility［J］. Transactions of the Asae，1983，26 (5)：1580-1583.

[190] Coldicutt S, Williamson T. Concepts of solar—energy use for climate control in buildings [J]. Energy Policy, 1992, 20 (9): 825-835.

[191] McCarney S. A simplified procedure for the use of solar-energy in complying with the colorado energy-conservation standards for residential building [J]. International Journal for Housing Science and Its Applications, 1981, 5 (3): 211-216.

[192] Hayes D. We can use solar energy now [J]. Forensic Quarterly, 1978, 52 (3): 312-321.

[193] Siddiqi T A, Hein G F. Energy-resources of developing-countries and some priority markets for use of solar-energy [J]. Journal of Energy and Development, 1977, 3 (1): 164-189.

[194] Sharan A M. On checking the rising global food prices due to bio-fuels using solar energy [J]. Energy & Environment, 2009, 20-21: 1389-1396.

[195] Zaksek K, Marsetic A, Kokalj Z. Solar energy exploitation on kras [J]. Geodetski Vestnik, 2007, 51 (1): 35-47.

[196] Lamei A, Van der Zaag P, Von Munch E. Impact of solar energy cost on water production cost of seawater desalination plants in Egypt [J]. Energy Policy, 2008, 36 (5): 1748-1756.

[197] McEachern M, Hanson S. Socio-geographic perception in the diffusion of innovation: solar energy technology in Sri Lanka [J]. Energy Policy, 2008, 36 (7): 2578-2590.

[198] Chakrabarti S. Rural electrification programme with solar energy in remote region—a case study in an island [J]. Energy Policy, 2002, 30 (1): 33-42.

[199] Hasnain S M, Alawaji S H, Elani U A. Solar energy education—a viable pathway for sustainable development [J]. Renewable Energy, 1998, 14 (1-4): 387-392.

[200] Intellectual Property Statistics. http://www.wipo.int/ipstats/en/ [2013-2-16].

[201] Chen C M. Citespace Ⅱ: detecting and visualizing emerging trends and transient patterns in scientific literature [J]. Journal of the American Society for Information Science and Technology, 2006, 57 (3): 359-377.

[202] Citespace: 2003—2010. http://cluster.cis.drexel.edu/～cchen/citespace/ [2013-1-10].

[203] Bibexcel. http://www8.umu.se/inforsk/Bibexcel/ [2012-12-16].

[204] Ucinet. http://www.analytictech.com/ucinet/ [2013-05-26].

[205] Girvan M, Newman M E J. Community structure in social and biological networks [J]. Proceedings of the National Academy of Sciences of the United States of America, 2002, 99 (12): 7821-7826.

[206] Tomson R. 专利文献价值及 Derwent Innovations Index 数据库介绍. http://www.brainshark.com/thomsonscientific/DII1/zGKzu2GiZzKsQz0 [2013-1-10].

[207] Schummer J. Scientometric studies on chemistry, the exponential growth of chemical sub-

stances，1800—1995 [J]. Scientometrics，1997，39 (1)：107-123.

[208] Tague J，Beheshti J，Reespotter L. The law of exponential-growth-eiidence，implications and forecasts [J]. Library Trends，1981，30 (1)：125-145.

[209] 马来平，宋洁人．论科学发展的指数规律 [J]. 烟台师院学报（哲学社会科学版），1987，(2)：57-63，71.

[210] 李正吾．科学文献指数增长率逻辑曲线的一种确定方法 [J]. 情报科学，1989，10 (3)：29-32.

[211] 赵红州，唐敬年．技术增长的指数规律 [J]．科学学研究，1991，(2)：26-30.

[212] 李庆峰，肖成．我国期货市场发展特征与阶段划分的时间聚类研究 [J]. 宏观经济研究，2010，(7)：30-34，48.

[213] 杨维忠，张甜．SPSS 统计分析与行业应用案例详解 [M]. 北京：清华大学出版社，2011.

[214] Tseng Y H，Lin C J，Lin Y I. Text mining techniques for patent analysis [J]. Information Processing & Management，2007，43 (5)：1216-1247.

[215] Magerman T，Van Looy B，Song X Y. Exploring the feasibility and accuracy of latent semantic analysis based text mining techniques to detect similarity between patent documents and scientific publications [J]. Scientometrics，2010，82 (2)：289-306.

[216] Lawson M，Kemp N，Lynch M F，et al. Automatic extraction of citations from the text of English-language patents—an example of template mining [J]. Journal of Information Science，1996，22 (6)：423-436.

[217] Bibexcel 2010. http：//www8. umu. se/inforsk/Bibexcel/ [2012-8-9].

[218] Garcia C Q，Velasco C A B. Technological relatedness in interfirm cooperation agreements and the generation of innovations [J]. Cuadernos De Economia Y Direccion De La Empresa，2010，(45)：43-67.

[219] Benner M，Waldfogel J. Close to you? bias and precision in patent-based measures of technological proximity [J]. Research Policy，2008，37 (9)：1556-1567.

[220] Burlatsky S F，Gummalla M，O'Neill J，et al. A mathematical model for predicting the life of polymer electrolyte fuel cell membranes subjected to hydration cycling [J]. Journal of Power Sources，2012，(215)：135-144.

[221] Zhu X，Sui P C，Djilali N，et al. Dynamics of emerging water droplet subjected to sidewall with different wettabilities in a fuel cell cathode channel [J]. Fuel Cells，2011，11 (3)：404-412.

[222] Peng H C，Wang C N，Yeh T K，et al. A high efficient micro-proton exchange membrane fuel cell by integrating micro-nano synergical structures [J]. Journal of Power Sources，2013，(225)：277-285.

[223] Bizon N. Energy efficiency for the multiport power converters architectures of series and

parallel hybrid power source type used in plug-in/V2G fuel cell vehicles [J]. Applied Energy，2013，(102)：726-734.

[224] Muthuswamy N，De La Fuente J L G，Ochal P，et al. Towards a highly-efficient fuel-cell catalyst：optimization of Pt particle size，supports and surface-oxygen group concentration [J]. Physical Chemistry Chemical Physics，2013，15 (11)：3803-3813.

[225] Campanari S，Gazzani M，Romano M C. Analysis of direct carbon fuel cell based coal fired power cycles with CO_2 capture [J]. Journal of Engineering for Gas Turbines and Power-Transactions of the Asme，2013，135 (1)：9.

[226] Haslam G E，Jupesta J，Parayil G. Assessing fuel cell vehicle innovation and the role of policy in Japan，Korea and China [J]. International Journal of Hydrogen Energy，2012，37 (19)：14612-14623.

[227] Ohki Y. Development of an advanced solid oxide fuel cell in Japan [J]. IEEE Electrical Insulation Magazine，2011，27 (4)：55-57.

[228] Miyatake K，Furuya H，Tanaka M，et al. Durability of sulfonated polyimide membrane in humidity cycling for fuel cell applications [J]. Journal of Power Sources，2012，(204)：74-78.

[229] Dincer I，Rosen M A. Sustainability aspects of hydrogen and fuel cell systems [J]. Energy for Sustainable Development，2011，15 (2)：137-146.

[230] Dixon R K，Wang X，Wang M Q，et al. Development and demonstration of fuel cell vehicles and supporting infrastructure in China [J]. Mitigation and Adaptation Strategies for Global Change，2011，16 (7)：775-789.

[231] 刘凤朝，姜滨滨．中国区域科研合作网络结构对绩效作用效果分析——以燃料电池领域为例 [J]. 科学学与科学技术管理，2012，(1)：109-115.

[232] 陈傲，柳卸林，高广宇．新兴产业高被引专利的形成特征——以燃料电池为例 [J]. 科研管理，2012，(11)：9-15，23.

[233] 国务院关于加快培育和发展战略性新兴产业的决定．http：//www. gov. cn/zwgk/2010-10/18/content _ 1724848. htm [2013-1-2].

[234] Li M，Wang C，Liu Z X，et al. The development and performance analysis of all-China-made PEM fuel cell unit and 1 kW level fuel cell stack [J]. International Journal of Hydrogen Energy，2012，37 (1)：1106-1111.

[235] Staffell I，Green R. The cost of domestic fuel cell micro-CHP systems [J]. International Journal of Hydrogen Energy，2013，38 (2)：1088-1102.

[236] Konrad K，Markard J，Ruef A，et al. Strategic responses to fuel cell hype and disappointment [J]. Technological Forecasting and Social Change，2012，79 (6)：1084-1098.

[237] Kang M J，Park H. Impact of experience on government policy toward acceptance of

hydrogen fuel cell vehicles in Korea [J]. Energy Policy，2011，39 (6)：3465-3475.
[238] Park S Y，Kim J W，Lee D H. Development of a market penetration forecasting model for hydrogen fuel cell vehicles considering infrastructure and cost reduction effects [J]. Energy Policy，2011，39 (6)：3307-3315.
[239] World Intellectual Property Indicators-2012 Edition. http：//www. wipo. int/ipstats/en/wipi/index. html [2012-12-16].
[240] 杨中楷，刘佳．基于专利引文网络的技术轨道识别研究——以太阳能光伏电池板领域为例 [J]. 科学学研究，2011，(9)：1311-1317.
[241] 杨中楷，刘倩楠，于霜．基于专利引文网络的技术领域间关系探析 [J]. 科研管理，2011，(5)：149-155.
[242] Chen D Z，Huang M H，Hsieh H C，et al. Identifying missing relevant patent citation links by using bibliographic coupling in LED illuminating technology [J]. Journal of Informetrics，2011，5 (3)：400-412.
[243] Erdi P，Makovi K，Somogyvari Z，et al. Prediction of emerging technologies based on analysis of the US patent citation network [J]. Scientometrics，2013，95 (1)：225-242.
[244] Chang S B，Lai K K，Chang S M. Exploring technology diffusion and classification of business methods：using the patent citation network [J]. Technological Forecasting and Social Change，2009，76 (1)：107-117.
[245] 洪勇，康宇航．基于专利引文的企业间技术溢出可视化研究 [J]. 科研管理，2012，(7)：81-87.
[246] Csardi G，Strandburg K J，Zalanyi L，et al. Modeling innovation by a kinetic description of the patent citation system [J]. Physica a-Statistical Mechanics and Its Applications，2007，374 (2)：783-793.
[247] Patel D，Ward M R. Using patent citation patterns to infer innovation market competition [J]. Research Policy，2011，40 (6)：886-894.
[248] Li Z，Tate D，Lane C，et al. A framework for automatic TRIZ level of invention estimation of patents using natural language processing，knowledge-transfer and patent citation metrics [J]. Computer-Aided Design，2012，44 (10)：987-1010.
[249] Genrich S. 创新算法 [M]. 谭培波，茹海燕，Wenling Babbitt 译．武汉：华中科技大学出版社，2008.
[250] 赵敏，史晓凌，段海波．TRIZ 入门及实践 [M]. 北京：科学出版社，2009.
[251] Sergio S. 科学技术学导论 [M]. 许为民，孟强，崔海灵译．上海：上海科技教育出版社，2007.
[252] 胡人．鼓励重大发明　促进自主创新——2009 年（第 9 届）信息产业重大技术发明发布会综述 [J]. 电子知识产权，2010，(1)：12-14.
[253] Puri S，Quadir I Z，Battaglia G，et al. The big question greatest thing since…what is

the most significant invention of the pastdecade, and what do you anticipate for the future? [J]. World Policy Journal, 2011, 28 (3): 3-7.

[254] Jones B F. Age and great invention [J]. Review of Economics and Statistics, 2010, 92 (1): 1-14.

[255] 王选. 给优秀人才提供良好的创新环境——计算机领域重大发明引起的思考 [J]. 中国科技产业, 2006, (1): 6-9.

[256] Huang Z, Chen H C, Yip A, et al. Longitudinal patent analysis for nanoscale science and engineering: country, institution and technology field [J]. Journal of Nanoparticle Research. 2003, 5 (3-4): 333-363.

[257] Huang H C Z, Chen K Z, Roco M C. International nanotechnology development in 2003: country, institution and technology field analysis based on USPTO patent database [J]. Journal of Nanoparticle Research, 2004, (6): 325-354.

[258] Narin F. From Science Papers to Technology Patents to Company Financial Performance [R] Washing DC [2013-11-05].

[259] Persson O. 2012. BibExcel. http://www8. umu. se/inforsk/Bibexcel/ [2013-2-16].

[260] 钱伯章. 生物质能技术与应用 [M]. 北京: 科学出版社, 2010.

[261] Ehrnberg E, Sjoberg N. Technological discontinuities competition and firm performance [J]. Technology Analysis & Strategic Management, 1995, 7 (1): 93-107.

[262] Grindley P, Mowery D C, Silverman B. Sematech and collaborative research-lessons in the design of high-technology consortia [J]. Journal of Policy Analysis and Management, 1994, 13 (4): 723-758.

[263] Pofu K, Mashela P, De Waele D. Survival, flowering and productivity of watermelon (citrullus lanatus) cultivars in inter-generic grafting on nematode-resistant cucumis seedling rootstocks in meloidogyne-infested fields [J]. International Journal of Agriculture and Biology, 2012, 14 (2): 217-222.

[264] Mousazadeh H, Keyhani A, Mobli H, et al. Technical and economical assessment of a multipurpose electric vehicle for farmers [J]. Journal of Cleaner Production, 2009, 17 (17): 1556-1562.

[265] Rask M, Andersen P H, Linneberg M S, et al. Local design and global dreams-emerging business models creating the emergent electric vehicle industry [J]. Journal of Macromarketing, 2009, 29 (4): 438.

[266] Frenken K, Hekkert M, Godfroij P. R&D portfolios in environmentally friendly automotive propulsion: variety, competition and policy implications [J]. Technological Forecasting and Social Change, 2004, 71 (5): 485-507.

[267] 程广宇, 高志前. 关于加快我国电动汽车产业自主发展的政策建议 [J]. 中国科技论坛, 2010, (6): 64-66, 86.

[268] 黄鲁成，顾成建．电动汽车产业的未来 [J]. 中国科技论坛，2008，(12)：38-43.

[269] 唐惠龙，牟宏均．关于电动汽车发展趋势的探讨 [J]. 制造业自动化，2010，(6)：187-188，191.

[270] Chen C M，Kuljis J. The rising landscape：a visual exploration of superstring revolutions in physics [J]. Journal of the American Society for Information Science and Technology，2003，54 (5)：435-446.

[271] Chen C M，FI-S，Hou J H. The structure and dynamics of co-citation clusters：a multiple-perspective co-citation analysis [J]. Journal of the American Society for Information Science and Technology，2010，(11)：69-99.

[272] 栾春娟．基于 SNA 的核心技术领域测度研究 [J]. 图书情报工作，2010，(11)：56-61.

[273] McGahan A M，Silverman B S. Profiting from technological innovation by others：the effect of competitor patenting on firm value [J]. Research Policy，2006，35 (8)：1222-1242.

[274] MacPherson A. The emergence of a new international competitor in the commercial aircraft sector：the China syndrome [J]. Futures，2009，41 (7)：482-489.

[275] Coyne K P，Horn J. Predicting your competitor's reaction [J]. Harvard Business Review，2009，87 (4)：90-94.

[276] Caselli F，Coleman W J. The US technology frontier [J]. American Economic Review，2002，92 (2)：148-152.

[277] Jome L M，Donahue M P，Siegel L A. Working in the uncharted technology frontier：characteristics of women web entrepreneurs [J]. Journal of Business and Psychology，2006，21 (1)：127-147.

[278] Ulrich K T. Estimating the technology frontier for personal electric vehicles [J]. Transportation Research Part C-Emerging Technologies，2005，13 (5-6)：448-462.

[279] Cruickshank W. Offshore energy production overcomes technology frontiers [J]. Sea Technology，2004，45 (4)：25.

[280] Srinivasan R，Haunschild P，Grewal R. Vicarious learning in new product introductions in the early years of a converging market [J]. Management Science，2007，53 (1)：16-28.

[281] Koh W T H，Wong P K. Competing at the frontier：the changing role of technology policy in singapore's economic strategy [J]. Technological Forecasting and Social Change，2005，72 (3)：255-285.

[282] Copeland M V. Boeing's big dream [J]. Fortune，2008，157 (9)：180-191.

[283] Bryson J R，Rusten G. Transnational corporations and spatial divisions of service expertise as a competitive strategy：the example of 3M and Boeing [J]. Service Industries

Journal，2008，28（3）：307-323.

[284] Lind J. Boeing's global enterprise technology process [J]. Research-Technology Management，2006，49（5）：36-42.

[285] Malhotra A，Majchrzak A，Carman R，et al. Radical innovation without collocation：a case study at Boeing-Rocketdyne [J]. Mis Quarterly，2001，25（2）：229-249.

[286] Labich K. Boeing's new dream machine [J]. Fortune，1996，133（3）：104-106.

[287] Condit P M. Focusing on the customer—how boeing does it [J]. Research-Technology Management，1994，37（1）：33-37.

[288] Labich K. Boeing battles to stay on top [J]. Fortune，1987，116（7）：64.

[289] Forsyth P. Airport infrastructure for the Airbus A380—cost recovery and pricing [J]. Journal of Transport Economics and Policy，2005，（39）：341-362.

[290] Majumdar B A. Upstrt or flying start—the rise of alrbus industry [J]. World Economy，1987，10（4）：497-518.

[291] Kechidi M，Talbot D. Institutions and coordination：what is the contribution of a proximity-based analysis? the case of Airbus and its relations with the subcontracting network [J]. International Journal of Technology Management，2001，50（3-4）：285-299.

[292] Ehret O，Cooke P. Conceptualising aerospace outsourcing：Airbus UK and the lean supply approach [J]. International Journal of Technology Management，2005，50（3-4）：300-317.

[293] Irwin D A，Pavcnik N. Airbus versus Boeing revisited：international competition in the aircraft market [J]. Journal of International Economics，2004，64（2）：223-245.

[294] Benassy-Quere A，Fontagne L，Raff H. Exchange-rate misalignments in duopoly：the case of Airbus and Boeing [J]. World Economy，1998，34（4）：623-641.

[295] 艾志红．关键共性技术的需求与供给分析——基于评价和激励理论的框架 [J]. 湖北经济学院学报，（人文社会科学版），2011，（12）：53-55.

[296] 陆立军，赵永刚．关键共性技术研发：重大技术装备制造行业转型升级的突破口——以浙江为例的实证研究 [J]. 科技进步与对策，2010，（21）：69-73.

[297] 孙家广．加强关键共性技术研究 提高自主创新能力 [J]. 中国制造业信息化，2006（6）：11.

[298] Quintas P，Guy K. Collaborative，pre-competitive research-and -development and the firm [J]. Research Policy，1995，24（3）：325-348.

[299] 栾春娟．基于专利共现的全球太阳能技术网络及关键技术演进分析 [J]. 情报学报，2012，31（12）：999-1007.

[300] 刘则渊，陈悦．现代科学技术与发展导论．2 版 [M]. 大连：大连理工大学出版社，2011.

[301] 郭洪源，许维胜，余有灵．基于MATLAB图形用户界面的汽车电子产品线优化设计[J]. 计算机应用，2011，(2)：164-165，186.

[302] 陈文亮，任陈．软件图形用户界面中的色彩设计［J]. 人类工效学，2011，(4)：56-58.

[303] 龚妙昆．表格在MATLAB图形用户界面设计中的应用［J]. 电脑开发与应用，2010，(12)：42-43，46.

[304] 栾春娟．网络中心性指标在技术测度中的应用［J]. 科技进步与对策，2012，(3)：56-62.

[305] 刘则渊．试论科学学的知识可视化转向［C]. 第五届中国科技政策与管理学术年会暨研究会理事会，2009：137-185.

[306] 陈悦，刘则渊．悄然兴起的科学知识图谱［J]. 科学学研究，2005，(2)：149-154.

[307] 侯海燕，刘则渊，陈悦，等．当代国际科学学研究热点演进趋势知识图谱［J]. 科研管理，2006，(3)：90-96.

[308] 栾春娟，刘则渊，侯海燕，等．发明者合作网络中心性对科研绩效的影响［J]. 科学学研究，2008，(5)：938-941.

[309] Jaffe A B，Trajtenberg M，Henderson R. Geographic localization of knowledge spillovers as evidenced by patent citations [J]. Quarterly Journal of Economics，1993，108 (3)：577-598.

[310] Trajtenberg M. A penny for your quotes—patent citations and the value of innovations [J]. Rand Journal of Economics，1990，21 (1)：172-187.

[311] Garfield E. Breaking the subject index barrier—a citation index for chemical patents [J]. Journal of the Patent Office Society，1957，39 (8)：583-595.

[312] Narin F，Hamilton K S，Olivastro D. The increasing linkage between US technology and public science [J]. Research Policy，1997，26 (3)：317-330.

[313] Narin F，Noma E，Perry R. Patents as indicators of corporate technological strength [J]. Research Policy. 1987，16 (2-4)：143-155.

[314] 栾春娟．专利文献计量分析与专利发展模式研究［D]. 大连：大连理工大学，2008.

[315] 栾春娟．战略性新兴产业共性技术测度指标研究［J]. 科学学与科学技术管理，2012，(2)：7-12.

[316] Hippel E V. Dominant role of users in scientific instrument innovation process [J]. Research Policy，1976，5 (3)：212-239.

[317] Bergen S A，Pearson A W. Project-management and innovation in the scientific instrument industry [J]. IEEE Transactions on Engineering Management，1983，30 (4)：194-199.

[318] Riggs W，Vonhippel E. Incentives to innovate and the sources of innovation—the case of scientific instruments [J]. Research Policy，1994，23 (4)：459-469.

[319] Bergen S A. The R-and-d production interface—United-Kingdom and west-German practices and achievements in the scientific instrument industry [J]. R & D Management, 1982, 12 (1): 21-25.

[320] Beaver D D. The secrets of science unlocked—scientific instruments as keys to artificial revelation [J]. Science Technology & Human Values, 1988, 13 (3-4): 373-384.

[321] Baird D, Faust T. Scientific instruments, scientific progress and the cyclotron [J]. British Journal for the Philosophy of Science, 1990, 41 (2): 147-175.

[322] Leydesdorff L, Zhou P. Are the contributions of China and Korea upsetting the world system of science? [J]. Scientometrics, 2005, 63 (3): 617-630.

[323] Su Y, Han L F. A new literature growth model: variable exponential growth law of literature [J]. Scientometrics, 1998, 42 (2): 259-265.

[324] Makovetskaya O, Bernadsky V. Scientometric indicators for identification of trchnology system life-cycle phase [J]. Scientometrics, 1994, 30 (1): 105-116.

[325] Jauhiainen J S. Multipolis: high-technology network in northern Finland [J]. European Planning Studies, 2006, 14 (10): 1407-1428.

[326] 栾春娟．基于专利共现的全球太阳能技术网络及关键技术演进分析 [J]. 情报学报, 2013, 32 (1): 68-79.